Karl-Heinz Baade

Der Drehimpulssatz in der Physik und Technischen Mechanik

Karl-Heinz Baade

Der Drehimpulssatz in der Physik und Technischen Mechanik

Herstellung und Verlag: Books on Demand GmbH, Norderstedt

Printed in Germany

Dieses Buch wurde im On-Demand-Verfahren hergestellt

ISBN 3-8334-3337-X

Vorwort

Das Buch ist das Resultat einer über zwanzigjährigen Forschungsarbeit auf dem Gebiet der Technischen Mechanik und im Besonderen auf dem Gebiet der Strömung in Turbomaschinen. Über die Bedeutung des Drehimpulssatzes als ein wichtiges Grundgesetz der Physik und damit auch für die Technische Mechanik bestehen auch heute noch zwei sehr unterschiedliche Auffassungen. Diese Veröffentlichung hat den Zweck, zur Lösung des wissenschaftlichen Meinungsstreites einen Beitrag zu leisten. Es werden die Grundlagen bei der Anwendung des Drehimpulssatzes erläutert und auch Anregungen für weitere Forschungsarbeiten vermittelt. Neben Aufgaben aus der Dynamik fester Körper und der Himmelsmechanik sind ein besonderer Schwerpunkt die Probleme der Energieübertragung in Strömungsmedien. Die Vorstellung, alle Aufgaben der Strömungsmechanik nur mit Hilfe der vollständigen NAVIER-STOCKES-Gleichungen lösen zu können, sollte kritischer gesehen werden. Die Theorie der reibungsfreien Strömung mit Energiegradienten kann noch nicht als abgeschlossen betrachtet werden. Das vorliegende Buch soll auch einen Beitrag zur weiteren Verbesserung der Turbomaschinen leisten. Wenn dieses Buch dem Fachmann zu Anregungen und neuen Erkenntnissen verhilft, so wird es seinem Anliegen gerecht.

Mein besonderer Dank gilt meiner Frau Rosemarie für ihr Verständnis und für ihre Hilfe. Ohne den Rückhalt meiner Frau wäre meine jahrelange Forschungsarbeit nicht möglich gewesen. Einen weiteren Dank gilt meinem verehrten Lehrer auf dem Gymnasium in Magdeburg Herrn Günter Riedel. In seinen unvergesslichen Mathematik- und Physikstunden habe ich die Physik und die Mathematik lieben gelernt und bin zu strengem logischem Denken erzogen worden. Für eine sehr gute Zusammenarbeit bei der Drucklegung und für die Geschäftsidee habe ich auch dem BoD-Verlag zu danken.

Lingen, im März 2005   K.-H. Baade

Inhaltsverzeichnis

Verzeichnis der Formelzeichen (Abschnitt 1 bis 4)

v	Geschwindigkeit
a	Trägheitsbeschleunigungen (NEWTONsche-Trägheitsbeschleunigung)
a_T	tangentiale Komponente der Trägheitsbeschleunigung
a_Z	Zentrifugalbeschleunigung
b	Drehbeschleunigung
r	Radius
r_0	Ortsvektor
R_K	Krümmungsradius (allgemein)
R_{KE}	Krümmungsradius der Evolute
i	Einheitsvektor
i_t	Einheitsvektor in Tangentenrichtung
i_n	Einheitsvektor in Normalenrichtung
i_ω	Einheitsvektor der Drehung
K	Krümmung
α, β, γ	Winkel des kinematischen Bahndreiecks
ϑ	Winkel
δ	Winkel
τ	Winkel
γ_G	Gravitationskonstante
ω	Winkelgeschwindigkeit (allgemein); Winkelgeschwindigkeit des Tangenten-einheitsvektors
ω_E	Winkelgeschwindigkeit um die Figurenachse des Körpers
ω_{Sp}	Winkelgeschwindigkeit um den Massenmittelpunkt
ϵ	Winkel-Beschleunigung
φ	Winkel eines Polarkoordinatensystems
x, y, z	kartesische Koordinaten
a_A, b_A, c_A	geometrische Strecken
t	Zeit
T	Umlaufzeit
F	Kraft allgemein
F_e	eingeprägte Kraft
f_e	eingeprägte Beschleunigung
f_t, f_n	Komponenten von f in Tangenten- bzw. Normalen-Richtung
d	auf die Masse bezogene Kraft eines Kräftepaares
h	Abstand der Kräfte des Kräftepaares
m	Masse
M	Moment
D_b	Drehimpulszentrum für einen Massenpunkt
D_E	Drehimpulszentrum für einen Körper mit endlichen Abmessungen
θ	Trägheitsmoment
r_θ	Trägheitsradius
s	Bogenlänge
W	Arbeit, Energie, Windung
V	Volumen
c	Federkonstante

Formelzeichen für den Abschnitt 5   (Strömungsmechanik)

A	Fläche
b	Konstante, axiale Breite des Laufrades
c	Absolutgeschwindigkeit der Strömung im Laufrad
w	Relativgeschwindigkeit der Strömung im Laufrad
u	Umfangsgeschwindigkeit des Laufrades
C, W, U	mit der Laufradumfangsgeschwindigkeit u_2 dimensionslos gemachte Geschwindigkeiten c, w, u
e	Exponentialfunktion
e_u	spezifische Laufradarbeit
E	Enthalpie im Relativsystem
f( )	Funktion von
F	Funktion, die nur von R abhängt; Kraft
h	Enthalpie
H	dimensionslose Enthalpie, $H = h / u_2^2$
i	Einheitsvektor; imaginäre Einheit
J	Besselfunktion
k	komplexe Koppelkonstante; Konstante allgemein
m	Massenstrom
n	Drehzahl
N	Neumannsche Funktion; Schaufelzahl
p	statischer Druck
P	dimensionsloser statischer Druck, $P = p/(\rho \cdot u_2^2)$
r	Radius
R	dimensionsloser Radius, $R = r/r_2$
s	Bogenkoordinate; natürliche Koordinate in Strömungsrichtung
t	Zeit
x,y	kartesische Koordinaten
z	komplexe Koordinate, $z = \vartheta + i \cdot \ln R$, Höhenkote
Z	Zylinderfunktion allgemein; Linearkombination zweier Zylinderfunktionen
α	Strömungswinkel im Absolutsystem
β	Strömungswinkel im Relativsystem
γ_0, γ_1	Wirbelkonstante
Γ	Zirkulation
Δ	Laplace-Operator, Differenz
ϑ	Winkelkoordinate in Umfangsrichtung im Relativsystem
Θ	Winkelkoordinate in Umfangsrichtung im Absolutsystem
ν	Zählindex
ρ	Dichte des Fluids
φ_2	Lieferziffer
ψ	Druckziffer
Ψ	Stromfunktion
ω	Winkelgeschwindigkeit
B	Bereich
C	Randkurve

Indizes für den Abschnitt 5 (Strömungsmechanik) werden in folgender Bedeutung gebraucht:

1	Eintritt in das Laufrad
2	Austritt aus dem Laufrad
u	Komponente in Umfangsrichtung
r	Komponente in radialer Richtung
s	Schaufel
t	Schaufelteilung
L	Laufrad
DS	Druckseite
SS	Saugseite
abs	betrifft das Absolutsystem
rel	betrifft das Relativsystem
inh	Lösung für die inhomogene Differentialgleichung
tot	Totalzustand bzw. Ruhezustand

1 Einleitung

Obwohl die klassische Mechanik gemeinhin als ein abgeschlossenes Kapitel der Physik angesehen wird, haben gerade die letzten Jahrzehnte gezeigt, dass eine neue Blüte der Mechanik sich abzeichnet. Bei der Lösung bestimmter mechanischer Aufgaben sind insbesondere durch neue mathematische Verfahren und durch die Nutzung der Computer-Technik beachtliche Fortschritte erzielt worden. Andererseits ist auch nicht zu übersehen, dass einige Probleme der technischen Mechanik bis heute noch nicht befriedigend gelöst werden konnten. Insbesondere auf dem Gebiet der Strömungsmechanik ist trotz des Einsatzes der modernen Rechentechnik festzustellen, dass die durch die numerische Lösung der vollständigen NAVIER-STOKES-Gleichungen erzielten Ergebnisse nicht immer mit den Daten aus den Experimenten übereinstimmen.

Es gibt viele Beispiele dafür, dass sich die Kenntnisse über die objektiven Gesetzmäßigkeiten in Natur und Technik vervollständigen, viele experimentelle Daten angehäuft wurden, die nicht mehr mit den Resultaten einer bestehenden Theorie in Übereinstimmung gebracht werden konnten. In einem solchen Fall ist es erforderlich, das System der Axiome zu überprüfen und durch solche Axiome zu ersetzen, die dem gewonnenen höheren Kenntnisstand über die objektiven Gesetzmäßigkeiten entsprechen. Die Erfahrung hat aber gezeigt, dass dieser Prozess nicht schlagartig vor sich geht, sondern meist Jahrzehnte umfasst.

Im Jahre 1964 ist von TRUESDELL [1] eine Arbeit über "Die Entwicklung des Drallsatzes" erschienen. Gleich in der Einleitung wird von TRUESDELL u.a. darauf hingewiesen, dass der Drallsatz ein Auseinanderzweigen in Methode und Standpunkt ans Licht bringt, der sich mit jedem anderen Fachrichtungs-Gegensatz messen kann. TRUESDELL analysiert die beiden verschiedenen Auffassungen über den Drehimpulssatz.

Es gibt auch heute Vertreter der Mechanik, die darauf beharren, dass die Gleichung für den Drehimpulssatz aus den NEWTONschen Gesetzen hergeleitet worden ist oder wenigstens hergeleitet werden sollte. Den Drehimpulssatz als Grundgesetz der Mechanik anzusehen, kann von ihnen dann natürlich nicht gebilligt werden. Wenn der

Drehimpulssatz eine Folgerung aus dem NEWTONschen Impulssatz ist, muss als Grundgesetz der Mechanik ein anderes Prinzip herangezogen werden. Die zwischen den Körpern wirkenden Wechselwirkungskräfte dürfen kein Drehmoment ausüben. Dies wird oft als „das dritte NEWTONsche Gesetz" bezeichnet.

Nach TRUESDELL betrachten nur wenige Vertreter der Mechanik ihr Fach in der obigen Weise. Für die Mehrzahl der Mechaniker gründet sich die klassische Mechanik auf drei Grundgesetze. Es handelt sich hierbei um den NEWTONschen Impulssatz, den Drehimpulssatz und den Energiesatz, die die Erhaltung von Kraft, Drehmoment und Arbeit behaupten. Für sie ist der Drehimpulssatz das zweite Grundgesetz der Mechanik und nicht aus dem NEWTONschen Impulssatz ableitbar.

Im Jahre 1775 hat EULER erkannt, dass für die Bewegung von Körpern jeder Art neben dem NEWTONschen Grundgesetz - oft als linearer Impulssatz bezeichnet - auch der Drehimpulssatz bestimmend ist. Das ist eine kaum zu überschätzende, beachtliche wissenschaftliche Erkenntnis, zu der sich EULER im hohen Lebensalter bekannte!

Danach sind diese Gedankengänge wahrscheinlich nicht weiter verfolgt worden. Die meisten Vertreter der theoretischen Mechanik waren von den genialen Leistungen NEWTONs so beeindruckt, dass sich überwiegend die Meinung durchsetzte - und bis in unsere Zeit zum Teil sich gehalten hat -, die Grundlagen der klassischen Mechanik sind allein durch die grundlegenden NEWTONschen Axiome gegeben. Von TRUESDELL wurde nun 1964 in der bereits erwähnten Veröffentlichung [1] deutlich auf den bis heute nicht gelösten Konflikt der klassischen Mechanik hingewiesen. Er konnte damals allerdings in seiner Veröffentlichung auch keine Lösung für diesen Konflikt anbieten. Es bleibt aber ein Verdienst TRUESDELL, mit der weit verbreiteten Auffassung aufgeräumt zu haben, dass die klassische Mechanik heute ein abgeschlossenes Kapitel ist.

Die vorliegende Arbeit möchte zur Lösung dieses Konfliktes einen Beitrag leisten und für weiterführende Arbeiten die Voraussetzungen schaffen.

So wird im Abschnitt 2 nachgewiesen, dass der Drehimpulssatz nicht überflüssig ist. Wenn der NEWTONsche Impulssatz erfüllt ist, so ist nicht in jedem Falle der Drehimpulssatz automatisch auch erfüllt. Der Drehimpulssatz ist tatsächlich ein Grundgesetz der klassischen Mechanik. Unter noch zu zeigenden Bedingungen folgt aus dem Drehimpulssatz das Auftreten einer zusätzlichen Kraft, die in dieser Arbeit als "Drehimpulskraft" bezeichnet wird. Das Kapitel 2 ist das wichtigste Kapitel dieses Buches. Die folgenden Kapitel befassen sich nur mit den Anwendungen und Schlussfolgerungen aus dem Kapitel 2.

Die Bewegung eines Körpers ist dann vollständig beschrieben, wenn die Bewegung aller seiner Teile angegeben werden kann, was aber im Allgemeinen eine recht verwickelte Aufgabe ist. Der einfachste Fall liegt vor, wenn die Abmessungen des Körpers sehr klein gegen die bei seiner Bewegung zurückgelegten Entfernungen sind, sodass man sich auf die Betrachtung der Bewegung eines einzigen Punktes des Körpers beschränken kann. In diesem Falle idealisiert man den Körper durch einen so genannten materiellen Punkt oder Massenpunkt, der keine räumliche Ausdehnung hat und den man sich mit der "Masse" des Körpers behaftet denkt. Der Massenpunkt ist ein idealisierter Körper, ein "Modell", durch das die wirklichen Körper hinsichtlich der Bewegung in vielen Fällen ersetzt werden können. Da bei ihm von der räumlichen Ausdehnung des Körpers abstrahiert wird, ist seine Bewegung relativ am einfachsten zu behandeln; so kann z.B. keine Rotationsbewegung in Betracht kommen. Daher werden im Abschnitt 3 zuerst Beispiele aus der Mechanik des Massenpunktes behandelt.

Daran schließt sich im Abschnitt 3 und im Abschnitt 4 die Behandlung von Beispielen an, bei denen von der Ausdehnung der Körper nicht abgesehen werden kann. Im Besonderen kann man bei einem festen Körper seine Formänderungen oft außer acht lassen und ihn als einen "starren Körper" idealisieren, der in allen seinen Teilen von absolut unveränderlicher Gestalt ist. Er kann als ein System von Massenpunkten angesehen werden, deren gegenseitige Abstände sich nicht verändern. Ein vollkommen starrer Körper kommt in der Natur nicht vor, er ist ähnlich wie der Massenpunkt nur ein überaus nützliches Modell der Mechanik. Im Abschnitt 4 werden Probleme aus der Himmelsmechanik behandelt.

Der Abschnitt 5 beschäftigt sich ausschließlich mit den Auswirkungen der von BAADE entdeckten Drehbeschleunigung auf die Strömungsmechanik. Seine jahrelange Tätigkeit in der Forschung auf dem Gebiet der Theorie der Turbomaschinen war der eigentliche Grund dafür, dass er sich mit den schwierigen Fragen der Axiome beschäftigen musste. Die modernen experimentellen Möglichkeiten haben uns in den letzten Jahrzehnten wichtige Erkenntnisse über die komplizierten Strömungsvorgänge in den Laufrädern der Turbomaschine geliefert. Wer sich intensiv mit der Theorie der Turbomaschine beschäftigt, muss zwangsläufig in diesen wissenschaftlichen Konflikt getrieben werden. Um die mit dem Drehimpuls verbundenen Probleme richtig zu verstehen, werden im Abschnitt 5 die bisher ungelösten Probleme auf dem Gebiet der Turbomaschinen und deren Lösung etwas ausführlicher dargestellt. Für die Wissenschaftler oder Ingenieure, die nicht auf dem Gebiet der Strömungsmaschinen tätig sind, sind einige Ausführungen des Abschnittes 5 vielleicht nicht ganz verständlich. BAADE konnte natürlich nicht die theoretischen Grundlagen der Turbomaschinen in diesem Buch darstellen. Er hat aber versucht, hier einen vertretbaren Kompromiss zu finden. Gerade die im Abschnitt 5.2.7.2 erläuterten Erkenntnisse bei der Umströmung der Schaufeln im Eintrittsbereich des Laufrades einer radialen Strömungsmaschine im Zusammenhang mit einem Variationsproblem für die Strömungsmechanik war für BAADE der Schlüssel für die im Abschnitt 2.3 erläuterten Überlegungen.

2 Der Drehimpulssatz in der Mechanik

2.1 Allgemeine Bemerkungen über den Drehimpulssatz

Die Auffassung, wonach der Drehimpulssatz als unabhängiges Grundgesetz der Mechanik aufzufassen ist, wird heute von den meisten Vertretern der theoretischen Mechanik geteilt [1]. Wie in der Einleitung bereits erwähnt, hat EULER erkannt, dass für die Bewegung von Körpern jeder Art die beiden voneinander unabhängigen fundamentalen Gesetze der Mechanik, das NEWTONsche Grundgesetz - oft als der lineare Impulssatz bezeichnet -

$$\frac{d}{dt}\left(m \cdot \vec{v} \right) - \vec{F}_e = 0 \tag{2.1}$$

und der Drehimpulssatz

$$\frac{d}{dt}\left(\vec{r} \times m \cdot \vec{v} \right) - \vec{M}_e = 0 \tag{2.2}$$

bestimmend sind. Hierbei bedeuten: M_e das Moment der äußeren, eingeprägten Kräfte F_e, r ein Radiusvektor und v der Geschwindigkeitsvektor des Massenpunktes mit der Masse m. Beide Gesetze dürfen mit Recht die EULERschen Gesetze der Mechanik genannt werden.

Die klassische Mechanik basiert damit auf drei Grundgesetze, welche das Gleichgewicht oder die Bilanz von Kraft, Drehmoment und Arbeit (Impulssatz, Drehimpulssatz, Energiesatz) garantieren.

Fast immer wird der Drehimpulssatz so verstanden, dass für den Radiusvektor r ein von einem festen Bezugspunkt ausgehender Ortsvektor r_o eingesetzt wird:

$$\frac{d}{dt}\left(\vec{r}_o \times m \cdot \vec{v} \right) - \vec{r}_o \times \vec{F}_e = 0 \tag{2.3}$$

Nach Ausführung der Differentiation erhält man

$$\frac{d\,\vec{r}_o}{d\,t} \times m \cdot \vec{v} + \vec{r}_o \times \left(m \frac{d\,\vec{v}}{d\,t} - \vec{F}_e \right) = 0 \tag{2.4}$$

Für die Ableitung des Ortsvektors r_o kann gesetzt werden:

$$\frac{d\,\vec{r}_o}{d\,t} = \vec{v}$$

Der erste Summand in Gl. 2.4, der ein Vektorprodukt darstellt, muss daher verschwinden:

$$\vec{v} \times m \cdot \vec{v} = 0$$

Von der Drehimpulsgleichung Gl. 2.4 verbleibt damit:

$$\vec{r_0} \times \left(m \frac{d\vec{v}}{dt} - \vec{F_e} \right) = 0 \qquad (2.5)$$

Wegen des NEWTONschen Impulssatzes muss der Klammerausdruck in Gl. 2.5 null sein. Von einigen Vertretern der theoretischen Mechanik wird gefolgert, dass bei Erfüllung des NEWTONschen Impulssatzes (Gl. 2.1) der Drehimpulssatz (Gl. 2.2) automatisch auch erfüllt ist. In diesem Falle ist der Drehimpulssatz eigentlich überflüssig. Man könnte ihn nicht als Grundgesetz der Mechanik auffassen. Der Drehimpulssatz wäre nur das triviale Ergebnis der Multiplikation des NEWTONschen Impulssatzes mit einem Ortsvektor. Damit kann er gegenüber dem NEWTONschen Impulssatz physikalisch nicht mehr aussagen.

An dieser Tatsache ändert sich auch nichts, wenn man die Betrachtungen von einem Massenpunkt auf Körper mit endlichen Abmessungen ausdehnt.

Nach diesen Ausführungen muss man eigentlich schlussfolgern, dass der Drehimpulssatz bestenfalls ein Hilfssatz ist, der die Berechnung konkreter mechanischer Probleme etwas übersichtlicher gestaltet. Die Berechnung könnte aber nur durch die Anwendung des NEWTONschen Impulssatzes genauso durchgeführt werden.

In der Statik dagegen ist seit etwa 1834 klar, dass das Kräftegleichgewicht für die Lösung vieler Aufgaben nicht ausreicht. Der Drehmomentensatz ist als zweites unabhängiges Grundgesetz unentbehrlich. In der Statik wird seit POINSOT (französischer Mathematiker und Physiker, 1777 bis 1859) gelehrt, dass das einfachste Kraftsystem, das nicht durch eine Einzelkraft ersetzt werden kann, das Kräftepaar ist. Der Begriff „Kräftepaar" wurde schon 1804 von POINSOT geprägt. Es besteht aus zwei entgegengesetzt gleichen Kräften, deren Angriffslinien nicht zusammenfallen. Der Begriff „Drehmoment" als eine physikalische Grundgröße erkannte POINSOT dann in seiner vollen Bedeutung erst 1834. Das Moment des Kräftepaares ist das Produkt aus dem senkrechten Abstand der beiden Kräfte und dem Betrag der Kraft. Der Momentenvektor steht senkrecht zur Ebene des Kräftepaares. Die Wirkung eines Drehmomentes kann nur durch Einzelkräfte n i c h t voll erfasst werden. Es muss unbedingt noch eine geometrische Größe, der senkrechte Abstand der beiden gleich großen, aber entgegengesetzt gerichteten Kräfte, beachtet werden. Darin unterscheiden sich u.a. die beiden physikalischen Grundgrößen Moment und Kraft. Der Momentenvektor ist ein axialer Vektor und der Kraftvektor ist ein linienflüchtiger Vektor. Mit gewissen Einschränkungen kann man sagen, dass in der Statik etwa seit 1834 über die Bedeutung des Drehmomentensatzes Klarheit herrscht.

Es erscheint fast unglaublich, dass man in der Dynamik nur mit dem NEWTONschen Impulssatz, der die Verallgemeinerung des Kräftegleichgewichtes der Statik für die Belange der Dynamik darstellt, auskommen soll. In der Dynamik spielt der Drehimpulssatz etwa die gleiche Rolle, wie der Drehmomentensatz in der Statik. In den folgenden Abschnitten wird gezeigt, dass die Auffassung TRUESDELLs, die schon bei EULER zu finden ist, zum richtigen Verständnis für das Wesen des Drehimpulssatzes führt.

2.2 Kinematik der Bewegung eines Massenpunktes auf einer Bahnkurve mit veränderlicher Krümmung

Die wahre Bedeutung des Drehimpulssatzes kommt erst zur Geltung, wenn man die Bewegung von Massenpunkten auf Bahnkurven mit veränderlicher Krümmung verfolgt. Die örtliche Krümmung K einer beliebigen Kurve ist eine geeignete Größe zur mathematischen Beschreibung der Kurve. Wenn man eine Kurve unabhängig von einem bestimmten Koordinatensystem eindeutig beschreiben will, so ist das mit Hilfe der so genannten "natürlichen Gleichung einer Kurve"

$$K = f(s) \tag{2.6}$$

möglich. Sowohl die Bogenlänge s, als auch die Krümmung K sind Invarianten und genügen zur eindeutigen Bestimmung der Art bzw. der Form einer Kurve, wenn man einmal von ihrer räumlichen Lage in Bezug auf ein bestimmtes Koordinatensystem absieht.

Nicht nur zur mathematischen Beschreibung einer beliebigen Kurve unabhängig von einem bestimmten gewählten Koordinatensystem ist die örtliche Krümmung K die geeignete Größe. Auch für die Kinematik und Dynamik der Bewegung eines Massenpunktes stellt die örtliche Krümmung K eine Invariante dar. Die Zentrifugalbeschleunigung eines Massenpunktes bei seiner Bewegung auf einer gekrümmten Bahn kann z.B. nur mit Hilfe des örtlichen Krümmungsradius R_K bzw. der örtlichen Krümmung K berechnet werden:

$$a_n = \frac{v^2}{R_K} = K \cdot v^2 \tag{2.7}$$

Hierbei ist es gleichgültig, mit welchem Koordinatensystem die Bahn des Massenpunktes beschrieben wird. In jedem Falle muss die Invariante K, d.h. die örtliche Krümmung, mit Hilfe der für das gewählte Koordinatensystem gültigen mathematischen Formel bestimmt werden. Wie die Gleichung 2.7 zeigt, spielt die örtliche Krümmung K der Bahnkurve nicht nur für die Kinematik, sondern auch für die Dynamik der Bewegung eines Massenpunktes eine große Rolle.

Es liegt aus diesem Grunde die Vermutung nahe, dass auch bei der Definition des Drehimpulses die örtliche Krümmung K als eine vom Koordinatensystem unabhängige Größe verwendet werden muss.

Im folgenden Abschnitt 2.3 wird hierauf eine Antwort gegeben. Zunächst sollen aber bekannte Tatsachen aus der Differentialgeometrie hier kurz dargestellt werden, die für das Verständnis des nächsten Abschnittes Voraussetzung sind.

In der Abb.2-1 ist eine Bahnkurve L eines Massenpunktes P mit veränderlichem Krümmungsradius R_K dargestellt. Wenn sich der Massenpunkt P längs der Kurve L bewegt, beschreibt der seine Lage verändernde Krümmungsmittelpunkt M der Kurve L im allgemeinen eine gewisse Kurve E. Die Kurve E ist der geometrische Ort der Krümmungsmittelpunkte der Bahnkurve L und wird als Evolute der Bahnkurve bezeichnet. Zwischen dem Ortsvektor r_O, der vom festen Koordinatenursprung 0 zum Punkt P weist, dem Krümmungsradius R_K und dem Ortsvektor r_{oM} für den Krümmungsmittelpunkt M besteht der Zusammenhang:

$$\vec{r}_o = \vec{r}_{oM} + \vec{R}_K \qquad\qquad (2.8)$$

Zwischen dem Vektor des Krümmungsradius R_K und dem Ortsvektor r_0 muss begrifflich klar unterschieden werden! Der Ortsvektor gehört zu dem gewählten Koordinatensystem und dient zur Lagebeschreibung eines Punktes. Der Krümmungs-radius gehört zu den Eigenschaften einer Kurve und hat nichts mit dem gewählten Koordinatensystem zu tun. Für einen bestimmten Punkt einer Kurve ist der Betrag des Krümmungsvektors bzw. der Betrag der Krümmung konstant und hängt z.B. nicht von der Lage des Koordinatenursprungs ab.

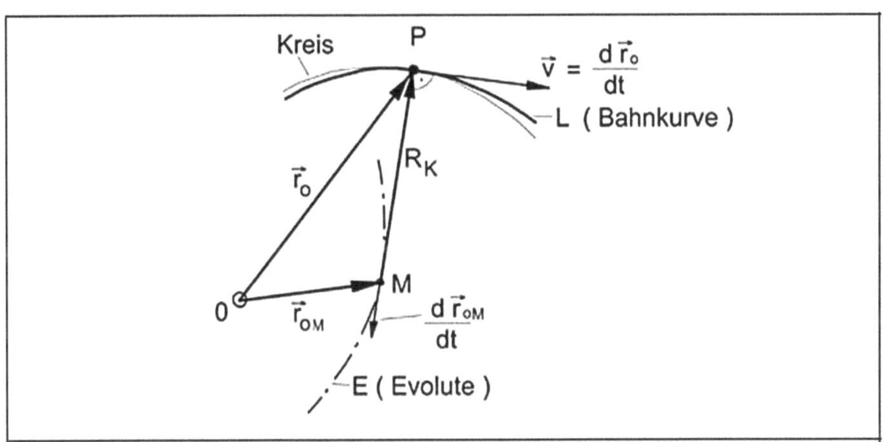

Abb. 2-1 Bahnkurve eines Massenpunktes

Wenn die Bahnkurve keine Gerade oder kein Kreisbogen ist, verändert sich nicht nur der Betrag des Vektors R_K. Auch der Anfangspunkt dieses Vektors verlagert sich.

Die Ableitung des Ortsvektors r_0 nach der Zeit t ergibt bekanntlich den Geschwindigkeitsvektor v :

$$\frac{d\,\vec{r}_o}{d\,t} = \vec{v} \qquad\qquad (2.9)$$

Wenn die von einem festen Kurvenpunkt aus in bestimmter Richtung gerechnete Bogenlänge s als Parameter für die Kurvendarstellung dient, so ergibt die Ableitung des Ortsvektors r_0 nach s den Tangenten-Einheitsvektor i_t in Richtung des zunehmenden Bogenlängenparameters s. Es gilt daher:

$$\frac{d\,\vec{r_0}}{d\,s} = \vec{i}_t \qquad\qquad (2.10)$$

Die Ableitung

$$\vec{K} = \frac{d\,\vec{i}_t}{d\,s} \qquad\qquad (2.11)$$

des Tangenten-Einheitsvektors i_t nach s heißt Krümmungsvektor. Der Betrag dieses Vektors charakterisiert die Schnelligkeit der Richtungsänderung des Tangenten-Einheitsvektors i_t und heißt Krümmung der Kurve. Der Krümmungsvektor steht senkrecht auf der Tangente, hat also die Richtung des Normalen-Einheitsvektors i_n . Zwischen dem Krümmungsradius und der Krümmung besteht der bekannte Zusammenhang:

$$\vec{K} = \frac{1}{R_K}\cdot\vec{i}_n \qquad\qquad (2.12)$$

Der Vektor i_n ist ein Einheitsvektor. Für einen Einheitsvektor i, der von einem skalaren Parameter t abhängt, gilt:

$$\vec{i}\cdot\vec{i} = 1$$

Die Differentiation dieser Gleichung nach t liefert:

$$\frac{d\,\vec{i}}{d\,t}\cdot\vec{i} + \vec{i}\cdot\frac{d\,\vec{i}}{d\,t} = 0$$

Wegen der Unabhängigkeit des skalaren Produktes von der Reihenfolge der Faktoren muss gelten:

$$\vec{i}\cdot\frac{d\,\vec{i}}{d\,t} = 0$$

Auf Grund dieser Eigenschaft der Einheitsvektoren gilt:

$$\frac{d\,\vec{i}_n}{d\,s} \perp \vec{i}_n$$

d.h. der Vektor der Ableitung des Normalen-Einheitsvektors nach s ist parallel zur Tangente der Bahnkurve gerichtet.

Differenziert man die offenbar gültige Beziehung $i_t \cdot i_n = 0$ nach s, so ergibt sich:

$$\vec{K} \cdot \vec{i}_n + \vec{i}_t \cdot \frac{d\,\vec{i}_n}{d\,s} = 0 \tag{2.13}$$

Die Vektoren K und i_n stimmen in der Richtung überein und nach Gl. 2.12 ist:

$$\vec{K} \cdot \vec{i}_n = \frac{1}{R_K}$$

sodass aus der Gl. 2.13 folgt:

$$\vec{i}_t \cdot \frac{d\,\vec{i}_n}{d\,s} = -\frac{1}{R_K}$$

Aus der Parallelität der Vektoren

$$\vec{i}_t \quad \text{und} \quad \frac{d\,\vec{i}_n}{d\,s}$$

folgern wir schließlich, dass die Ableitung des Normalen-Einheitsvektors nach s der Richtung nach entgegengesetzt zu i_t ist und die Länge $1/R_K$ hat. Es gilt also:

$$\frac{d\,\vec{i}_n}{d\,s} = -\frac{1}{R_K} \cdot \vec{i}_t \tag{2.14}$$

Die Gl. 2.14 stellt die FRENETsche Ableitungsformel für ebene Kurven dar.

Wenden wir uns wieder der Abb. 2-1 zu. Wie bereits erläutert wurde, stellen r_O den Ortsvektor und s die Bogenlänge für die Bahnkurve L und r_{oM} den Ortsvektor für die Krümmungsmittelpunkte, die auf der Evolute liegen, dar. Durch Differentiation der Gleichung

$$\vec{r}_{oM} = \vec{r}_o + R_K \vec{i}_n$$

erhalten wir:

$$\frac{d\,\vec{r}_{oM}}{ds} = \vec{i}_t + \frac{d\,R_K}{d\,s} \cdot \vec{i}_n + R_K \cdot \frac{d\,\vec{i}_n}{d\,s}$$

und damit wegen Gl. 2.14

$$\frac{d\,\vec{r}_{oM}}{ds} = \vec{i}_t + \frac{d\,R_K}{d\,s} \cdot \vec{i}_n - \vec{i}_t$$

Damit erhält man folgende Beziehung

$$\frac{d\,\vec{r}_{oM}}{ds} = \frac{dR_K}{ds} \cdot \vec{i}_n \qquad\qquad (2.15)$$

Die rechte Seite dieser Gleichung stellt einen Vektor in Richtung der Normalen zur Bahnkurve L dar und die linke Seite einen Vektor in Richtung der Tangente an die Evolute. Folglich ist die Normale der Kurve L parallel zur Tangente der Evolute. Diese beiden Geraden verlaufen aber durch ein und denselben Punkt M und müssen daher zusammenfallen. Hieraus folgt eine erste wichtige Eigenschaft der Evolute:

> Die Normale zu einer Kurve in einem Punkt P berührt
> die Evolute in dem P entsprechenden Punkt M.

Mit Rücksicht auf die Definition der Einhüllenden einer Kurvenschar können wir auch die folgende zweite Eigenschaft der Evolute aussprechen:

> Die Evolute einer Kurve ist die Einhüllende der Normalenschar dieser
> Kurve.

Eine weitere, in den folgenden Abschnitten benötigte Eigenschaft der Evolute soll hier noch abgeleitet werden. Der natürliche Parameter für die Evolute ist deren Bogenlänge s_E . Gemäß der Kettenregel gilt:

$$\frac{d\,\vec{r}_{oM}}{ds} = \frac{d\,\vec{r}_{oM}}{ds_E} \cdot \frac{d\,s_E}{d\,s} = \frac{d\,s_E}{d\,s} \cdot \vec{i}_{t_E}$$

wobei i_{t_E} der Tangenten-Einheitsvektor der Evolute ist. Durch Einsetzen in Gl. 2.15 erhalten wir:

$$\frac{d\,s_E}{d\,s} \cdot \vec{i}_{t_E} = \frac{dR_K}{d\,s} \cdot \vec{i}_n$$

Werden die Längen der auf beiden Seiten dieser Gleichung stehenden Vektoren einander gleichgesetzt, so folgt:

$$\left|\frac{d\,s_E}{d\,s}\right| = \left|\frac{dR_K}{d\,s}\right|$$

und man erhält den folgenden Zusammenhang:

$$\left| d\, s_E \right| = \left| d\, R_K \right|$$

Wird diese Beziehung über das betrachtete Teilstück integriert, so folgt, dass die Zunahme der Bogenlänge der Evolute mit der Zunahme des Krümmungsradius der ursprünglichen Kurve übereinstimmt. Wir erhalten somit die dritte Eigenschaft der Evolute:

> Auf einem Kurvenstück ist bei monotoner Änderung des Krümmungsradius
> dessen Zuwachs gleich der Zunahme der Bogenlänge der Evolute zwischen
> den entsprechenden Punkten.

Auf eine weitere wichtige bekannte Erkenntnis aus der Differentialgeometrie der Kurven soll hier hingewiesen werden. Jede Eigenschaft einer Kurve, jede geometrische Größe, lässt sich mit Hilfe von Krümmung $K(s)$ und Windung $W(s)$ beschreiben. Die Windung W spielt nur bei räumlichen Kurven eine Rolle und wird in diesem Buch nur selten erwähnt. Krümmung und Windung bilden ein unabhängiges und vollständiges Invariantensystem der Kurve.

Wenn wir die Funktionen $K = K(s)$ und $W = W(s)$ von einer Kurve kennen, dann ist die Kurve im Raum bis auf einen konkreten Anfangspunkt und eine Anfangsrichtung in einem gewählten Koordinatensystem eindeutig bestimmt. Alle Kurven mit gegebener Funktion $K = K(s)$ sind untereinander kongruent.

Die beiden Funktionen $K = K(s)$ und $W = W(s)$ werden als die natürlichen Gleichungen einer Kurve bezeichnet. Die Bogenlänge s ist die unabhängige Variable. Neben der Bogenlänge sind die Krümmung und die Windung ganz wichtige Parameter für die geometrischen Eigenschaften einer Kurve.

Gerade, Kreis und Schraubenlinie sowie Teile davon (z.B. Kreisbogen) sind die einzigen Kurven konstanter Krümmung und Windung. Betrachtet man nur ebene Kurven, spielen die Windung und die Schraubenlinie keine Rolle.

In der Abb. 2-2 ist die gleiche Kurve, eine einfache Parabel y = x² , in verschiedenen Ansichten gezeichnet. Will man die Eigenschaften dieser einfachen Kurve mit Hilfe des kartesischen Koordinatensystems untersuchen, ergeben sich auf den ersten Blick schon folgende Probleme:

Im Falle der linken Abbildung erhält man die einfache mathematische Funktion y = x² zur Beschreibung der Kurve. Schon bei der mittleren Abbildung wird es für die Funktion zur Beschreibung der Kurve schwierig. Man erhält die bekannte Wurzelfunktion zur Kurvenbeschreibung. Verschiebt man den Koordinatenursprung des x,y-Koordinatensystems um nur wenige Millimeter nach rechts, reicht der Zahlenbereich der reellen Zahlen zur Beschreibung nicht mehr aus. Man muss den Zahlenbereich der Mathematik auf den Bereich der komplexen Zahlen erweitern. An den geometrischen Eigenschaften der Kurve hat sich aber überhaupt nichts geändert. Das rechte Beispiel ergibt eine komplizierte mathematische Funktion für die Beschreibung der einfachen Kurve.

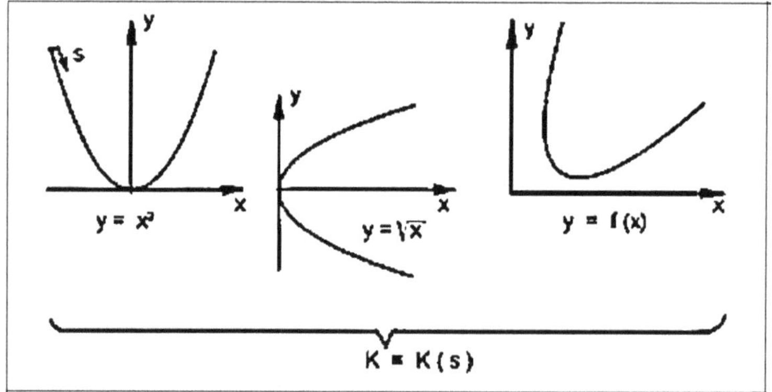

Abb. 2-2 Vergleich kartesische und natürliche Koordinatensysteme

Verwendet man ein natürliches Koordinatensystem zur Kurvenbeschreibung, wie es oft in der Differentialgeometrie angewendet wird, wird die Kurvenbeschreibung einfacher und übersichtlicher. Für beliebige Kurven kann die Funktion K=K(s) in Form einer zweispaltigen Tabelle angeben werden. Im Zeitalter der Computertechnik ist die zeichnerische Darstellung heute überhaupt kein Problem mehr. Vom Verfasser wurden Kurven mit sehr verschiedenen geometrischen Formen ermittelt und zeichnerisch dargestellt. So wurden auf dieser Grundlage sehr einfache Prozeduren von BAADE zur zeichnerischen Darstellung von Ausgleichskurven erstellt. Diese Ausgleichskurven dienen bei experimentellen Forschungen zur zeichnerischen Darstellung von Messwerten, die ja immer mit gewissen Messfehlern behaftet sind und deshalb eine Streuung aufweisen. Hierbei wurde weder eine BEZIER-Kurve noch ein anderes Ausgleichspolynom verwendet. Die Lösung eines Gleichungssystems ist auch nicht erforderlich.

Im Falle einer einfachen Parabel $y = a \cdot x^2$ kann die natürliche Gleichung der Kurve auch mit Hilfe des Winkels ϑ zwischen dem Tangenten-Einheitsvektor und der Symmetrieachse der Kurve (z.B. die y-Achse) durch die einfache Funktion:

$$K = K_{Scheitel} \cdot \sin^3 \vartheta$$

dargestellt werden. Hierbei bedeutet $K_{Scheitel}$ die maximale Krümmung der Parabel, die durch den Parameter a bestimmt ist. Auch diese einfache Beziehung gilt in jedem beliebigen Koordinatensystem.

Wenn man physikalische Zusammenhänge untersuchen will und hierbei die Geometrie eine wichtige Rolle spielt, sollte man öfter das natürliche Koordinatensystem beachten. Die „natürliche" Definitionsgleichung für die Krümmung lautet bekanntlich:

$$\vec{K} \overset{def}{=} \frac{d\vartheta}{ds} \cdot \vec{i}_n$$

Verwendet man ein Polarkoordinatensystem $r = f(\varphi)$, so muss die Krümmung nach der Gleichung

$$\vec{K} = \frac{r^2 + 2 \cdot r'^2 - r \cdot r''}{\left(r^2 + r'^2\right)^{3/2}} \cdot \vec{i}_n$$

berechnet werden. Diese Beziehung ist deutlich komplizierter und die geometrischen Eigenschaften der Krümmung sind schwerer zu erkennen. Auch für die physikalischen Grundgrößen sind die „natürlichen" Definitionsgleichungen zum Erkennen bestimmter Eigenschaften oft besser geeignet. Die „natürliche" Definitionsgleichung für die Geschwindigkeit v ist zum Beispiel:

$$\vec{v} \overset{def}{=} \frac{ds}{dt} \cdot \vec{i}_t$$

Wenn man die Geschwindigkeit mit Hilfe eines Ortsvektors r_0 definiert

$$\vec{v} = \frac{d\vec{r}_0}{dt}$$

ist die Bedeutung des Tangenten-Einheitsvektors i_t für die physikalische Grundgröße Geschwindigkeit v nur schwer zu erkennen. Der Einfluss von i_t ist in der Ableitung des Ortsvektors r_0 enthalten. Die Richtung des Geschwindigkeitsvektors, die durch den Tangenten-Einheitsvektor i_t bestimmt wird, ist aber eine sehr wichtige Eigenschaft der Geschwindigkeit v.

2.3 Die Drehbeschleunigung

Die im Abschnitt 2.2 dargelegten allgemein bekannten Zusammenhänge aus der Differentialgeometrie sollen nun auf die Probleme angewendet werden, die in diesem Buch behandelt werden.

Die Abb. 2-3 zeigt ein Bogenelement einer Kurve mit veränderlicher Krümmung. Als Koordinatensystem wird das im Abschnitt 2.2 erläuterte natürliche Koordinatensystem mit der Bogenlänge s als unabhängige Variable verwendet. Man kann natürlich auch ein anderes Koordinatensystem verwenden, allerdings sind die Ableitungen dann weniger übersichtlich. In der Abb. 2-3 ist z.B. ein kartesisches x,y-Koordinatensystem angedeutet.

Wir betrachten ein Bogenelement Δs zwischen den Bogenpunkten 1 und 2. Der Tangenten-Einheitsvektor i_{t2} im Punkt 2 hat sich gegenüber dem Tangenten-Einheitsvektor i_{t1} um einen Winkel $\Delta \delta_{ges} = \Delta\delta + \Delta\beta$ gedreht. Wie aus der Abb. 2-3 zu erkennen ist, setzt sich die Richtungsänderung des Tangenten-Einheitsvektors aus zwei Anteilen zusammen. Wenn sich der Tangenten-Einheitsvektor auf einem Kreisbogen bewegt, kommt es zu einer Richtungsänderung um den Winkel $\Delta\delta$. Die Krümmung ist in diesem Falle konstant. Tatsächlich hat sich aber während der Bewegung vom Punkt 1 zum Punkt 2 die Krümmung geändert. Für das Beispiel in der Abb. 2-3 ist die Krümmung größer geworden. Der Ursprung des Krümmungsradius R_K hat sich während der Bewegung vom Punkt M_1 zum Punkt M_2 auf der Evolute bewegt. Die in der Abb. 2-3 mit ΔR_K bezeichnete Strecke ist ein Bogenelement der zugehörigen Evolute (siehe hierzu die Ausführungen im Abschnitt 2.2). Seit über hundert Jahren ist in der Differentialgeometrie bekannt, dass sich der Krümmungsmittelpunkt einer Kurve mit veränderlicher Krümmung bei einer differentiell kleinen Bewegung in Richtung des ursprünglichen Krümmungsradius R_{K1} bewegt. Durch diese Bewegung des Krümmungsmittelpunktes bei einer differentiell kleinen Bewegung des Punktes auf dem kleinen Element Δs der Bahnkurve kommt es zu einer weiteren Drehung des Tangenten-Einheitsvektors i_t um den Winkel $\Delta\beta$. Diese zusätzliche Winkeländerung tritt nur bei Bewegungen auf Bahnkurven mit veränderlicher Krümmung auf.

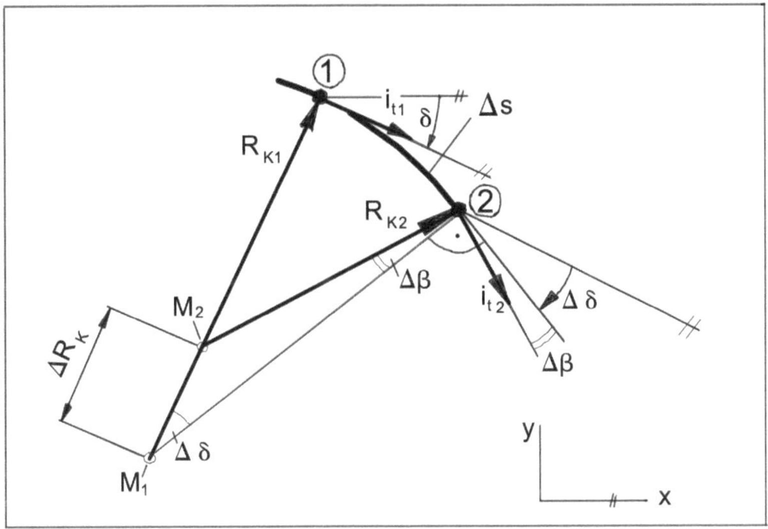

Abb. 2-3 Zusätzliche Drehung bei Bahnkurven mit veränderlicher Krümmung

Um die Ableitungen der Winkeländerungen nach der unabhängigen Koordinate s zu bestimmen, wenden wir den Sinussatz für schiefwinklige Dreiecke an.

$$\frac{\sin \Delta\beta}{\Delta R_K} = \frac{\sin \Delta\delta}{R_K}$$

Für kleine Winkel $\Delta\delta$ bzw. $\Delta\beta$ erhält man

$$\Delta\beta = \frac{\Delta R_K}{R_K} \cdot \Delta\delta$$

Für die weitere Ableitung soll vorausgesetzt werden, dass der Massenpunkt sich mit einer konstanten Geschwindigkeit v auf dem Bogen mit der Bogenlänge Δs bewegt.

Das gilt natürlich nur für den Betrag der Geschwindigkeit, nicht aber für die Richtung. In diesem speziellen Fall kann statt der Bogenlänge s auch die Zeit t als unabhängige Variable verwendet werden. Es gilt der lineare Zusammenhang zwischen Bogenlänge und Zeit:

$$s = v \cdot t \quad \text{für } v = \text{konst.}$$

Die Richtungsänderung des Tangenten-Einheitsvektors i_t im Punkt 1 als Funktion der Zeit t beträgt:

$$\Delta\delta = \omega \cdot \Delta t = \frac{v}{R_K} \cdot \Delta t$$

Da der Krümmungsradius in unserem Beispiel sich mit der Bogenlänge s verändert, kommt es im Punkt 2 gegenüber dem Punkt 1 zu einer zusätzlichen Drehung des Winkels δ um den Winkel $\Delta\beta$ und einer damit zusammenhängenden Änderung der Winkelgeschwindigkeit um den Betrag ω_{zus}:

$$\Delta\beta = -\frac{\Delta R_K}{R_K} \cdot \omega \cdot \Delta t$$

$$\omega_{zus} = \frac{\Delta\beta}{\Delta t} = -\frac{\Delta R_K}{R_K} \cdot \omega$$

Für die Winkelbeschleunigung ϵ gilt:

$$\epsilon \overset{\text{def}}{=} \frac{d\,\omega}{d\,t}$$

Durch ω_{zus} ergibt sich eine Winkelbeschleunigung ϵ_{zus}, obwohl der Betrag v der Geschwindigkeit des Massenpunktes konstant ist:

$$\epsilon_{zus} = \lim_{\Delta t \to 0} \frac{\Delta\omega}{\Delta t} = \lim_{\Delta t \to 0} \left(-\frac{\omega}{R_K} \cdot \frac{\Delta R_K}{\Delta t} \right)$$

Nachdem der Grenzübergang durchgeführt wurde, verbleibt die Gleichung:

$$\epsilon_{zus} = -\frac{\omega}{R_K}\frac{dR_K}{dt}$$

Das negative Vorzeichen in dieser Gleichung geht in Ordnung. Wenn mit zunehmender Bogenlänge s die Krümmung K größer wird, muss der Krümmungsradius R_K abnehmen und die Winkelbeschleunigung ϵ hat einen positiven Wert. Die letzte Gleichung wird mit Hilfe der beiden Beziehungen

$$\omega = \frac{v}{R_K} \quad ; \quad \epsilon_{zus} = \frac{1}{R_K}\cdot\frac{dv}{dt}$$

umgeformt und man erhält:

$$\frac{1}{R_K}\cdot\frac{dv}{dt} = -\frac{v}{R_K^2}\frac{dR_K}{dt}$$

Durch Multiplikation mit R_K erhält man eine Beziehung für die Drehbeschleunigung:

$$\frac{dv}{dt} = -\frac{v}{R_K}\frac{dR_K}{dt}$$

Zwischen den Ableitungen des Krümmungsradius R_K und der Krümmung K besteht der einfache Zusammenhang:

$$\frac{dR_K}{dt} = -\frac{1}{K^2}\cdot\frac{dK}{dt} \qquad (2.16)$$

Um die Drehbeschleunigung besser von der NEWTONschen Beschleunigung unterscheiden zu können, soll als Formel-Kurzzeichen "b" verwendet werden. Beide Seiten der Gleichung für die Drehbeschleunigung werden noch mit dem Tangenten-Einheitsvektor i_t multipliziert und man erhält die Vektorgleichung für die Drehbeschleunigung b:

$$\boxed{\vec{b} = -\frac{v}{R_K}\cdot\frac{dR_K}{dt}\cdot\vec{i_t}} \qquad (2.17\ a)$$

Oft ist es zweckmäßiger anstelle des Krümmungsradius R_K in den Gleichungen mit der Krümmung K zu arbeiten. Unter Verwendung von Gleichung 2.16 erhält die Gleichung für die Drehbeschleunigung dann die Form:

$$\boxed{\vec{b} \overset{def}{=} +\frac{v}{K}\cdot\frac{dK}{dt}\cdot\vec{i_t}} \qquad (2.17\ b)$$

Diese zusätzliche Beschleunigung entdeckt zu haben, ist das Verdienst des Verfassers dieses Buches. Sie wurde von BAADE im Jahre 1982 entdeckt. Der Verfasser schlägt vor, für den Ausdruck auf der rechten Seite der Gleichung die Bezeichnung „Drehbeschleunigung" zu verwenden. Damit existieren in der Dynamik drei Arten der Trägheits-Beschleunigungen:

1. Die von NEWTON entdeckte Trägheits-Beschleunigung a_T, die bei einer Bewegung auf einer Geraden allein vorhanden ist. Sie wird manchmal auch als lineare Trägheits-Beschleunigung bezeichnet. Nach Meinung von BAADE eine nicht sehr gute Bezeichnung. In diesem Buch wird diese Beschleunigung als NEWTONschen Beschleunigung bezeichnet.

2. Die Zentrifugalbeschleunigung a_Z, die bei einer Bewegung auf einem Kreisbogen immer vorhanden ist.

3. Die Drehbeschleunigung b, die nur bei einer Bewegung auf einer Kurve mit veränderlicher Krümmung auftritt. Um eine gewisse Einheitlichkeit in der Bezeichnung zu wahren, könnte man diese Beschleunigung zukünftig auch EULERsche Beschleunigung nennen. L. EULER hat bereits 1775, wenige Jahre vor seinem Tod, vermutet, dass der Drehimpulssatz für die Dynamik genau so wichtig ist wie der NEWTONsche Impulssatz [1] !

Die Drehbeschleunigung wurde bisher in der Mechanik nicht beachtet bzw. noch nicht erkannt.

Im Abschnitt 2.5 wird gezeigt, dass die Drehbeschleunigung auch aus dem Drehimpulssatz abgeleitet werden kann; vorausgesetzt, man erkennt den Drehimpuls-satz als ein Grundgesetz der Mechanik an.

Abschließend möchte ich an dieser Stelle auf Heinrich HERTZ (1857-1894) verweisen, der kurz vor seinem Tod eine Veröffentlichung über die Prinzipien der Mechanik geschrieben hat und hier bereits die Bedeutung der Richtungsänderungen bei der Bewegung von Massenpunkten erkannt hat. Eine seiner Formulierungen möchte ich hier wörtlich zitieren [11]:

„Sind aber einmal die Merkmale Größe und Richtung bestimmt, so liegt es nahe genug, die Bahn eines Systems gerade zu nennen, wenn alle ihre Elemente die gleiche Richtung haben; und krumm, sobald die Richtung der Elemente sich von Lage zu Lage ändert. Als Maß der Krümmung bietet sich wie in der Geometrie des Punktes die Änderungsgeschwindigkeit der Richtung mit der Lage von selber dar."

Mit „Merkmale Größe und Richtung" sind hier Betrag und Richtung des Geschwindigkeitsvektors gemeint. HERTZ weist hier deutlich auf die Änderungsgeschwindigkeit der Richtung hin. Von BAADE wurde nun erkannt, dass die Änderungsgeschwindigkeit der Richtung auch von der Krümmungsänderung der Bahnkurve abhängt.

2.4 Die Bewegung eines Massenpunktes auf gekrümmten Bahnkurven

Ein Massenpunkt bewegt sich in der Ebene auf einer Kurve mit veränderlicher Krümmung vom Punkt 1 zum benachbarten Punkt 2. (siehe Abb. 2-4). Der Geschwindigkeitsvektor v_1 hat die gleiche Richtung wie der Tangenten-Einheitsvektor i_{t1} der Bahnkurve. In der Differentialgeometrie gilt grundsätzlich, dass der Normalen-Einheitsvektor i_n immer senkrecht zum Tangenten-Einheitsvektor i_t und damit auch immer senkrecht zum Geschwindigkeitsvektor v_1 ausgerichtet ist.

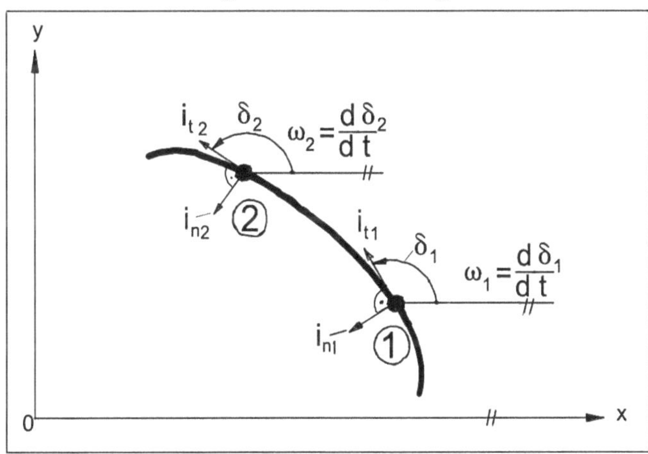

Abb. 2-4 Bewegung eines Massenpunktes auf einer Bahnkurve

Bei der Bewegung eines Massenpunktes gilt für den Vektor der Trägheitsbeschleunigung ganz allgemein:

$$\vec{a} \stackrel{def}{=} -\frac{d\,\vec{v}}{d\,t} = -\frac{d(\,v\cdot\vec{i}_t)}{d\,t} \tag{2.18}$$

Wenn sich nur der Betrag v, nicht aber die Richtung des Geschwindigkeitsvektors ändert, erhält man die NEWTONsche Trägheitsbeschleunigung:

$$\vec{a}_T = -\frac{d\,v}{d\,t}\cdot\vec{i}_t \tag{2.19}$$

Eine Bemerkung zu den Vorzeichen in den Gleichungen 2.18 und 2.19. Der Geschwindigkeitsvektor und der Tangenten-Einheitsvektor sind immer gleichgerichtet. Die NEWTONsche Trägheitskraft ist aber bei einem positiven Gradienten dv/dt entgegen der Richtung des Tangenten-Einheitsvektors gerichtet. Die Trägheitsbeschleunigung a darf nicht mit der Beschleunigung dv/dt des Geschwindigkeitsvektors verwechselt werden. Beide unterscheiden sich durch das Vorzeichen.

Bilanzgleichungen, wie das Kräftegleichgewicht oder der Energiesatz, sollte man in der Regel in der so genannten „Nullform" formulieren. Die einzelnen Bestandteile der Gleichung werden alle auf der linken Seite der Gleichung addiert oder subtrahiert und auf der rechten Seite der Gleichung steht dann nur die Null. Ob die einzelnen Summanden auf der linken Seite addiert oder subtrahiert werden müssen, entscheiden die physikalischen oder technischen Eigenschaften der Größen und der festgelegte Richtungssinn. Dies ist wichtig, um Vorzeichenfehler zu vermeiden.

Bewegt sich der Massenpunkt auf einer Kreisbahn (Krümmung K ist konstant !) und ändert sich der Betrag des Geschwindigkeitsvektors v nicht, erhält man infolge der Richtungsänderung des Tangenten-Einheitsvektors die Zentrifugalbeschleunigung. Für die Richtungsänderung des Tangenten-Einheitsvektors i_t gilt:

$$\frac{d\,\vec{i}_t}{d\,t} = v\cdot K\cdot\vec{i}_n \tag{2.20}$$

Damit ergibt sich für die Zentrifugalbeschleunigung:

$$\vec{a}_z = -v \cdot \frac{d\,\vec{i}_t}{d\,t} = -v^2 \cdot K \cdot \vec{i}_n \qquad\qquad (2.21)$$

Bewegt sich der Massenpunkt auf einer Bahn mit veränderlicher Krümmung, dann kommt es im Vergleich zur Bewegung auf einer Kreisbahn zu einer zusätzlichen Drehung des Geschwindigkeitsvektors.

Für den Vektor der örtlichen Winkelgeschwindigkeit und dessen Betrag im Punkt 1 gilt:

$$\vec{\omega} = \frac{d\,\vec{\vartheta}}{d\,t}$$

$$\vec{\omega} = \vec{K} \times \vec{v} \qquad\qquad \omega = K \cdot v$$

Der Betrag von ω stimmt mit dem Betrag der Ableitung des Tangenten-Einheitsvektors i_t (Gl. 2.20) überein. Es genügt, für die folgende Herleitung nur mit den Beträgen der Drehungsvektoren zu arbeiten. Der Betrag für den Vektor der Winkelbeschleunigung ϵ im Punkt 1 beträgt:

$$\epsilon = \frac{d\,\omega}{d\,t}$$

$$\epsilon = K \cdot \frac{d\,v}{d\,t} + v \cdot \frac{d\,K}{d\,t} \qquad\qquad (2.22\ a)$$

Die entsprechende Gleichung für die Drehbeschleunigung ϵ des Tangenten-Einheitsvektors unter Verwendung des örtlichen Krümmungsradius der Kurve lautet dann:

$$\epsilon = \frac{1}{R_K} \left(\frac{d\,v}{d\,t} - \frac{v}{R_K} \cdot \frac{d\,R_K}{d\,t} \right) \qquad\qquad (2.22\ b)$$

Die Winkelbeschleunigung ϵ für die Drehung des Tangenten-Einheitsvektors setzt sich aus zwei Summanden zusammen. Der erste Summand sagt aus: Wenn der Betrag des Geschwindigkeitsvektors v bei einer Bewegung des Massenpunktes auf der Bahn sich vergrößert, dann nimmt auch die Winkelbeschleunigung zu. Das überrascht nicht und ist sofort einsichtig. Der zweite Summand erfasst die zusätzliche Drehung des Tangenten-Einheitsvektors um den Winkel $\Delta\beta$ (siehe Abb. 2-3 im Abschnitt 2.3), wenn die Bewegung auf einer Bahn mit veränderlicher Krümmung erfolgt. In diesem Falle ist es auch möglich, dass die Bewegung auf der Bahn ohne eine Winkelbeschleunigung erfolgt:

$$\epsilon = 0$$

$$K \cdot \frac{dv}{dt} + v \cdot \frac{dK}{dt} = 0$$

Wir dividieren die letzte Gleichung durch die Krümmung K (Deshalb ist eine zusätzliche Betrachtung für K = 0 erforderlich!) und erhalten:

$$\boxed{\frac{dv}{dt} + \frac{v}{K} \cdot \frac{dK}{dt} = 0 \quad \bigg| \text{ für } K \neq 0 \,!} \qquad (2.23)$$

Wenn man sich diese Gleichung ansieht, erkennt man, dass der erste Summand die Beschleunigung des Geschwindigkeitsvektors v darstellt. Dieser Summand darf nicht mit der Trägheitsbeschleunigung verwechselt werden! Wenn die Geschwindigkeit v auf der gekrümmten Bahnkurve zunimmt, d.h. $dv/dt > 0$ ist, nimmt auch die Winkelgeschwindigkeit ω mit der sich der Tangenten-Einheitsvektor dreht zu. Der zweite Summand ist die Drehbeschleunigung b. Dieser Teil der Gleichung 2.22 beschreibt die zusätzliche Beschleunigung ϵ_{zus} der Winkelgeschwindigkeit ω infolge der Krümmungsänderung. Bei Bewegungen auf Kreisbögen ist dieser Summand der Gleichung 2.22 immer null.

Die Gleichung 2.22 wurde in diesem Abschnitt aus einer dynamischen Betrachtung unter Beachtung der Tatsache gewonnen, dass bei der Bewegung eines Massenpunktes auf einer gekrümmten Bahnkurve auch der Betrag des Geschwindigkeitsvektors v sich verändern kann. Die Drehbeschleunigung b wurde von BAADE ursprünglich aus einer differentialgeometrischen Betrachtung ermittelt, wie im Abschnitt 2.3 gezeigt wurde. Bei dieser Betrachtung wurde vorausgesetzt, dass der Betrag des Geschwindigkeitsvektors v sich nicht verändert.

Für den Fall verschwindender Krümmung ist eine gesonderte Betrachtung erforderlich. Bei Bewegungen auf ebenen Bahnkurven tritt der Fall K = 0 auf:

1. Beim Übergang von einer geraden Bahnkurve in eine gekrümmte Bahnkurve bzw. im umgekehrten Fall.

2. Beim Übergang auf eine Bahnkurve mit wechselndem Vorzeichen der Krümmung.

Der 2.Fall kann bei räumlichen Bahnkurven nicht auftreten. Die Krümmung von Raumkurven ist immer positiv oder null. Ausgangspunkt für die folgende Betrachtung ist die Gleichung 2.23. Besonders für den erwähnten zweiten Fall wird deutlich, dass bei einer Bahnkurve mit wechselndem Vorzeichen der Krümmung im Punkt mit $K = 0$ die Winkelgeschwindigkeit ω auch ihr Vorzeichen ändert. Der Kurvenverlauf $\omega = f(t)$ hat für diesen Zeitpunkt einen Wendepunkt. In diesem Wendepunkt muss $d\omega/dt = 0$ sein. Aus dieser Forderung für die Winkelbeschleunigung $\epsilon =. d\omega/dt = 0$ wurde die Gl. 2.23 abgeleitet:

$$K \cdot \frac{d\,v}{d\,t} + v \cdot \frac{d\,K}{d\,t} = 0$$

Für die Drehbeschleunigung b erhält man dann für den Fall K=0:

$$b = \frac{v}{K} \cdot \frac{d\,K}{d\,t} = -\frac{d\,v}{d\,t} \quad \text{für } K = 0\,! \tag{2.24}$$

Durch Testrechnungen, über die im Abschnitt 3.3 berichtet wird, wurde dieses Ergebnis bestätigt.

2.5 Der Drehimpulssatz

Viele Wissenschaftler der theoretischen Mechanik teilen heute die Auffassung, dass die klassische Mechanik auf drei Grundgesetze beruht. Neben dem NEWTONschen Impulssatz und dem Energiesatz (zur Zeit EULERs natürlich in der Form der Erhaltung der mechanischen Energie als Summe aus kinetischer Energie und potentieller Energie) tritt noch der Drehimpulssatz als drittes, unabhängiges Grundgesetz hinzu.

Bei der Definition des Drehimpulses gibt es im Gegensatz zum NEWTONschen Impulssatz und dem Energiesatz aber ein Problem. Für die Definition des Drehimpulses muss auch ein Radiusvektor benutzt werden. Zur Beschreibung der Lage des Massenpunktes genügt die Angabe eines Ortsvektors r_O, der von einem Koordinatenursprung zum Massenpunkt reicht. Wird dieser Ortsvektor r_O zur Definition des Drehimpulses benutzt, so hängt der Drehimpuls von der Wahl des räumlichen Koordinatensystems ab. Nur durch die Wahl eines räumlich versetzten Koordinatenursprungs würde der Drehimpuls einen anderen Betrag erhalten. Damit ist eine eindeutige Definition des Drehimpulses nicht möglich. Für eine physikalische Grundgröße ist das eigentlich ein unbefriedigender Zustand.

Eine andere Möglichkeit für die Definition des Drehimpulses ist, als Anfangspunkt für den Ortsvektor r_O nicht irgendeinen Koordinatenursprung zu wählen, sondern das Kraftzentrum der äußeren eingeprägten Kräfte F_e. Das setzt voraus, dass die äußeren eingeprägten Kräfte einem Zentralkraftfeld angehören, dessen Zentrum in einem Inertialsystem seine Lage nicht verändert. In diesem Falle - so lässt sich einfach nachweisen - besitzt der Drehimpuls Erhaltungseigenschaften. Statt des allgemeineren Drehimpulssatzes nach Gl. 2.2 kann man in diesem Falle schreiben:

$$\frac{d}{dt}\left(\vec{r}_{oz} \times m \cdot \vec{v} \right) = 0$$

In dieser Form wurde der Drehimpulssatz bisher stets mit Erfolg angewendet und ergibt durchaus richtige Ergebnisse.

Wenn die äußeren eingeprägten Kräfte nicht einem Zentralkraftfeld angehören oder sich das Zentrum des Kraftfeldes verlagert, kann das Kraftzentrum - von dem aus der Vektor r_{oz} zum Massenpunkt weist - nicht als Bezugspunkt für den Drehimpuls verwendet werden. Für die Strömungsmechanik ist diese Situation der typische Fall.

Koordinaten sind praktisch notwendig, sachlich aber unwesentlich. Soll der Drehimpuls als physikalische Grundgröße eine Invariante sein, d.h. nicht von der Wahl der Koordinaten bzw. des Koordinatenursprungs im Raum abhängen, so ist der Ortsvektor r_O für die Definition des Drehimpulses offenbar nicht die geeignete Größe.

Nach den Ausführungen im Abschnitt 2.2 und 2.3 bietet es sich an, bei der Definition für den Drehimpulssatz den Krümmungsradius R_K zu verwenden. Der Krümmungsradius ist die wichtigste Größe um die Eigenschaften einer Kurve eindeutig zu beschreiben. Der Krümmungsradius einer Kurve ist unabhängig von der Wahl oder der Orientierung eines bestimmten Koordinatensystems. Das Gleiche gilt natürlich für die Krümmung.

Definieren wir den Drehimpulssatz zunächst unter Verwendung des örtlichen Krümmungsradius R_K der Bahnkurve:

$$\frac{d}{dt}(\vec{R}_K \times m \cdot \vec{v}) - \vec{M}_e = 0 \qquad (2.25)$$

Wichtiger Hinweis: Diese Form des Drehimpulssatzes ist noch nicht die endgültige Form. Aus didaktischen Gründen wurde aber dieser Zwischenschritt gewählt.

Der Einheitsvektor für die Drehung soll hier mit i_ω bezeichnet werden. Wir betrachten an dieser Stelle nur ebene Kurven. Der Einheitsvektor i_ω steht senkrecht auf dieser Ebene und verändert in diesem Falle seine Richtung nicht. Die Differentiation lässt sich einfach ausführen, da nur mit dem Betrag des Einheitsvektors i_ω gearbeitet werden muss. Für die Gleichung 2.25 kann man daher auch die skalare Form wählen:

$$\frac{d}{dt}(R_K \cdot m \cdot v) = M_e$$

Nach Ausführung der Differentiation erhält man:

$$\frac{dR_K}{dt} \cdot m \cdot v + R_K \cdot m \cdot \frac{dv}{dt} = M_e$$

Für den Drehimpulssatz erhält man damit in skalarer Form:

$$v \cdot \frac{dR_K}{dt} + R_K \cdot \frac{dv}{dt} = \frac{M_e}{m}$$

Wenn wir nun für das Moment der eingeprägten Kräfte $M_e = 0$ setzen, ergibt sich der Erhaltungssatz für den Drehimpuls.

$$v \cdot \frac{dR_K}{dt} + R_K \cdot \frac{dv}{dt} = 0$$

Diese Gleichung wird durch R_K dividiert und man erhält die Gleichung 2.26a :

$$\frac{d\,v}{d\,t} + \frac{v}{R_K}\cdot\frac{dR_K}{dt} = 0 \qquad\qquad (2.26a)$$

Mit Hilfe der Gleichung 2.16 kann die Gleichung 2.26a auch durch die Krümmung ausgedrückt werden und sie erhält die Form Gl. 2.26b. Beide Gleichungen sind bezüglich ihrer physikalischen Aussage identisch.

$$\frac{d\,v}{d\,t} - \frac{v}{K}\cdot\frac{d\,K}{d\,t} = 0 \qquad\qquad (2.26b)$$

Der erste Summand stellt die Beschleunigung dv/dt dar. Dieser Summand ist nicht die NEWTONsche Trägheitsbeschleunigung a! Das positive Vorzeichen wird bei der Momentengleichung Gl. 2.25 durch den Einheitsvektor i_ω der Drehung und nicht durch den Tangenten-Einheitsvektor i_t festgelegt. Der zweite Summand ist die Drehbeschleunigung b, wie man bei einem Vergleich mit der Gleichung 2.17b sofort erkennt.

Das Ersetzen des Ortsvektors r_o durch den Krümmungsradius R_K war sicher ein wichtiger Schritt von BAADE [2] im Zusammenhang mit dem Erkennen der Eigenschaften der Drehbeschleunigung b. Es bleibt aber die Vorzeichenproblematik. Vergleicht man die Gleichung 2.23 und 2.26b, so stimmen sie bezüglich des Vorzeichens nicht überein! Die Definition für den Drehimpulssatz nach Gleichung 2.25 kann daher noch nicht befriedigen und muss noch einmal überdacht werden.

Um theoretische Zusammenhänge optisch besser erkennen zu können, wird zunächst das NEWTONsche Grundgesetz, oft als linearer Impulssatz bezeichnet, hier noch einmal in der Form von Bilanzgleichungen notiert:

$$\boxed{\; m\cdot\vec{a} + \Sigma\,\vec{F}_e = 0 \;\;{\scriptstyle\text{mit}}\;\; \vec{a} = -\frac{d\,\vec{v}}{d\,t} = -\frac{d(\,v\cdot\vec{i_t})}{d\,t} \;} \qquad (2.27)$$

Die Gleichung 2.27 erfasst das Kräftegleichgewicht in tangentialer Richtung i_t und in Richtung des Normalen-Einheitsvektors i_n und damit auch die Zentrifugalkraft $m\cdot a_Z$.

Der Drehimpulssatz wird nun von BAADE folgendermaßen definiert:

$$\Theta \cdot \frac{d\,\vec{\omega}}{d\,t} + \Sigma\,\vec{M}_e = 0 \quad \text{mit} \quad \Theta = m \cdot R_K^2 \quad \text{und} \quad \vec{\omega} = \vec{K} \times \vec{v}$$ (2.28)

Bevor wir die Definition Gl. 2.28 überprüfen, soll auf die formale Ähnlichkeit im Aufbau der beiden Gleichungen 2.27 und 2.28 hingewiesen werden.

Die Gleichung 2.28 stellt eine Vektorgleichung für Momentenvektoren dar. Der Einheitsvektor ist normal zur Ebene gerichtet, die durch die beiden Einheitsvektoren i_t und i_n aufgespannt wird. Für die Untersuchung ebener Bewegungen ändert dieser Einheitsvektor seine Richtung nicht. Es genügt daher, bei der Überprüfung der Gleichung nur mit den Beträgen der Vektoren zu arbeiten. Wir dividieren die Gleichung 2.28 zunächst durch die Masse m und durch die Krümmung K, um die einzelnen Bestandteile der Beschleunigungen besser erkennen zu können.

$$\frac{1}{K} \cdot \frac{d\,\vec{\omega}}{d\,t} + K \cdot \Sigma \frac{\vec{M}_e}{m} = 0$$

Jetzt gehen wir zur Betrachtung der Gleichung für die Beträge der Momentenbeziehung über.

$$\frac{1}{K} \cdot \frac{d(v \cdot K)}{d\,t} + K \cdot \Sigma \frac{M_e}{m} = 0$$

Nach Ausführen der Differentiation erhalten wir:

$$\frac{d\,v}{d\,t} + \frac{v}{K} \cdot \frac{d\,K}{d\,t} + K \Sigma \frac{M_e}{m} = 0$$ (2.29)

Vergleichen wir jetzt die Gleichung 2.29 mit der Beziehung Gleichung 2.23 aus Abschnitt 2.4. Die Gleichung 2.23 wurde aus dynamischen Betrachtungen der Bewegung eines Massenpunktes auf Bahnkurven mit veränderlicher Krümmung gewonnen. Außerdem wurde vorausgesetzt, dass die Winkelbeschleunigung $\epsilon = 0$ ist. Das ist der Fall, wenn die eingeprägten Momente M_e ebenfalls verschwinden. Der Vergleich der beiden Gleichungen 2.23 und 2.29 zeigt Übereinstimmung, wenn in Gleichung 2.29 für $M_e = 0$ gesetzt wird!

Um Missverständnisse zu vermeiden, soll die bisher übliche Definition des Drehimpulsatzes nach Gleichung 2.3 als „klassischer" Drehimpulssatz bezeichnet

werden. Wir wollen nun überprüfen, ob die Definition für den „klassischen"
Drehimpulssatz nach Gl. 2.3 (siehe Abschnitt 2.1) im Widerspruch zur neuen Definition
nach Gleichung 2.28 steht.

Der „klassische" Drehimpulssatz benutzt für die Definition einen Ortsvektor r_0 und gilt
nur für Bewegungen auf Kreisbögen. Der Mittelpunkt des Kreisbogens ist der
Ursprungspunkt für den Ortsvektor, der in diesem Falle mit dem Krümmungsradius
identisch ist. In der Gleichung 2.28 ersetzen wir die folgenden Größen:

$$K = \frac{1}{r_0} \quad ; \quad \vec{\omega} = \frac{\vec{r_0} \times \vec{v}}{r_0^2}$$

und erhalten:

$$m \cdot r_0^2 \cdot \frac{d}{dt}\left(\frac{\vec{r_0} \times \vec{v}}{r_0^2} \right) + \sum \vec{M}_e = 0$$

Bei der Differentiation des Klammerausdruckes ist zu beachten, dass der Betrag r_0
konstant ist. Man erhält dann:

$$m \cdot \frac{d}{dt}\left(\vec{r_0} \times \vec{v} \right) + \sum \vec{M}_e = 0 \qquad (2.30)$$

Da die Definition 2.28 als Bilanzgleichung für das Gleichgewicht der Momente
formuliert wurde, hat der Summand für die eingeprägten Momente in Gleichung 2.30
natürlich ein anderes Vorzeichen als in Gleichung 2.3. Das ist korrekt und in der
technischen Mechanik ist die Formulierung des Momentengleichgewichtes in dieser
Form die sicherste Methode um Vorzeichenfehler zu vermeiden.

Beim Vergleich von Gleichung 2.3 mit 2.30 sieht man sofort die Übereinstimmung
beider Gleichungen. Alle bisher bekannten Schlussfolgerungen aus dem „klassischen"
Drehimpulssatz 2.3 lassen sich auch aus der neuen Definition 2.28 ziehen. Hier gibt es
keinen Widerspruch. Allerdings ist die physikalische Aussage des Drehimpulssatzes
nach Gl. 2.28 umfassender! Der klassische Drehimpulssatz Gl. 2.3 gilt nur für
Bewegungen auf Kreisen und Kreisbögen. Für diesen Fall ist der Drehimpulssatz aber
überflüssig, wie im Abschnitt 2.1 gezeigt wurde. Wenn der NEWTONsche Impulssatz
(Kräftegleichgewicht) erfüllt ist, dann ist automatisch auch der Drehimpulssatz
(Momentengleichgewicht) erfüllt. Der Drehimpulssatz ist für Bewegungen auf
Kreisbögen entbehrlich. Bei Bewegungen auf Bahnkurven mit veränderlichen
Krümmungsradien sieht das aber ganz anders aus. Die „klassische" Form des

Drehimpulssatzes versagt in diesem Falle. Die neue Definition des Drehimpulssatzes nach Gleichung 2.28 öffnet hier aber die Tür zur Lösung vieler technischer und physikalischer Aufgabenstellungen. Es wird sich zeigen, dass der Drehimpulssatz nach Gleichung 2.28 ein echtes Grundgesetz der Mechanik ist. Betrachtet man nur einmal das Fachgebiet Strömungsmechanik. Hier sind die Stromlinien, die ja die Bahnkurven der Strömungsteilchen darstellen, fast immer mit Krümmungsänderungen verbunden. Ausführlicher wird im Abschnitt 5 dieses Problem besprochen.

2.6 Das Drehimpulszentrum für einen Massenpunkt

In der Abbildung 2-5 ist die Bewegung eines Massenpunktes P zwischen zwei Zeitpunkten t_1 und t_2 auf einer Bahnkurve mit veränderlicher Krümmung dargestellt. Im Folgenden geht es darum, den Krümmungsradius R_{KE} der Evolute während der

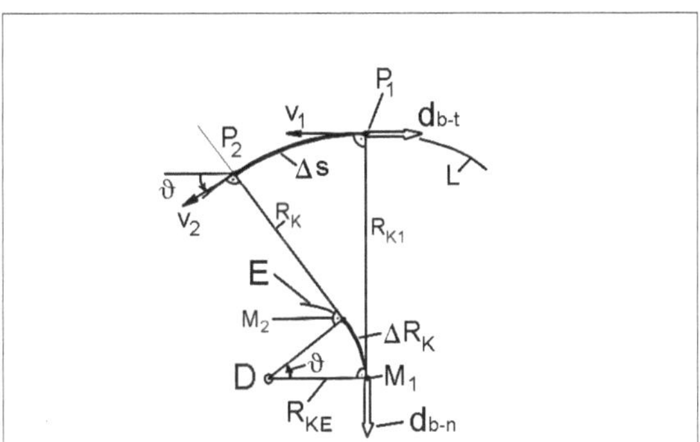

Abb. 2-5 Das Drehimpulszentrum für einen Massenpunkt

Bewegung zu ermitteln. Aus der Abbildung ist zu entnehmen, dass der Vektor R_{KE} immer parallel zum Geschwindigkeitsvektor v gerichtet ist. Während der Bewegung des Massenpunktes vom Punkt P1 zum Punkt P2 erfährt der Geschwindigkeitsvektor eine Drehung um den Winkel ϑ. Die Winkelgeschwindigkeit ω dieser Drehung beträgt:

$$\omega = \frac{d\vartheta}{dt}$$

Mit der gleichen Winkelgeschwindigkeit ω erfolgt auch die Drehung des Vektors R_{KE}, der die Lage des Krümmungsmittelpunktes M beschreibt. Für die Änderungsgeschwindigkeit des Krümmungsradius gilt:

$$\frac{dR_K}{dt} = -\omega \cdot R_{KE}$$

Der Betrag des Vektors R_{KE} kann damit leicht berechnet werden:

$$R_{KE} = -\frac{R_K}{v} \cdot \frac{dR_K}{dt} \tag{2.31}$$

Der Betrag des Vektors R_{KE} stellt einen Hebelarm für das Momentengleichgewicht um den Punkt D dar. Der zweite wichtige Hebelarm ist der örtliche Krümmungsradius und hat die Länge R_{K1}. Das Gleichgewicht der Drehmomente muss um den raumfesten Punkt D aufgestellt werden. Von allen für die Bewegung des Massenpunktes P wichtigen Punkten ist der Punkt D der einzige charakteristische Punkt, der sich für ein hinreichendes Zeitintervall nicht bewegt! Weil dieser Punkt für die Bewegung auf gekrümmten Bahnkurven sehr wichtig ist, soll er als das Drehimpulszentrum D_b bezeichnet werden. Es muss an dieser Stelle auf eine wichtige Einschränkung hingewiesen werden. Die Gleichung 2.31 gilt uneingeschränkt nur für die Bewegung eines Massenpunktes, nicht aber für die Bewegung eines Körpers mit endlichen Abmessungen! Für einen Körper mit endlichen Abmessungen gibt es ein weiteres Drehimpulszentrum D_E (siehe Abschnitt 2.10), das mit Hilfe der Trägheitswirkungen der einzelnen Massenpunkte bestimmt werden kann. In diesem Falle kann das Drehmomenten-Gleichgewicht sowohl um das Drehimpulszentrum D_b, als auch um das Drehimpulszentrum D_E aufgestellt werden. Es müssen aber, so wie in der Statik üblich, die einzelnen Kräfte und Kräftepaare aus der Bewegung des Massenmittelpunktes und der Trägheitswirkung des Körpers mit endlichen Abmessungen richtig eingesetzt werden. Der Drehungsvektor der Drehmomente ist ein axialer Vektor und hat deshalb andere mathematische Eigenschaften als ein linienflüchtiger Vektor, wie z.B. ein Kraftvektor. Eine Parallelverschiebung ist bei einem axialen Vektor ohne weiteres möglich.

Nach diesen Ausführungen über die Kinematik der Bewegung wenden wir uns nun den wirkenden Kräften bzw. Beschleunigungen zu, die in der Abbildung 2-5 dargestellt sind.

Statt mit den Kräften soll hier überwiegend mit den Beschleunigungen, d.h. mit den auf die Masse bezogenen Kräften, gearbeitet werden. Die äußeren eingeprägten, auf die Masse bezogenen Kräfte sollen im Folgenden mit f und die NEWTONschen Trägheits-Beschleunigungen mit a bezeichnet werden.

Es gilt

$$a_t = -\frac{d\,v}{d\,t} \quad \text{und} \quad a_n = \frac{v^2}{R_K}$$

Für die Kräfte, die bei der Formulierung des Momenten-Gleichgewichtes eingesetzt werden müssen, soll ein eigenes Formel-Kurzzeichen eingeführt werden.

Wir definieren die beiden Kräfte (hier auf die Masse bezogen), die zur Aufstellung des Momenten-Gleichgewichtes erforderlich sind, für die Richtung des Tangenten-Einheitsvektors und für die Richtung der Normalen der Bahnkurve:

$$d_{b\text{-}t} \stackrel{\text{def}}{=} f_t - a_t + b \tag{2.32a}$$

$$d_{b\text{-}n} \stackrel{\text{def}}{=} f_n - a_n \tag{2.32b}$$

Für die beiden Größen $d_{b\text{-}t}$ und $d_{b\text{-}n}$ sollte man zukünftig eine eigene Bezeichnung einführen. Eine kurze, aber treffende Bezeichnung für diese Kräfte bzw. Beschleunigungen zu finden, ist sicher erst in einigen Jahren möglich, wenn durch Anwendungen in der Praxis die Besonderheiten dieser Größen sich klarer abzeichnen. Im Rahmen dieses Buches wird von der „Störbeschleunigung" $d_{b\text{-}t}$ bzw. $d_{b\text{-}n}$ und wenn sie multipliziert mit der Masse m auftreten von den „Störkräften" gesprochen. Diese Bezeichnung trifft den Charakter dieser Größen sicher nicht vollständig. Von „verlorenen Kräften" in diesem Zusammenhang zu sprechen, ist auch nicht besonders sinnvoll. Um Verwechselungen zu vermeiden, wird im Rahmen dieses Buches im Text stets auch das Formel-Kurzzeichen $d_{b\text{-}}$ mit verwendet. Der Buchstabe d steht hier für

Drehmoment und der Index <b> muss unbedingt verwendet werden, damit keine Verwechselungen mit dem Differentiationszeichen d auftreten können.

Um den festen Bezugspunkt D (siehe Abb. 2-5) wird das Momenten-Gleichgewicht formuliert:

$$R_K \cdot d_{b\text{-}t} + R_{KE} \cdot d_{b\text{-}n} = 0 \qquad (2.33a)$$

Für den Krümmungsradius R_{KE} der Evolute, der hier als Hebelarm für das Momenten-Gleichgewicht wirkt, wird die Beziehung 2.31 eingesetzt und man erhält eine wichtige Beziehung:

$$R_K \cdot d_{b\text{-}t} - \frac{R_K}{v} \frac{dR_K}{dt} \cdot d_{b\text{-}n} = 0 \qquad (2.33b)$$

Durch Multiplikation mit v und Division durch R_K bekommt die Gl. 2.33b eine Form, für die BAADE die Bezeichnung „Hebelgesetz der Dynamik für einen Massenpunkt" vorschlägt.

$$v \cdot d_{b\text{-}t} - \frac{dR_K}{dt} \cdot d_{b\text{-}n} = 0 \qquad (2.33c)$$

Auf eine formale Ähnlichkeit im Aufbau der Gl. 2.33c mit dem Hebelgesetz der Statik soll hier hingewiesen werden. Ersetzt man die Hebelarme im Hebelgesetz der Statik durch die beiden wichtigen Geschwindigkeiten v und dR_K/dt, erhält man das Hebelgesetz der Dynamik für einen Massenpunkt.

Wegen der Division durch R_K sind für den Fall $R_K \longrightarrow \infty$ besondere Untersuchungen nötig. Auch die Gleichung 2.33c wird mit Hilfe der Gl. 2.16 umgeformt und man erhält dann die äquivalente Gl. 2.33d:

$$v \cdot d_{b\text{-}t} + \frac{1}{K^2} \cdot \frac{dK}{dt} d_{b\text{-}n} = 0 \qquad (2.33d)$$

Die Gleichungen 2.33 sind physikalisch gesehen nichts anderes als die Formulierung des Momenten-Gleichgewichtes um das Drehimpulszentrum D_b. Wie schon erwähnt, ist das Drehimpulszentrum D_b der einzige ausgezeichnete Punkt, der sich bei der Bewegung auf einer allgemeinen Bahnkurve für ein ausreichendes Zeitintervall nicht bewegt. Die Gleichungen 2.33 sind für die numerischen Berechnungen und für das Verständnis der Drehbeschleunigung wichtig.

Die Gleichungen 2.33 sind auch wichtig, wenn die Energieumwandlung von Rotations-Energie in Translations-Energie berechnet werden soll.

Für das Vorhandensein der Störbeschleunigung $d_{b\text{-}t}$ müssen zwei Voraussetzungen gleichzeitig vorhanden sein.

1. Es muss eine Störung des Kräftegleichgewichts in Richtung der Normalen der Bahnkurve auftreten, d.h. die Störbeschleunigung $d_{b\text{-}n}$ darf nicht null sein.
2. Die Bahnkurve muss eine Kurve mit veränderlicher Krümmung sein, d.h. der Differentialquotient dK/dt darf nicht verschwinden.

Wenn bei der Bewegung eines Massenpunktes das Gleichgewicht der Kräfte normal zur Bewegungsrichtung gestört ist und außerdem bei der Bewegung die Krümmung der Bahnkurve sich verändert, tritt eine in tangentialer Richtung wirkende zusätzliche Beschleunigung $d_{b\text{-}t}$ auf. Wenn in tangentialer Richtung das NEWTONsche Kräftegleichgewicht erfüllt ist, dann gilt:

$$\text{wenn} \quad f_t - a_t = 0 \quad \text{dann} \quad d_{b\text{-}t} = b$$

In diesem Falle ist die Störbeschleunigung $d_{b\text{-}t}$ mit der Drehbeschleunigung b identisch.

Betrachten wir anstelle einer geradlinigen Bewegung eine kreisförmige Bewegung. Jetzt genügen die für die Beschreibung der geradlinigen Bewegung ausreichenden Größen, wie Geschwindigkeit v und Trägheitsbeschleunigung a_T nicht mehr. So ändert sich bei einer gekrümmten Bahn ständig die Richtung des Geschwindigkeitsvektors. Es muss daher zusätzlich zum Betrag des Geschwindigkeitsvektors v und der Beschleunigung a_T noch die Normalkomponente der NEWTONschen Trägheitsbeschleunigung a_Z berücksichtigt werden. Die Komponente a_Z, auch Zentrifugalbeschleunigung genannt, muss mit der in Normalenrichtung wirkenden Komponente der auf die Masse bezogenen eingeprägten Kraft f_n im Gleichgewicht stehen.

Beim Übergang von einer geraden Bahnkurve in eine kreisförmige Bahn, tritt bekanntermaßen folgender physikalische Sachverhalt auf. Bei einer geradlinigen Bewegung spielt nur die Tangentialkomponente a_T der NEWTONschen Trägheitsbeschleunigung eine Rolle. Wird nun durch die eingeprägte „Kraft" (hier auf die Masse bezogen und daher eigentlich als Beschleunigung zu bezeichnen) eine Normalkomponente f_n erzeugt, so kommt es zu einer momentanen Störung des Kräftegleichgewichtes in Normalenrichtung. Der Massenpunkt reagiert mit einer Drehung des Tangenten-Einheitsvektors i_t. Die Bahnkurve geht von der Geraden in eine Kreisbahn über. Durch die Drehung des Tangenten-Einheitsvektors i_t entsteht die Zentri**fugal**beschleunigung a_Z, die am Massenpunkt angreift. Das Kräftegleichgewicht am Massenschwerpunkt ist erfüllt. Krümmungsmittelpunkt und Drehimpulszentrum D_b fallen zusammen. Der „dynamische Hebelarm" ist null. Auf eine Betrachtung des Momenten-Gleichgewichtes kann in diesem Falle verzichtet werden. Es ist automatisch erfüllt, wenn das Kräftegleichgewicht erfüllt ist. Tritt bei den Bewegungen auf Geraden oder Kreisbögen außerdem eine Tangentialkomponente der eingeprägten Kraft auf, kommt es zum Energieaustausch zwischen dem Massenpunkt und dem mit ihm in Wechselwirkung stehenden System, das die eingeprägte Kraft hervorruft. In diesem Falle wird die kinetische Energie des Massenpunktes je nach Vorzeichen der eingeprägten Kraft verändert. Auch die Winkelgeschwindigkeit $d\omega/dt$ für die Richtungsänderung des Geschwindigkeitsvektors verändert sich, allerdings nur um den Anteil dv/dt. Der aus der Drehbeschleunigung b stammende zweite Anteil für die Winkelbeschleunigung $d\omega/dt$ ist bei einer Kreisbewegung null!

Betrachten wir jetzt die allgemeinste Bahn eines Massenpunktes, eine Bahnkurve mit veränderlicher Krümmung. Wird bei der Bewegung eines Massenpunktes auf einer Kreisbahn das Kräftegleichgewicht in Normalenrichtung gestört, dann reagiert der Massenpunkt mit einer Krümmungsänderung. Der „dynamische Hebelarm" ist jetzt nicht mehr null. Krümmungsmittelpunkt und Drehimpulszentrum D_b fallen nicht zusammen. Auf eine Betrachtung des Momenten-Gleichgewichts kann in diesem Falle nicht verzichtet werden! In diesem Falle geht es nicht um die Translationsenergie des Massen-Mittelpunktes. Die wird durch das NEWTONsche Grundgesetz voll erfasst. Jetzt geht es um die Rotationsenergie des Körpers mit endlichen Abmessungen oder um Energieformen, die nicht mit konservativen Kraftfeldern (Potentialfeldern) zusammenhangen. Der Massenpunkt reagiert dann wegen der „Drehträgheit" mit einer

Krümmungsänderung. Hierbei kommt es zum Energieaustausch, der nur über das Gleichgewicht der Drehmomente erfasst werden kann. Dieses Drehmoment wird aus der Drehbeschleunigung b, die am betrachteten Massenpunkt angreift (wie die Zentri**fugal**beschleunigung) und dem senkrechten Abstand zum Drehimpulszentrum D_b gebildet. Wie gezeigt wurde, ist der senkrechte Abstand des Geschwindigkeitsvektors v zum Drehimpulszentrum identisch mit dem momentanen Krümmungsradius R_K . Das Drehmoment aus der Drehbeschleunigung b hat daher immer den Betrag $M=m{\cdot}b{\cdot}R_K$. Am Drehimpulszentrum D_b greift natürlich die gleich große, aber entgegengesetzt gerichtete Kraft m·b an, für die es noch keinen Namen gibt. Das ist z.Zt. auch unwichtig. Die Kraft aus Masse und der Drehbeschleunigung $F=m{\cdot}b$ leistet bei der Bewegung Arbeit am Massenpunkt. Über die Drehbeschleunigung bzw. über das Momenten-Gleichgewicht um das Drehimpulszentrum D_b wird diese Energie an den Massenpunkt übertragen. Die kinetische Energie eines starren Körpers mit endlichen Abmessungen muss in zwei Energieformen aufgeteilt werden. Die kinetische Energie besteht aus einem translatorischen Teil, der mit der Bewegung des Massen-Mittelpunktes gekoppelt ist, und der Rotationsenergie, die von der Drehung um den Massenschwerpunkt abhängt.

Nur ein Drehmoment bzw. ein Kräftepaar kann einen Körper in Drehung versetzen, eine Einzelkraft niemals. Theoretische Untersuchungen ohne Berücksichtigung der Drehmomente bzw. der Kräftepaare nur mit Hilfe des NEWTONschen Grundgesetzes bzw. des Kräftegleichgewichtes muss auch in der Dynamik zwangsläufig zu falschen Ergebnissen führen! Diese Erfahrung wurde in der Statik bereits vor ca. 150 Jahren gemacht. Spätestens seit 1834 ist durch POINSOT für einen Statiker klar geworden, dass die Nichtberücksichtigung der Drehmomente bzw. des Drehmomentensatzes zu Fehleinschätzungen führt.

In der Dynamik ist schon durch JAKOB BERNOULLI im Jahre 1686 - also 1 Jahr vor Erscheinen der berühmten „Principia" von NEWTON im Jahre 1687 - durch Anwendung von Drehmomenten ein damals wichtiges Problem der Dynamik gelöst worden. Die Aufgabe ist von MERSENNE (1588-1648) im Jahre 1646 gestellt worden:

    Die Schwingungsdauer eines aus mehreren Einzelmassen bestehenden Pendels zu ermitteln (Abb. 2-6).

Da man den Zusammenhang zwischen Pendellänge l und Schwingungsdauer des mathematischen Pendels schon seit GALILEI (1564-1642) kannte, lief die Lösung auf die Ermittlung der so genannten reduzierten Pendellänge oder des Schwingungsmittelpunktes hinaus.

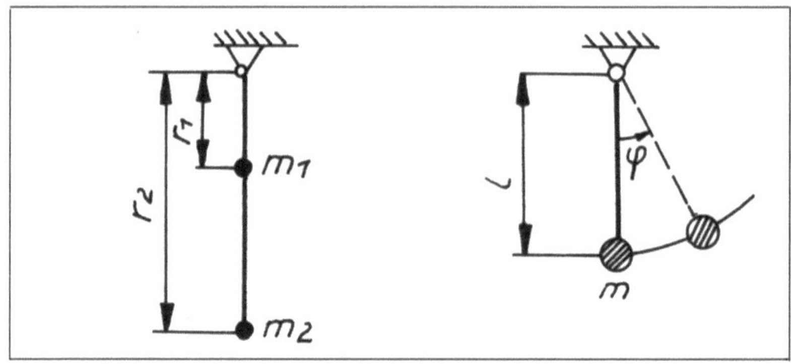

Abb. 2-6 Schwingungsmittelpunkt eines Pendels

Im Jahre 1686 gab JAKOB BERNOULLI (1654-1704) eine Lösung des Problems; wie bereits in der Einleitung dieses Buches erwähnt wurde. Seine Überlegungen sollen hier kurz dargelegt werden. Das Pendel in der Abb. 2-6 besteht aus zwei Einzelmassen m_1 und m_2 und einer gewichtslosen Stange. Die Abstände dieser Massen vom Aufhängepunkt seien mit r_1 und r_2 bezeichnet. Die Bewegung beginnt aus der horizontalen Lage ohne Anfangsgeschwindigkeit; a_1 und a_2 seien die Beschleunigungen von m_1 und m_2. Nun überlegte BERNOULLI folgendermaßen:

Es leuchtet sofort ein, dass m_2 eine größere Geschwindigkeit bzw. Beschleunigung erfährt als m_1. Unter der Annahme der Gleichheit der Massen ist dann zwar beiden dieselbe Kraft $F_1=F_2=m_1*g=m_2\cdot g$ "eingeprägt", aber wegen der starren Stabverbindung kann die an m_1 angreifende eingeprägte Kraft $F_1= m_1*g$ nicht zur vollen Beschleunigungswirkung kommen. Der Anteil $F_1=m_1*a_1=m_1*(g-a_1)$ „geht verloren", während m_2 an beschleunigender Kraft $m_2*(g-a_2)$ "gewinnt". Man nennt $F_{V1}=F_1-m_1\cdot a_1$ und $F_{V2}=F_2-m_2\cdot a_2$ „verlorene Kräfte". In vielen Büchern der theoretischen Mechanik wird hierfür auch der Begriff "Zwangskraft" verwendet, da sie immer dann auftreten kann, wenn durch eine geometrische Zwangsführung eine Differenz zwischen der Trägheitskraft und der eingeprägten Kraft auftritt. Nun kommt BERNOULLI zu folgender genialer Schlussfolgerung: Da die verlorenen Kräfte $m_1(g-a_1)$ bzw. $m_2(g-a_2)$ ihre Wechselwirkung durch den Verbindungsstab als einarmigen Hebel ausüben, müssen sie das Hebelgesetz erfüllen:

$$m_1 \cdot (g - a_1) \cdot r_1 + m_2 \cdot (g - a_2) \cdot r_2 = 0$$

Bedeutet l die gesuchte reduzierte Pendellänge, so ist offenbar

$$a_1 = g \cdot \frac{r_1}{l} \quad ; \quad a_2 = g \cdot \frac{r_2}{l}$$

denn nur der Schwingungsmittelpunkt erfährt in der waagerechten Ausgangslage die volle Erdbeschleunigung. Aus den letzten angeführten Gleichungen erhält man dann:

$$l = \frac{m_1 \cdot r_1^2 + m_2 \cdot r_2^2}{m_1 \cdot r_1 + m_2 \cdot r_2}$$

Das ist die bekannte Beziehung für die reduzierte Pendellänge, wenn das Pendel aus zwei Einzelmassen besteht. Durch Verallgemeinerung erhält man eine entsprechende Beziehung, wenn das Pendel aus n Einzelmassen besteht:

$$l = \frac{\sum\limits_{k=1}^{n} m_k \cdot r_k^2}{\sum\limits_{k=1}^{n} m_k \cdot r_k}$$

In diesen eben geschilderten Gedanken vom Gleichgewicht der verlorenen Kräfte des JOKOB BERNOULLI liegt übrigens auch der Kern des Prinzips von D'ALEMBERT:

Bei der Bewegung halten sich am mechanischen System die verlorenen Kräfte

$$d \vec{F}_V = d \vec{F}_e - d(m \cdot \vec{a})$$

das Gleichgewicht.

Die verlorenen Kräfte kommen also zur rein statischen Verspannung.

Diese Ausführungen sollten nur noch einmal die Wichtigkeit von Drehmoment-Betrachtungen auch für die Dynamik unterstreichen.

2.7 Die Differentialgleichung für die Bahnkurve

Es ist offensichtlich, dass die fundamentale Beziehung Gl. 2.33 zur Berechnung der Bahnkurve eines Massenpunktes genutzt werden kann. Sie stellt gewissermaßen eine Verallgemeinerung des aus der Statik bekannten Hebelgesetzes für die Belange der Dynamik dar. An die Stelle der Kräfte, die beim Hebel an den beiden Enden des Hebelarmes angreifen, treten die Störbeschleunigungen $d_{b\text{-}t}$ und $d_{b\text{-}n}$.

An die Stelle der Hebelarme treten in der Dynamik die beiden Geschwindigkeiten v und die Geschwindigkeit dR_K/dt, mit der sich der Anfangspunkt des Krümmungsradius auf der Evolute bewegt.

Wenn die Bahnkurve auch gerade Teile besitzt, ist es nicht günstig, die Kurvenform mit Hilfe des Krümmungsradius R_K zu beschreiben. Der Krümmungsradius ist für eine Gerade unendlich groß. Deshalb ist es zweckmäßiger, mit der Krümmung K zu arbeiten. Die aus dem Momenten-Gleichgewicht abgeleitete Gleichung 2.33d kann umgeformt werden:

$$\frac{d\,K}{d\,t} = -v\cdot K^2 \cdot \frac{d_{b\text{-}t}}{d_{b\text{-}n}} \tag{2.34}$$

Zur Berechnung der Bahnkurve eines Massenpunktes ist diese Beziehung aber nicht immer geeignet. Wenn die Störkraft $m\cdot d_{b\text{-}n}$ verschwindet, kann die Krümmungs-änderung mit Hilfe der Gl. 2.34 nicht ohne weiteres berechnet werden. Gerade in der Punktmechanik ist dieser Fall aber öfter anzutreffen. Durch Anwendung der L'HOSPITALschen Regel kann aber auch für den Fall $d_{b\text{-}n} = f_n - a_n = 0$ und $d_{b\text{-}t} = 0$ aus der Gl. 2.34 eine geeignete Beziehung gewonnen werden. Für den „unbestimmten Ausdruck" kann nach der Regel von L'HOSPITAL gesetzt werden:

$$\lim_{t \to t_o} \frac{d_{b\text{-}t}}{d_{b\text{-}n}} = \lim_{t \to t_o} \frac{\frac{d}{d\,t}(d_{b\text{-}t})}{\frac{d}{d\,t}(d_{b\text{-}n})} \quad \text{für} \quad \frac{d}{d\,t}(d_{b\text{-}n}) \neq 0$$

Die Gl. 2.34 erhält damit die Form:

$$\frac{d\,K}{d\,t} = -v\cdot K^2 \cdot \frac{\frac{d}{d\,t}(d_{b\text{-}t})}{\frac{d}{d\,t}(d_{b\text{-}n})}$$

Für die Störbeschleunigung d_{b-n} setzen wir $d_{b-n} = f_n - a_n$ und erhalten:

$$\frac{dK}{dt} \cdot \frac{d}{dt}(f_n - a_n) + v \cdot K^2 \cdot \frac{d}{dt}(d_{b-t}) = 0 \qquad (2.35)$$

Wir setzen für $a_n = v^2 \cdot K$ und erhalten eine quadratische Gleichung für dK/dt:

$$\frac{dK}{dt} \cdot \left(\frac{df_n}{dt} - 2 \cdot v \cdot K \cdot \frac{dv}{dt} - v^2 \frac{dK}{dt}\right) + v \cdot K^2 \cdot \frac{d}{dt}(d_{b-t}) = 0$$

$$-v^2 \cdot \left(\frac{dK}{dt}\right)^2 + \left(\frac{df_n}{dt} - 2 \cdot v \cdot K \cdot \frac{dv}{dt}\right) \cdot \frac{dK}{dt} + v \cdot K^2 \cdot \frac{d}{dt}(d_{b-t}) = 0$$

$$\left(\frac{dK}{dt}\right)^2 - \left(\frac{1}{v^2} \cdot \frac{df_n}{dt} - \frac{2 \cdot K}{v} \frac{dv}{dt}\right) \cdot \frac{dK}{dt} - \frac{K^2}{v} \cdot \frac{d}{dt}(d_{b-t}) = 0$$

Ihre Lösung lautet:

$$\frac{dK}{dt} = \left(\frac{1}{2 \cdot v^2} \frac{df_n}{dt} - \frac{K}{v} \cdot \frac{dv}{dt}\right) \pm \sqrt{\left(\frac{1}{2 \cdot v^2} \frac{df_n}{dt} - \frac{K}{v} \cdot \frac{dv}{dt}\right)^2 + \frac{K^2}{v} \cdot \frac{d}{dt}(d_{b-t})} \qquad (2.36)$$

Die Gl. 2.36 soll im Folgenden am Beispiel der Bewegung eines Massenpunktes längs einer Wurfparabel überprüft werden.

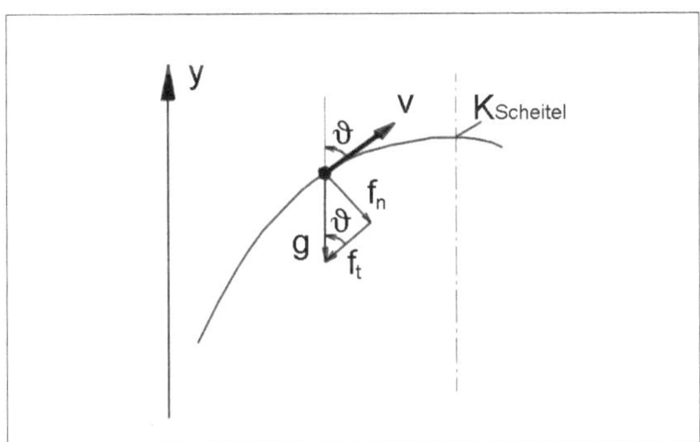

Abb. 2-7 Teil einer Wurfparabel

Für die Komponenten der Fallbeschleunigung g kann geschrieben werden:

$$f_t = g \cdot \cos \vartheta \qquad\qquad f_n = g \cdot \sin \vartheta$$

Die Ableitung der Beschleunigung f_n nach der Zeit t ergibt:

$$\frac{df_n}{dt} = g \cdot \cos\vartheta \cdot \frac{d\vartheta}{dt}$$

Die Richtungsänderung des Geschwindigkeitsvektors v kann ausgedrückt werden durch:

$$\frac{d\vartheta}{dt} = \omega = v \cdot K$$

Für die Ableitung von f_n nach der Zeit t ergibt sich damit:

$$\frac{df_n}{dt} = v \cdot K \cdot f_t \tag{2.37}$$

Die kinetische Energie des Massenpunktes bei der Bewegung auf einer Wurfparabel kann sich, wenn keine weiteren Kräfte als die Erdanziehung wirken, nur durch die Änderung der potentiellen Energie verändern. Rotationsenergie kann der Massenpunkt nicht speichern. Es handelt sich in diesem Falle um ein klassisches Beispiel aus der NEWTONschen Mechanik. Die Störbeschleunigung $d_{b\text{-}t}$ und deren zeitliche Ableitung sind null zu setzen. Die Änderung des Betrages der Geschwindigkeit v ergibt sich aus dem Kräftegleichgewicht in tangentialer Richtung:

$$\frac{dv}{dt} = -f_t$$

$$d_{b\text{-}t} = 0 \quad \text{und} \quad \frac{d}{dt}\left(d_{b\text{-}t}\right) = 0 \tag{2.38}$$

Die beiden Beziehungen Gl. 2.37 und Gl. 2.38, die für die Bewegung eines Massenpunktes auf einer Wurfparabel ohne aerodynamische oder anderer zusätzlicher Kräfte gelten, werden in die Gl. 2.36 eingesetzt und man erhält:

$$\frac{dK}{dt} = 3\frac{K}{v} \cdot f_t$$

bzw.:

$$\frac{dK}{ds} = 3\frac{K}{v^2} \cdot f_t$$

Die letzte Gleichung kann noch etwas umgeformt werden:

$$\frac{dK}{ds} = 3 \cdot K^2 \cdot \frac{f_t}{v^2 K}$$

$$\frac{dK}{ds} = 3 \cdot K^2 \cdot \cot\vartheta \tag{2.39}$$

Es muss nun noch gezeigt werden, dass die Differentialgleichung 2.39 tatsächlich die Bahnkurve einer Wurfparabel beschreibt. Für die Krümmung einer Parabel gilt :

$$K = K_{Scheitel} \cdot \sin^3\vartheta$$

Hierbei bedeutet $K_{Scheitel}$ die Krümmung im Scheitelpunkt der Parabel. Differenziert man diese Beziehung nach dem Bogenlängenparameter s, dann erhält man:

$$\frac{dK}{ds} = 3 \cdot K_{Scheitel} \cdot \sin^2\vartheta \cdot \cos\vartheta \cdot \frac{d\vartheta}{ds}$$

Die Richtungsänderung $d\vartheta/ds$ kann durch die Krümmung K ausgedrückt werden:

$$\frac{d\vartheta}{ds} = K$$

, sodass man für dK/ds schreiben kann:

$$\frac{dK}{ds} = 3 \cdot K_{Scheitel} \cdot \sin^3\vartheta \cdot K \cdot \frac{\cos\vartheta}{\sin\vartheta}$$

$$\frac{dK}{ds} = 3 \cdot K^2 \cdot \cot\vartheta$$

Diese Beziehung ist identisch mit der Gl. 2.39, die auf Grund der dynamischen Kräfte beim Wurf ermittelt wurden. Damit ist gezeigt, dass die Gl. 2.36 bei der Berechnung der Krümmungsänderungen bzw. einer Bahnkurve richtige Ergebnisse liefert.

Wirken beim Wurf eines Körpers außer der Erdanziehung weitere Kräfte, so weicht die Bahnkurve von einer Parabel ab. Derartige Kräfte können z.B. die aerodynamischen Auftriebs- und Widerstandskräfte sein. In diesem Falle ist zu prüfen, ob $f_n - a_n = 0$ gilt. In der Regel wird das nicht zutreffen und man muss dann die Gleichung 2.35 zur Berechnung der Bahnkurve benutzen.

2.8 Die Drehbeschleunigung im System der Kräfte und Momente

Um das Verständnis für die physikalischen Eigenschaften der Drehbeschleunigung b zu vertiefen und um unnötige Diskussionen, die durch Fehlinterpretationen entstehen können, zu reduzieren, soll an dieser Stelle ohne Verwendung mathematischer Hilfsmittel die Rolle der Drehbeschleunigung herausgearbeitet werden.

Die Zentrifugalbeschleunigung a_Z wurde aus der Drehung des Tangenten-Einheitsvektors abgeleitet. Der Vektor $\omega \cdot i_\omega$ ist ein axialer Vektor, der normal zur Ebene der betrachteten Bahnkurve gerichtet ist. Da hier nur ebene Bahnkurven betrachtet werden, die nicht räumlich gewunden sind, kann von einer Richtungsänderung des Drehungsvektors i_ω abgesehen werden. Bei zukünftigen Untersuchungen räumlicher Bahnkurven (z.B. räumliche Strömungsmechanik) wird das aber stark zu beachten sein!

Die Zentrifugalkraft ist immer vorhanden wenn ω nicht null ist, d.h., wenn der Massenpunkt seine geradlinige Bewegung verlässt und zum Beispiel in eine Kreisbahn einschwenkt. Die Zentrifugalkraft greift am betrachteten Massenpunkt an. Sie kann bei einer Bahnkurve, die kreisförmig ist, kein Drehmoment ausüben, da der Hebelarm in Bezug auf das Drehimpulszentrum null ist. Das Momentengleichgewicht ist damit erfüllt.

Vom Standpunkt der Drehbewegung aus ist die Kreisbewegung so etwas wie eine „unbeschleunigte Drehbewegung". Wenn die Richtung der eingeprägten Kraft nicht mehr mit der Richtung des momentanen Krümmungsradius R_K übereinstimmt, kommt es zu einer Krümmungsänderung. Die Kreisbahn wird verlassen. Das momentane Drehimpulszentrum D_b verlagert sich vom Anfangspunkt des Krümmungsradius um die Strecke R_{KE} in den Krümmungsmittelpunkt der Evolute. Jetzt gibt es einen Hebelarm R_{KE} , der mit der Geschwindigkeit der Bewegung des Krümmungsmittelpunktes dR_K/dt auf der Evolute gekoppelt ist. Es entsteht ein Drehmoment um das Drehimpulszentrum D_b, das durch die Zentrifugalkraft und den Hebelarm R_{KE} gebildet wird.

$$\frac{M}{m} = a_Z \cdot R_{KE} = \frac{v^2}{R_K} \cdot R_{KE}$$

Mit Hilfe der Gl. 2.31 für den „dynamischen Hebelarm" R_{KE} erhält man dann:

$$\frac{M}{m} = -\frac{v^2}{R_K} \cdot \frac{R_K}{v} \frac{dR_K}{dt}$$

$$\frac{M}{m} = -\frac{v}{R_K} \cdot \frac{dR_K}{dt} \cdot R_K = \underline{b \cdot R_K}$$

Die letzte Beziehung für das Drehmoment M zeigt noch einmal deutlich, dass man durch rein logische Überlegungen die Drehbeschleunigung b auf einfache Weise durch eine Momentenbetrachtung um das Drehimpulszentrum D_b und der Zentrifugalbeschleunigung a_Z herleiten kann.

Momentengleichgewicht muss in der Dynamik genau so gelten, wie in der Statik! Das Gegenmoment für das Moment $b \cdot R_K$ (auf die Masse bezogen!) kann nur durch die eingeprägten Kräfte, die am Massenpunkt angreifen und der tangentialen Trägheitskraft des Massenpunktes ausgeglichen werden. Die eingeprägten Kräfte verändern nur die Translationsenergie. Die Rotationsenergie kann nur über die Winkelbeschleunigung dω/dt verändert werden. Die Winkelbeschleunigung dω/dt wird allein durch die Veränderung der Translationsgeschwindigkeit dv/dt und durch die Drehbeschleunigung b bestimmt.

Immer wenn Rotationsänderungen eine Rolle spielen, muss die Drehbeschleunigung berücksichtigt werden. Eine größere Bedeutung wird die Drehbeschleunigung b in einigen Jahren bei der Lösung strömungstechnischer Aufgaben erlangen. Aber auch die Maschinendynamik wird aus der Untersuchung des Einflusses der Drehbeschleunigung b bei Schwingungsberechnungen oder Festigkeitsberechnungen neue Erkenntnisse gewinnen.

2.9 Der Drehimpulssatz und die Axiome der Physik

Ein Grundgesetz bzw. ein Axiom in der Physik oder Mathematik zeichnet sich u.a. dadurch aus, dass es nicht aus einem anderen Grundgesetz oder daraus abgeleiteten Gesetzen hergeleitet werden kann. Es muss seine Berechtigung täglich bei der Anwendung in der Praxis neu beweisen. Im Rahmen der klassischen Physik ist bis heute kein Fall bekannt geworden, bei dem z.B. das Trägheitsgesetz von NEWTON versagt hat. Beim Drehimpulssatz ist die Situation bis heute etwas komplizierter. Viele Wissenschaftler haben erkannt, dass man den „klassischen" Drehimpulssatz aus dem NEWTONschen Trägheitsgesetz ableiten kann. Einige dieser Wissenschaftler vertreten in ihren Büchern oder anderen Veröffentlichungen dann z.B. die Auffassung, dass der Drehimpulssatz kein Grundgesetz der Mechanik ist. Gegen diese Leute hat sich TRUESDELL in [1] gewandt. Er vermute, diese Auffassung findet man hauptsächlich bei Physikern. BAADE würde diese Behauptung nicht akzeptieren, da er auch bei den theoretisch arbeitenden Ingenieuren diese Meinung in Veröffentlichungen gelesen hat. So erhielt BAADE im Jahr 1987 durch Herrn Prof. Dr.-Ing. D. GROSS von der Technischen Hochschule Darmstadt eine schriftliche Stellungnahme zu einem Vortrag, den BAADE auf einem Schiffstechnischen Symposium in Rostock gehalten hat [31]. In diesem Vortrag ging es im Wesentlichen um die Drehbeschleunigung b und deren Ableitung, wie sie im Abschnitt 2.3 dieses Buches dargestellt ist. Prof. GROSS hält diese Ableitung für falsch.   Mit keinem Wort ging er aber auf die mathematische Ableitung ein. Die Ableitung hat BAADE im Jahre 1982 von einem guten Mathematiker auf dem Gebiet der Differentialgeometrie überprüfen lassen, der diese Ableitung als richtig eingeschätzt hat. Prof. GROSS argumentierte in seiner Stellungnahme ohne Bezug auf mathematische Zusammenhänge nur mit seinen Auffassungen zum Drehimpulssatz und mit falschen Unterstellungen, die BAADE weder mündlich während des Vortrages noch im schriftlichen Vortragsmanuskript gesagt hat. Im Zusammenhang mit den Axiomen der Physik formulierte Prof. GROSS wörtlich:

„ 3. Dass die klassische Mechanik auf den von Ihnen erwähnten drei (unabhängigen) Grundgesetzen aufbaut, ist mir gänzlich neu."

Seine Bemerkungen enden mit der Behauptung, dass bei Systemen von Massenpunkten und Kontinua der „Drehimpulssatz nur unter Zuhilfenahme zusätzlicher Axiome bzw. Annahmen (Symmetrie des Spannungstensors etc.)

hergeleitet werden kann". In vielen Büchern über Technische Mechanik kann man aber nachlesen, dass durch Anwendung des Drehmomentensatzes der Statik an einem herausgeschnittenen Element eines Bauteils abgeleitet wird, dass der aus Normalspannungen und Schubspannungen gebildete Spannungstensor symmetrische Eigenschaften hat (Gesetz von der Symmetrie des Spannungstensors). Weil im Inneren eines festen Körpers auch das Momentengleichgewicht (Grundgesetz der Statik) immer erfüllt sein muss, müssen die inneren Spannungen Symmetrieeigenschaften haben. Die Symmetrie des Spannungstensors wird aus dem Grundgesetz Momentengleichgewicht abgeleitet. Diese Vorgehensweise ist richtig, aber genau umgekehrt zu der von Prof. GROSS geäußerten Auffassung.

Neben TRUESDELL [1] gibt es aber auch Wissenschaftler, die den Drehimpulssatz als Grundgesetz der Mechanik anerkennen. Von den Physikern möchte ich hier als Beispiel das bekannte Buch über theoretische Physik von LANDAU, LIFSCHITZ [4] erwähnen. Beide Verfasser bekennen sich eindeutig zu der Auffassung, dass der Drehimpulssatz zu den Grundgesetzen der Physik zu rechnen ist. Von den Vertretern der Technischen Mechanik möchte ich als Beispiel nur das Buch von FISCHER, STEPHAN [12] oder die Veröffentlichung von NAUE [13] nennen. Beide Veröffentlichungen betrachten den Drehimpulssatz als ein Grundgesetz der Mechanik.

Nach diesen wenigen Beispielen kann der Leser erkennen, dass TRUESDELL [1] völlig zu Recht im Jahre 1964 auf diesen wissenschaftlichen Meinungsstreit in der Physik und Technischen Mechanik hingewiesen hat. Seit dem Tod von EULER, spätestens aber seit der Mitte des 19. Jahrhunderts, gibt es im Zusammenhang mit dem Drehimpulssatz ein ungelöstes wissenschaftliches Problem.

Warum hat nun der Strömungstechniker BAADE sich in diesen Streit der Physiker eingemischt? BAADE war fast 30 Jahre in der Lehre und Forschung auf dem Gebiet der Turbomaschinen tätig und nicht auf dem Gebiet der theoretischen Physik. Bis etwa 1982 wäre er nicht bereit gewesen, sich mit den schwierigen Problemen der Grundgesetze der Mechanik zu beschäftigen. Wer von der Physik etwas versteht und viele Jahre an einer wissenschaftlichen Einrichtung gearbeitet hat, wird aus eigenem Entschluss so etwas nicht tun. Von Herrn Prof. VOLLHEIM von der Technischen Universität Dresden, unterstützt von einem Wissenschaftler der Technischen

Universität „Otto von Guericke" in Magdeburg wurde BAADE gezwungen, dieses Problem anzupacken. Die Geschichte der Naturwissenschaften hat immer wieder gezeigt, dass ein größerer Schritt in der Weiterentwicklung einer Wissenschaft mit heftigen Angriffen durch wissenschaftliche Gegner verbunden ist, die sich oft nicht nur auf die reinen wissenschaftlichen Probleme beschränken. BAADE musste diese bitteren Erfahrungen auch machen.

Aus den Ausführungen in den Abschnitten 2.1 bis 2.6 wird der aufmerksame Leser bemerkt haben, dass ein Axiom in der Physik nicht abgeleitet werden kann. Es folgt nur aus Beobachtungen der Erscheinungen in der Natur und der ständigen Überprüfungen von Beziehungen, die durch Experimente oder theoretische Überlegungen gewonnen wurden. Im Falle des Drehimpulssatzes waren das in erster Linie die langjährigen Erfahrungen aus der Strömungsmechanik und die mathematischen Erkenntnisse aus der Differentialgeometrie. Das Erkennen der Drehbeschleunigung b durch differentialgeometrische Betrachtungen durch BAADE im November und Dezember 1982 war hier der entscheidende Schritt. Dieser Erkenntnisstand ist im Abschnitt 2.3 dargelegt und ist deshalb für BAADE der wichtigste Abschnitt dieses Buches. Von 1982 bis zum November 1989 hatte BAADE unter den Bedingungen der ehemaligen DDR keine Chance, diese Ergebnisse zu veröffentlichen. Nur einmal ist es ihm in diesem Zeitraum durch einen kleinen Trick gelungen, auf einem Schiffbautechnischen Symposium in Rostock [31] im Jahre 1987 über die Drehbeschleunigung zu sprechen. Erst am 21.11.1989, etwa 10 Tage nach dem Fall der Mauer, erhielt die Redaktion der Zeitschrift „Forschung im Ingenieurwesen" von BAADE das Manuskript der Veröffentlichung [2].

In dieser Veröffentlichung [2] war BAADE noch nicht bereit, den Drehimpulssatz so zu definieren, wie das im Abschnitt 2.5 erläutert wurde. Die im Abschnitt 2.5 erwähnte Vorzeichenproblematik zwischen der Gleichung 2.23 (Herleitung des Drehimpuls-Erhaltungssatzes aus dynamischen Betrachtungen im Abschnitt 2.4) und der Gleichung 2.26b (Definition des Drehimpulssatzes mit Hilfe des Krümmungsradius im Abschnitt 2.5) hatte er aber schon 1982 erkannt. Diesen Widerspruch im Vorzeichen für die Drehbeschleunigung b konnte BAADE damals noch nicht erklären. Erst durch die Definition des Drehimpulssatzes nach Gleichung 2.28 im Abschnitt 2.5 wurde dieses Problem gelöst.

Aus der Sicht von BAADE, und nicht nur von ihm, wird die klassische Physik durch drei Grundgesetze bestimmt. Neben dem NEWTONschen Grundgesetz:

$$\boxed{\; m \cdot \vec{a} \;+\; \Sigma \vec{F}_e = 0 \quad \text{mit} \quad \vec{a} = -\frac{d\vec{v}}{dt} = -\frac{d(v \cdot \vec{i}_t)}{dt} \;} \qquad (2.27)$$

und dem Drehimpulssatz in der von BAADE angegebenen Form

$$\boxed{\; \Theta \cdot \frac{d\vec{\omega}}{dt} \;+\; \Sigma \vec{M}_e = 0 \quad \text{mit} \quad \Theta = m\,R_K^2 \quad \text{und} \quad \vec{\omega} = \vec{K} \times \vec{v} \;} \qquad (2.28)$$

kommt als drittes unabhängiges Grundgesetz natürlich noch der Energie-Erhaltungs-satz (in abgekürzter Form meist als Energiesatz bezeichnet) hinzu.

Bevor auf den Energiesatz eingegangen wird, soll hier noch einmal auf die Bedeutung des Drallsatzes in diesem System der Axiome eingegangen werden, damit keine Missverständnisse entstehen können. Man kann den Drallsatz aus dem NEWTONschen Grundgesetz ableiten, das ja das Kräftegleichgewicht in der Dynamik garantiert. Durch vektorielle Multiplikation der Gl. 2.27 mit einem Ortsvektor r_0 erhält man:

$$-\vec{r}_o \times m \cdot \frac{d\vec{v}}{dt} + \vec{r}_o \times \Sigma \vec{F}_e = 0$$

Unter Beachtung des Zusammenhanges:

$$\frac{d}{dt}\left(\vec{r}_o \times m \cdot \vec{v} \right) = \underbrace{m \cdot \vec{v} \times \frac{d\vec{r}_o}{dt}}_{m \cdot \vec{v} \times \vec{v} = 0} + \vec{r}_o \times m \cdot \frac{d\vec{v}}{dt}$$

ergibt sich sofort der „klassische Drallsatz":

$$\frac{d}{dt}\left(\vec{r}_o \times m \cdot \vec{v} \right) - \vec{r}_o \times \vec{F}_e = 0$$

Im Abschnitt 2.5 wurde gezeigt, dass dieser Drallsatz als Spezialfall auch aus dem Drehimpulssatz Gl. 2.28 abgeleitet werden kann. Er ist daher richtig, aber kein Grundgesetz der Mechanik. Er ergibt richtige Ergebnisse, wenn die ihn einschränkenden Bedingungen, die bereits genannt wurden, beachtet werden! Der Drehimpulssatz nach Gl. 2.28 ist in seiner physikalischen Aussage umfassender. Dieser Drehimpulssatz garantiert die Einhaltung des Momentengleichgewichtes in der Dynamik auch bei Bewegungen auf Bahnkurven mit veränderlicher Krümmung.

Wenden wir uns nun dem dritten Grundgesetz der Mechanik zu, dem Energiesatz. Hierbei soll zunächst die übliche Form der Formulierung gewählt werden:

$$W_{kin} + W_{pot} = \text{konst.}$$

$$\frac{dW_{kin}}{dt} + \frac{dW_{pot}}{dt} = 0$$

Weil Drehmoment-Betrachtungen auch in der Dynamik eine wichtige Rolle spielen, soll die kinetische Energie W_{kin} in ihre beiden Bestandteile zerlegt werden. Es muss zwischen der Translations-Energie W_{trans}, die mit der Bewegung des Massenschwerpunktes verknüpft ist, und der Rotations-Energie W_{rot} des Körpers unterschieden werden. Der Energiesatz lautet dann:

$$\frac{dW_{rot}}{dt} + \frac{dW_{trans}}{dt} + \frac{dW_{pot}}{dt} = 0 \tag{2.40}$$

Die beiden Grundgesetze der Statik, das Gesetz vom Gleichgewicht der Kräfte und der Momente ist als Spezialfall in den beiden Axiomen Gl. 2.27 und Gl. 2.28 enthalten:

$$\Sigma \vec{F} = 0 \quad \text{und} \quad \Sigma \vec{M} = 0$$

Die großen Physiker des 19. Jahrhunderts, wie HELMHOLTZ, HERZ u.a., waren überzeugt, dass die klassische Mechanik mit all ihren Teilgebieten, wie Dynamik, Statik, Festigkeitslehre, Strömungsmechanik, Akustik, Himmelsmechanik usw., sich auf ein einheitliches System von Grundgleichungen der Physik beziehen muss.

Mit den beiden Axiomen Gl. 2.27 und Gl. 2.28 sind neben den wichtigen physikalischen Grundgrößen, die Kraft F und das Drehmoment M, zwei weitere Grundgrößen verbunden, die bei der praktischen Anwendung hilfreich sind. Mit dem NEWTONschen Axiom Gl. 2.27 ist der lineare Impuls

$$\vec{J} \overset{\text{def}}{=} m \cdot \vec{v} \qquad\qquad\qquad (2.41)$$

verknüpft, der in diesem Buch als NEWTONscher Impuls bezeichnet wird. Das NEWTONsche Grundgesetz Gl. 2.27 kann dann auch mit Hilfe des NEWTONschen Impulses formuliert werden:

$$-\frac{d\vec{J}}{dt} + \Sigma \vec{F}_e = 0$$

Auch der Drehimpuls D muss in Übereinstimmung mit dem Axiom „Drehimpulssatz" definiert werden. Wegen des bisher angewendeten Axioms für den Drehimpulssatz nach Gl. 2.2 wurde der Drehimpuls natürlich folgendermaßen definiert:

$$\vec{D} \overset{\text{def}}{=} m \cdot (\vec{r}_0 \times \vec{v})$$

Alles das was im Zusammenhang mit der Gl. 2.2 im Abschnitt 2.1 gesagt wurde, trifft auch für den Drehimpuls in dieser Form zu. Der den Ort des Massenpunktes beschreibende Ortsvektor r_0 muss zusätzliche Bedingungen erfüllen. Die eingeprägten Kräfte müssen die Eigenschaften eines Zentralkraftfeldes haben. Außerdem muss der Anfangspunkt des Ortsvektors r_0 im Zentrum des Zentralkraftfeldes liegen oder mit Hilfe eines konstanten weiteren Ortsvektors r_{0Ursp} mit einem festen Koordinaten-Ursprung verknüpft werden. Trifft das nicht zu, ergibt die Anwendung des Drehimpulses falsche Ergebnisse. In der Strömungsmechanik kann daher der Drehimpuls D in dieser Form in der Regel nicht angewendet werden. Die eingeprägten Kräfte resultieren in der Strömungsmechanik aus dem Gradienten des Druckfeldes. In den meisten realen Strömungsfeldern ist z.B. die Richtung des Druckgradienten in jedem Punkt des Strömungsfeldes sehr verschieden und stimmt meistens auch nicht mit dem Vektor der Strömungsgeschwindigkeit v (Richtung der Stromlinie) überein. Der Drehimpuls in der oben genannten Form kann in der Strömungsmechanik nicht angewendet werden. Es gibt nur eine Ausnahme und die betrifft das Strömungsfeld eines Potentialwirbels. Hier gelten aber auch die einschränkenden Bedingungen des Drallsatzes. Daher kann das Strömungsfeld des Potentialwirbels auch aus der Grundgleichung der Strömungsmechanik abgeleitet werden. Die Grundgleichung der

Strömungsmechanik ist von der physikalischen Aussage her nichts anderes ist als das NEWTONsche Grundgesetz.

Da von BAADE der Drehimpulssatz nach Gl. 2.28 definiert wurde, muss auch für den Drehimpuls D zwangsläufig eine andere Definition angewendet werden. In den Abschnitten 3 und 4 wird über praktische Erfahrungen bei der Anwendung der Drehbeschleunigung b berichtet. Aus diesen Erfahrungen hat sich für den Drehimpuls folgende Definitionsgleichung ergeben:

$$\vec{D}_{rot} \stackrel{def}{=} \Theta \cdot \vec{\omega} \qquad (2.44)$$

Um den Zusammenhang mit dem Drehimpulssatz Gl. 2.28 deutlich zu machen, bilden wir die Ableitung des Drehimpulses D_{rot} nach der Zeit. Mit Hilfe des so definierten Drehimpulses lautet der Drehimpulssatz nach Gl. 2.28 dann:

$$\frac{d\,\vec{D}_{rot}}{d\,t} \;+\; \Sigma \vec{M}_e = 0 \qquad (2.45)$$

In vielen Lehrbüchern der Physik wird das Fundament der Physik auf der Grundlage von drei NEWTONschen Axiomen gegründet. Diese Auffassung teilt BAADE nicht. Er ist der Meinung, dass von NEWTON drei Erfahrungen im Gesetz nach Gl. 2.27 vereinigt sind. Das erste NEWTONsche Axiom besagt, dass die Vektorsumme aller auf einen Körper einwirkenden Kräfte null ist. Das ist das grundlegende Gesetz vom Gleichgewicht der Kräfte, das als Spezialfall aus Gl. 2.27 sofort abgeleitet werden kann. In diesem Erfahrungsgesetz aus der Statik ist auch das Wechselwirkungsgesetz von NEWTON $F_{AB} = -F_{BA}$ enthalten (eine Stützkraft ist einer eingeprägten Kraft entgegen gerichtet). Das zweite NEWTONsche Axiom stellt nun die Anwendung der Gesetze der Statik auf die Belange der Dynamik dar. Gegenüber der Statik tritt nun die Zeit t als eine wesentliche physikalische Grundgröße hinzu. Das Hinzufügen der schon GALILEI bekannten Trägheitskräfte durch Kombination der Beschleunigung der Geschwindigkeit dv/dt mit dem Wechselwirkungsgesetz (negatives Vorzeichen) führten dann zu dem NEWTONschen Grundgesetz nach Gl. 2.27.

Ganz ähnlich verlief der Erkenntnisgewinn beim Drehimpulssatz. Der großen Bedeutung des Drehmomentensatzes in der Statik steht die Bedeutungslosigkeit von Drehmomentenbetrachtungen in der Strömungsmechanik gegenüber. BAADE sind nur zwei Fälle aus der Strömungsmechanik der reibungsfreien Strömungsmedien bekannt, bei denen eine Drehmomentenbetrachtung durchgeführt wird. Das betrifft die Theorie des Potentialwirbels und die EULERsche Hauptgleichung der Turbomaschinen, die zur Berechnung der Energieübertragung in einer Strömungsmaschine dient. Hier wurde der Drallsatz erfolgreich angewendet. Wenn es aber darum geht, die Energieübertragung im Detail in einem Strömungsfeld von einer Stromlinie zur benachbarten Stromlinie oder von einer rotierenden Schaufel zur benachbarten Stromlinie zu verstehen, versagt das NEWTONsche Grundgesetz und damit auch der Drallsatz. Nachdem die Drehbeschleunigung b erkannt wurde, konnte der Drehmomentensatz der Statik so erweitert werden, dass er in Form der Gl. 2.28 auch in der Dynamik sinnvoll angewendet werden kann. In dieser Form des Drehimpulssatzes nach Gl.2.28 und der damit gekoppelten Definition für den Drehimpuls nach. Gl. 2.44 steckt aber noch eine weitere Jahrhunderte alte Erfahrung aus der Himmelsmechanik. Dies ist auf den ersten Blick nicht sofort ersichtlich. Wenn ein Planet oder ein anderer Himmelskörper sich ohne Einwirkung von Drehmomenten bewegt, muss die Winkelgeschwindigkeit ω des Tangenten-Einheitsvektors seiner Schwerpunktgeschwindigkeit v_S konstant sein. Im Abschnitt 4 wird auf dieses Problem näher eingegangen.

2.10 Der Drehimpulssatz und der Energieaustausch

Der Energiesatz nach Gl 2.40 ist eine Bilanzgleichung zwischen drei Formen der mechanischen Energie. Die mit W_{pot} bezeichnete Größe soll hier wie üblich als potentielle Energie bezeichnet werden. Auch diese Bezeichnung kann zu Missverständnissen führen. Gemeint ist hier die Energiequelle, aus der die eingeprägten Kräfte ihre Energie beziehen, die dann in kinetische Energie W_{kin} durch Arbeitsleistung während der Bewegung umgewandelt wird. Diese Kräfte müssen nicht unbedingt aus einer Potentialfunktion abgeleitet werden, wie z.B. bei einem Zentralkraftfeld. Man kann diese Größe auch nicht als Ruheenergie bezeichnen, da dieser Begriff in der Physik eine ganz andere Bedeutung hat. Vielleicht wäre die Bezeichnung „statische Energie W_{stat}" besser geeignet.

Wenn man die Mechanik des Massenpunktes verlässt und die Betrachtungen auf starre Körper mit endlichen Abmessungen ausdehnt, spielt der Massen-Mittelpunkt eine wichtige Rolle. Meistens wird dieser Punkt einfach auch Schwerpunkt genannt. Das NEWTONsche Grundgesetz bestimmt allein den Energieaustausch zwischen der potentiellen Energie W_{pot} und der Translationsenergie W_{trans}. Die eingeprägten Kräfte greifen am Schwerpunkt des endlichen Körpers an und verändern durch Arbeitsleistungen dessen Translationsenergie W_{trans}. Ein Drehmoment können Kräfte, die am Schwerpunkt angreifen, auf den betrachteten Körper selbst nicht ausüben. Deshalb kann das NEWTONsche Grundgesetz Änderungen der Rotationsenergie W_{rot} prinzipiell nicht beschreiben. Täglich lassen sich aber Rotationsänderungen von vielen Körpern beobachten. Das zu beschreiben ist nur mit Hilfe des Drehimpulssatzes, der eine Momentenbeziehung darstellt, möglich. In Bezug auf ein ruhendes Drehimpulszentrum können die eingeprägten Kräfte sehr wohl ein Drehmoment ausüben. Schon allein deswegen ist der Drehimpulssatz in der Dynamik so wichtig. Der Drehimpulssatz beschreibt nun die Energieumwandlung zwischen der Rotationsenergie und der Translationsenergie.

Hinweis: Von Baade wird vermutet, dass in der Elektrodynamik die Rolle der Rotationsenergie von der elektromagnetischen Schwingung bzw. Welle übernommen wird. Das den Atomkern umkreisende Elektron kann keine nennenswerte Rotationsenergie bei seiner Bewegung auf gekrümmten Bahnkurven speichern oder abgeben, weil sein Massenträgheitsmoment einfach zu klein ist. Eine Bewegung auf Bahnkurven mit veränderlicher Krümmung ist aber ohne eine dritte Energieform nicht möglich. In der Elektrodynamik spielen neben der elektrostatischen Energie, der Translationsenergie des Elektrons, als dritte Energieart die elektromagnetische Welle eine wichtige Rolle.

Für die Translationsenergie W_{trans} gilt:

$$W_{trans} = \frac{m}{2} \cdot v_{Sp}^2$$

und die Rotationsenergie W_{rot} wird nach der bekannten Beziehung:

$$W_{rot} = \frac{\Theta_E}{2} \cdot \omega_E^2$$

berechnet. Die Größe Θ_E bezeichnet das Massenträgheitsmoment des betrachteten Körpers, das auf dessen Massenmittelpunkt bezogen ist.

Für Körper, deren Abmessungen klein sind im Verhältnis zu den Krümmungsradien, kann die Änderung der Winkelgeschwindigkeit ω_E der Eigendrehung mit Hilfe des Drehimpulssatzes Gl. 2.28 berechnet werden:

$$\frac{d\omega_E}{dt} = \frac{m}{\Theta_E} \cdot R_K \cdot b \tag{2.46}$$

Die Änderung der Translationsenergie beträgt in diesem Fall:

$$\frac{dW_{trans}}{dt} = -m \cdot v_{Sp} \cdot b$$

Sind die Abmessungen des Körpers im Verhältnis zum Krümmungsradius der Schwerpunktbahn nicht mehr als vernachlässigbar klein zu betrachten, ist das Problem etwas komplizierter. Im Abschnitt 3.3 wird das Problem noch ausführlicher behandelt. In diesem Falle hat jeder Massenpunkt des rotierenden Körpers ein eigenes Drehimpulszentrum D_b. Durch vektorielle Addition der einzelnen Drehbeschleunigungen können zwei resultierende Drehbeschleunigungen in Richtung des Tangenten-Einheitsvektors $b_{t\text{-res}}$ und in Richtung des Normalen-Vektors $b_{n\text{-res}}$ ermittelt werden.

Durch Anwendung des Energiesatzes Gl. 2.40 erhält man nun für die Berechnung der Änderung der Winkelgeschwindigkeit ω_E der Eigendrehung um den Schwerpunkt des Körpers folgende Gleichung:

$$\frac{dW_{rot}}{dt} + \frac{dW_{trans}}{dt} = 0$$

$$\Theta \cdot \omega_E \cdot \frac{d\omega_E}{dt} = -m \cdot v_{Sp} \cdot \frac{dv_{Sp}}{dt}$$

$$\frac{d\omega_E}{dt} = -\frac{m}{\Theta} \cdot \frac{v_{Sp}}{\omega_E} \cdot \frac{dv_{Sp}}{dt}$$

Das negative Vorzeichen in der letzten Gleichung ist in Ordnung. Eine Zunahme der Rotationsenergie ist verbunden mit einer Abnahme der Translationsenergie. Für diese Änderung der Translationsenergie ist allein die Drehbeschleunigung $b_{t\text{-res}}$ zuständig:

$$-\frac{dv_{Sp}}{dt} = b_{t\text{-res}}$$

Damit erhält man aus der Energiebilanz zwischen Translationsenergie und Rotationsenergie folgende Beziehung:

$$\frac{d\omega_E}{dt} = \frac{m}{\Theta_E} \cdot \frac{v_{Sp}}{\omega_E} \cdot b_{t\text{-res}} \tag{2.47}$$

Ersetzen wir die Translationsgeschwindigkeit v_{Sp} durch:

$$v_{Sp} = \omega_{Sp} \cdot R_K$$

erhält man eine zweite gleichwertige Gleichung:

$$\frac{d\omega_E}{dt} = \frac{m}{\Theta_E} \cdot \frac{\omega_{Sp}}{\omega_E} R_K \cdot b_{t\text{-}res} \qquad (2.48)$$

Der Krümmungsradius R_K bezieht sich auf die Schwerpunktbahn des Körpers!

Um eine bestimmte Änderung $d\omega_E/dt$ zu erreichen, muss bei größer werdender Eigenrotation ω_E des Körpers ein Drehmoment $M = R_K \cdot m \cdot b_{t\text{-}res}$ von der Translationsbewegung aufgebracht werden, dass immer größer wird.

Wenn das Verhältnis $\omega_{Sp}/\omega_E = 1$ ist, handelt es sich um eine so genannte gebundene Rotation. Diese Art der Rotation nimmt bei der Untersuchung von Rotationsbewegungen eine Sonderstellung ein.

Mit Hilfe eines Rechenprogramms „Rad", über das im folgenden Abschnitt 3.3 berichtet wird, konnte die Bedeutung des Ausdruckes (ω_{Sp}/ω_E) R_K weiter geklärt werden. Für Rotationsbewegungen von Körpern mit endlichen Abmessungen ist dieser Ausdruck eine wichtige Größe und soll im Folgenden mit r_b bezeichnet werden. Für die Bewegung von Massenpunkten ist der Krümmungsmittelpunkt der Evolute das momentane Drehimpulszentrum D_b. Um diesen Punkt muss das Momentengleichgewicht aufgestellt werden. Er ist der einzige Punkt, der bei der Bewegung während eines ausreichenden Zeitintervalls ruht. Bei einem Körper mit endlichen Abmessungen hat jeder Massenpunkt aber eine eigene Bahnkurve mit einem eigenen Drehimpulszentrum. Durch systematische Testrechnungen hat BAADE nun herausgefunden, das bei der Integration der für jeden Massenpunkt berechneten Drehbeschleunigung b eine resultierende Drehbeschleunigung $b_{n\text{-}res}$ verbleibt. Für ganz bestimmte Kombinationen der Parameter, die die Bewegung des Körpers bestimmen, war diese resultierende Drehbeschleunigung $b_{n\text{-}res}=0$. In diesen besonderen Fällen gab es einen Massenpunkt, der in einem ruhenden Koordinatensystem momentan ruht. Seine Geschwindigkeit ist $v = 0$. Um diesen Punkt, auch wenn er außerhalb des betrachteten Körpers liegt, dreht sich der Körper in diesem Zeitpunkt gerade.

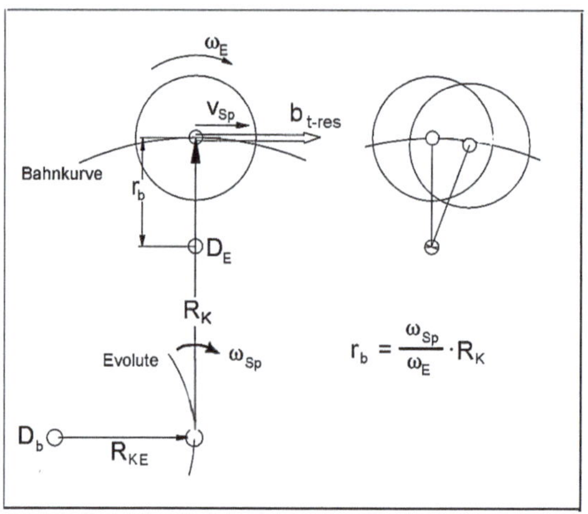

Abb. 2-8 Das Drehimpulszentrum für Körper mit endlichen Abmessungen

In der Abb. 2-8 ist das Drehimpulszentrum D_E eingezeichnet. Es hat vom Massenmittelpunkt Sp des Körpers einen Abstand r_b. Dieser Abstand kann aus den Parametern berechnet werden, welche die Bahn bestimmen:

$$r_b = \frac{\omega_{Sp}}{\omega_E} R_K = \frac{v_{Sp}}{\omega_E} \qquad (2.49)$$

Wenn das Verhältnis der Winkelgeschwindigkeiten $\omega_{Sp}/\omega_E = 1$ beträgt, liegt der Fall der gebundenen Rotation vor. Das Drehimpulszentrum D_E fällt dann mit dem Krümmungsmittelpunkt der Schwerpunktbahn zusammen und $r_b = R_K$. Diese Bewegungsform scheint eine besondere Bewegung zu sein. Die Eigenrotation des Mondes auf seiner Bahn um die Erde ist eine gebundene Rotation. In diesem Falle ist der wirksame Hebelarm für die Kraft aus der Drehbeschleunigung b genau R_K . Der Anfangspunkt des Vektors R_K ist der Mittelpunkt des Schmiegungskreises der Bahnkurve und gleichzeitig für einen Körper mit endlichen Abmessungen auch das momentane Drehimpulszentrum D_E des Körpers. Hier ist deshalb die vektorielle Summe aus Translationsgeschwindigkeit v_{Sp} und Rotationsgeschwindigkeit von einem ruhenden Beobachter gesehen null. In diesem Spezialfall ist es auch egal, ob das Drehmomenten-Gleichgewicht um das Drehimpulszentrum D_b der Schwerpunktbewegung oder um das Drehimpulszentrum D_E aufgestellt wird. In der

Gleichung Gl. 2.28 für den Drehimpulssatz ist das Massenträgheitsmoment auf den Mittelpunkt des Schmiegungskreises bezogen. Für einen Körper mit endlichen Abmessungen, der sich im Falle einer gebundenen Rotation auch um diesen Punkt bewegt, ist es selbstverständlich, sein Massenträgheitsmoment Θ auch auf diesen Punkt zu beziehen.

Mit zunehmender Eigenrotation ω_E des Körpers im Vergleich zur Drehung des Tangentenvektors ω_{Sp} verkürzt sich der wirksame Hebelarm für die Drehimpulskraft. Bei konstanter Drehbeschleunigung b wird der Differentialquotient $d\omega_E/dt$ kleiner. Das hängt mit den Eigenschaften der kinetischen Energie zusammen. Sowohl die Translationsenergie als auch die Rotationsenergie haben eine quadratische Abhängigkeit von ihren jeweiligen Geschwindigkeiten.

Das Drehimpulszentrum D_E spielt bei der Bewegung von Körpern mit endlichen Abmessungen eine wichtige Rolle. Aus Beobachtungen in der Himmelsmechanik ist bekannt, dass alle Planeten unseres Sonnensystems eine Eigenrotation ω_E haben, die mit dem Drehsinn der Umlaufbewegung ihres Massenschwerpunktes ω_{Sp} um die Sonne übereinstimmt. Die Ursache liegt darin begründet, dass nur in diesem Falle ein momentanes Drehimpulszentrum D_E existiert, das zwischen Massen-Schwerpunkt und einem zentralen Drehimpulszentrum liegt. Der Punkt D_E liegt auf einem Radiusstrahl, der mit dem momentanen Krümmungsradius R_K der Schwerpunktbahn des Planeten zusammenfällt. Er ist kein materieller Punkt. Das zentrale Drehimpulszentrum kann in guter Näherung mit dem Sonnenmittelpunkt gleich gesetzt werden. Nur wenn der Drehsinn von ω_E und ω_{Sp} gleich ist, gibt es überhaupt einen Punkt zwischen der betrachteten Planetenbahn und dem zentralen Drehimpulszentrum, der für einen kurzen Zeitraum als ruhend angesehen werden kann und als Drehimpulszentrum D_E des betrachteten Planeten dienen kann. Bei entgegengesetztem Drehsinn liegt das Drehimpulszentrum D_E des betrachteten Planeten außerhalb der betrachteten Planetenbahn. Mit Hilfe des erwähnten Rechenprogramms „Rad" wurden für diesen Fall nur einige wenige Testrechnungen von BAADE durchgeführt. Die Ergebnisse sind deshalb für eine Veröffentlichung noch nicht geeignet. Diese wenigen Bemerkungen über die Bedeutung des Drehimpulszentrum D_E sollen nur auf die Bedeutung dieses Punktes für die Bewegung von Massen mit endlichen Abmessungen hinweisen. Das Drehimpulszentrum D_E darf auch nicht mit dem Drehimpulszentrum D_b eines

Massenpunktes verwechselt werden, der mit der Schwerpunktbahn des Massenpunktes zusammenhängt.

Die Berechnung der Energieübertragung von der Translationsbewegung des Massenmittelpunktes an einen rotierenden Körper ist nun verhältnismäßig einfach. Wenn aus der Berechnung der Bahnkurve mit einer Krümmungsänderung die resultierende Drehbeschleunigung $b_{t\text{-res}}$ und das Massenträgheitsmoment Θ_E des Körpers bekannt sind, kann die Änderung der Winkelgeschwindigkeit des Körpers mit Hilfe der Gl. 2.48 berechnet werden. Dies führt je nach Vorzeichen der Drehbeschleunigung $b_{t\text{-res}}$ zu einer zusätzlichen Änderung der Translationsenergie, die ja in der Regel hauptsächlich durch die Arbeit der am Schwerpunkt angreifenden eingeprägten Kräfte verursacht wird. Diese Änderung der Translationsenergie, verursacht durch Änderungen der Eigenrotation des Körpers, kann mit Hilfe des Kräftepaares „Drehbeschleunigung" $b=-(dv_{Sp}/dt)_b$ berechnet werden. Die resultierende Tangentialbeschleunigung der Schwerpunktgeschwindigkeit des Körpers beträgt dann:

$$\frac{d\,v_{Sp}}{d\,t} = a_T - b_{\,t\text{-res}}$$

Die Drehbeschleunigung b ist die entscheidende physikalische Größe zur Berechnung von Rotationsänderungen und damit für den Austausch von Rotations- und Translationsenergie. Die Abschnitte 3 und 4 werden das im Einzelnen zeigen.

2.11 Der Massenmittelpunkt in der Dynamik

Für das Verständnis der Rotationsänderungen von starren Körpern mit endlichen Abmessungen ist es zweckmäßig, noch einmal über die Definition des Massenmittelpunktes nachzudenken. Die Anwendung des Gesetzes vom Gleichgewicht der Drehmomente war den Menschen, ob bewusst oder unbewusst sei nicht von Bedeutung, schon lange vor NEWTON bekannt. Das Vergleichen von Massen durch Wiegen mit einer Balkenwaage wurde schon im Altertum und frühen Mittelalter angewendet.

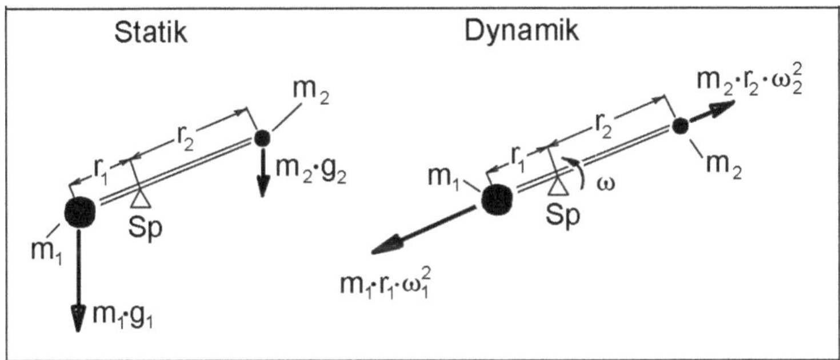

Abb. 2-9 Zur Definition des Massenmittelpunktes

An einer Balkenwaage verursachen die Anziehungskräfte der Erdgravitation ein Drehmoment. Aus dem Momentengleichgewicht der Statik folgt dann eine einfache Beziehung zur Bestimmung des Massenmittelpunktes (Schwerpunkt).

$$m_1 \cdot g_1 \cdot r_1 = m_2 \cdot g_2 \cdot r_2$$

$$\frac{r_1}{r_2} = \frac{m_2 \cdot g_2}{m_1 \cdot g_1}$$

Unter der Voraussetzung $g_1 = g_2$ ergibt sich dann die Lage des Massenmittelpunktes aus dem Abstandsverhältnis r_1 / r_2 . Im Rahmen der erforderlichen Genauigkeiten bei technischen oder auch anderen naturwissenschaftlichen Untersuchungen auf unserer Erdoberfläche (Größenordnung für relative Fehler 10^{-2} bis 10^{-3}) ist die genannte Bedingung $g_1 = g_2$ näherungsweise ausreichend erfüllt. In der Himmelsmechanik sind die Anforderungen an die relative Genauigkeit aber um mehrere Zehnerpotenzen „höher". Hier ist die aus einem Momentengleichgewicht der Statik stammende Definition für den Massenmittelpunkt Sp ungeeignet. Die Lage des Massenmittelpunktes Erde-Mond würde sich zwischen den Vollmond- und Neumondstellungen ständig um einen „mittleren" Massenmittelpunkt bewegen. Der Abstand zwischen Mond und Erde hat eine Größenordnung, die gegenüber der Entfernung Erde-Sonne nicht mehr als „vernachlässigbar klein" anzusehen ist. Der Gradient des Gravitationsfeldes der Sonne macht sich deutlich bemerkbar.

Eine dynamische Definition für den Massenmittelpunkt ist deshalb besser geeignet. An die Stelle des durch die Gravitation verursachten Drehmomentes der Erde oder der Sonne wird ein Drehmoment aus den Zentrifugalkräften benutzt. Der Massenmittelpunkt ist nun dadurch charakterisiert, dass die Resultierende der Zentrifugalkräfte aller Massenpunkte des betrachteten Körpers im Massenmittelpunkt null ist. Das würde auch eine sinnvolle Definition für ein System von Massenpunkten sein. Der Massenmittelpunkt von zwei Massenpunkten liegt auf der Verbindungsgeraden dieser beiden Punkte und aus der Momentenbetrachtung wird eine Gleichgewichts-Betrachtung zwischen den Zentrifugalkräften:

$$m_1 \cdot r_1 \cdot \omega_1^2 = m_2 \cdot r_2 \cdot \omega_2^2$$

$$\frac{r_1}{r_2} = \frac{m_2 \cdot \omega_2^2}{m_1 \cdot \omega_1^2}$$

$$\frac{r_1}{r_2} = \frac{m_2}{m_1} \quad \text{für} \quad \omega_1 = \omega_2$$

Diese Definition ist auch sinnvoll, wenn die beiden Massenpunkte nicht materiell verbunden sind. Ein Beispiel hierfür ist das aus Erde und Mond bestehende Zweimassensystem. Bedingung ist allerdings, dass alle Massenpunkte des betrachteten Systems eine so genannte „gebunden Rotation" um diesen Massen-Mittelpunkt ausführen. Eine gebundene Rotation ist durch die Bedingung definiert, dass alle Massenpunkte mit gleicher Winkelgeschwindigkeit ω um einen bestimmten Punkt rotieren.

3 Beispiele für die Wirkung der Drehbeschleunigung

3.1 Übergangsbahn zwischen zwei Kreisbahnen

Ein Massenpunkt bewegt sich auf einer Kreisbahn. Seine Zentrifugalkraft wird durch die Fadenkraft $F = m_G * g$ im Gleichgewicht gehalten. Wenn nun die Fadenkraft um einen bestimmten Betrag verringert wird (siehe Abb. 3-1), so ist das Kräftegleichgewicht in Normalen-Richtung in dem Moment gestört und es kommt zu einer Änderung des Krümmungsradius R_K der Bahnkurve, die ursprünglich eine Kreisbahn war. Der Massenpunkt bewegt sich auf einer Übergangsbahn zu einer neuen Kreisbahn. Die sich einstellende neue Kreisbahn mit dem Krümmungsradius R_{K1} lässt sich leicht berechnen.

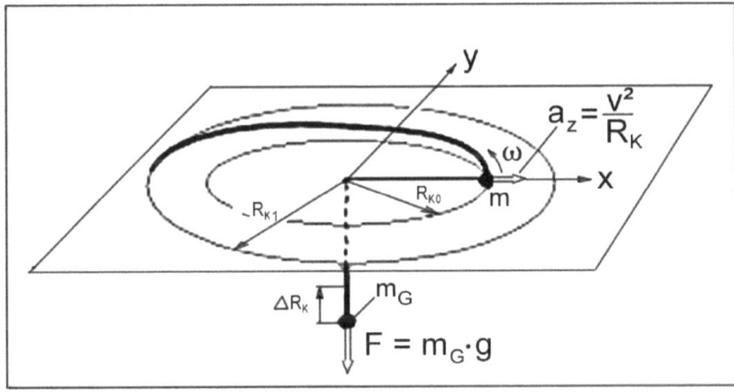

Abb. 3-1 Bewegung auf einer Übergangsbahn

Alle Größen, die für die ursprüngliche Kreisbahn gelten, sind durch den Index 0 gekennzeichnet. Alle Größen, die sich auf die neue Kreisbahn beziehen, haben den Index 1. Wie aus der Abb. 3-1 zu entnehmen ist, muss der Massenpunkt während seiner Bewegung auf einer Übergangsbahn mit einem um $\Delta R_K = R_{K1} - R_{Ko}$ größeren Krümmungsradius Arbeit leisten, die auf Kosten seiner kinetischen Energie geht:

$$m \cdot \frac{1}{2} \cdot (v_o^2 - v_1^2) = m \cdot f_{n1} (R_{K1} - R_{Ko})$$

$$v_1^2 = v_o^2 - 2 \cdot (R_{K1} - R_{Ko}) \cdot f_{n1}$$

Die Größe f_{n1} bezeichnet die auf die Masse m bezogene, äußere, eingeprägte Kraft in Richtung der Normalen der Kreisbahn 1. Auf Grund des Kräftegleichgewichtes in Normalen-Richtung auf der neuen Kreisbahn gilt:

$$R_{K1} = \frac{v_1^2}{f_{n1}}$$

Für die Energiebilanz kann geschrieben werden:

$$v_1^2 = v_o^2 - 2\cdot v_1^2 + 2\cdot R_{Ko}\cdot f_{n1}$$

Für den Endradius und die Endgeschwindigkeit erhält man dann:

$$R_{K1} = \frac{v_1^2}{f_{n1}} \quad \text{und} \quad v_1 = \sqrt{\tfrac{1}{3}\cdot\left(v_o^2 + 2\cdot R_{Ko}\cdot f_{n1}\right)} \qquad (3.1)$$

Damit können die beiden interessierenden Größen v_1 und R_{K1} der neuen, stabilen Kreisbahn berechnet werden, wenn die neue Fadenkraft f_{n1} bekannt ist. Die Größe f_{n1} ist auf die Masse m bezogen!

Für diese einfache Berechnung wurde nur das Kräftegleichgewicht in Normalen-Richtung und der Energiesatz benötigt. Die genaue Übergangsbahn von einem Kreisbogen mit dem Krümmungsradius R_{Ko} zum neuen Kreisbogen mit R_{K1} zu berechnen ist nur unter Beachtung des Drehimpulssatzes und der Drehbeschleunigung b möglich. Die Drehbeschleunigung b spielt bei der Bestimmung der Krümmungsänderungen der Übergangsbahn eine wichtige Rolle.

Um Missverständnisse zu vermeiden, soll bei den weiteren Ausführungen immer dann, wenn der Drehimpulssatz nicht benötigt wird, oder vernachlässigt werden kann, von der NEWTONschen Mechanik gesprochen werden. Wird aber auch der Drehimpulssatz beachtet, dann werden diese Fälle als Betrachtungen im Rahmen der EULERschen Mechanik gekennzeichnet. Wie TRUESDELL [1] vermutet, hat EULER die Rolle des Drehimpulssatzes mindestens in ersten Ansätzen erkannt. Diese Vermutung wird auch im Abschnitt 5 im Zusammenhang mit der Energieübertragung in Strömungsmaschinen (EULERsche-Hauptgleichung der Strömungsmaschinen) noch einmal bestätigt.

Wenn man komplizierte Bahnberechnungen von Massenpunkten im Rahmen der NEWTONschen Mechanik durchführt, ist es zulässig, bei der numerischen Berechnung die Bahn durch hinreichend kleine g e r a d e Bahnelemente anzunähern. An den Übergangsstellen der einzelnen geraden Bahnelemente erfährt der Geschwindigkeitsvektor und damit auch der Tangenten-Einheitsvektor eine unstetige Richtungsänderung. Die Krümmung einer Bahnkurve, die u.a. für die Zentrifugalbeschleunigung a_Z eine Rolle spielt, kann bei einer derartigen Annäherung der Bahn durch kleine gerade Bahnelemente noch richtig erfasst werden. Wenn aber der Drehimpulssatz angewendet werden muss, dann spielen die Krümmungsänderungen eine sehr wichtige Rolle. Hier ist es notwendig, eine größere Genauigkeit bei der Approximation der Bahnkurve anzustreben. Für die Belange der EULERschen Mechanik müssen die geraden Bahnelemente durch kleine Kreisbögen ersetzt werden.

Die einzelnen differentiellen Kreisbögen werden so aneinander gefügt, dass keine Sprünge bei der Richtungsänderung des Geschwindigkeitsvektors v auftreten. Wie die einzelnen differentiellen Kreisbögen aneinander gefügt werden, ist in der Abb. 3-2 dargestellt.

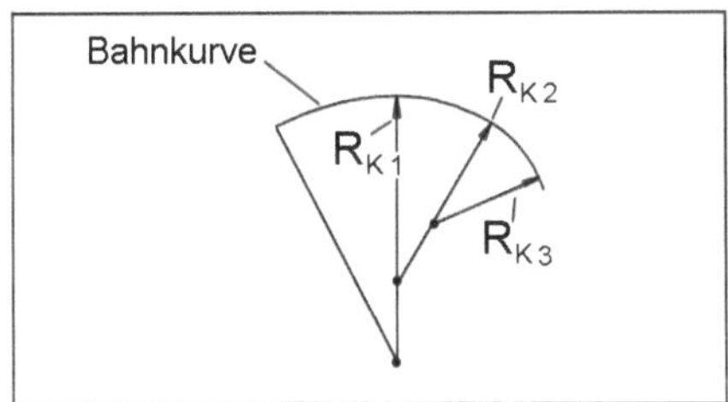

Abb. 3-2   Ersetzen einer Bahnkurve durch kleine Kreisbögen

Die gerade erläuterten Tatsachen führen zwangsläufig zur Einführung eines "kinematischen Bahndreiecks" (Bezeichnung wurde von BAADE verwendet), wie es in der Abb. 3-3 dargestellt ist.

Die Bewegung des Massenpunktes P mit der Masse m erfolgt entgegen dem Uhrzeigersinn (mathematisch positiv). Der Koordinatenursprung wird zweckmäßig in das Zentrum der eingeprägten Kraft gelegt (ist aber nicht notwendig). Vom Koordinatenursprung 0   zum Massenpunkt P   weist der Ortsvektor r_0, der mit der x-Achse den Winkel φ bildet. Die Lage des momentanen Krümmungsmittelpunktes M der Bahnkurve wird durch den Ortsvektor r_{0M} beschrieben, der mit der x-Achse den Winkel ϑ bildet. Die Vektoren r_0 , r_{0M} und R_K bilden das kinematische Bahndreieck. In diesem Dreieck treten drei charakteristische Winkel α, β und γ auf. Im Falle einer beschleunigten Bewegung (Abb. 3-3, links) des Massenpunktes sollen diese Winkel positiv sein. Wenn der Ortsvektor r_0 mit der Richtung der eingeprägten Kraft F_e übereinstimmt, dann beträgt die in Richtung von v wirkende beschleunigende Komponente F_t :

$$F_t = F \cdot \sin \beta \qquad (3.2)$$

In der Abb. 3-3 (rechts) ist auch ein Verzögerungsdreieck dargestellt. Hier werden die Winkel α, β und γ als negative Winkel definiert. Nach Gl. 3.2 ergibt sich in diesem Falle eine Komponente F_t der eingeprägten Kraft F, die verzögernd auf den Massenpunkt wirkt.

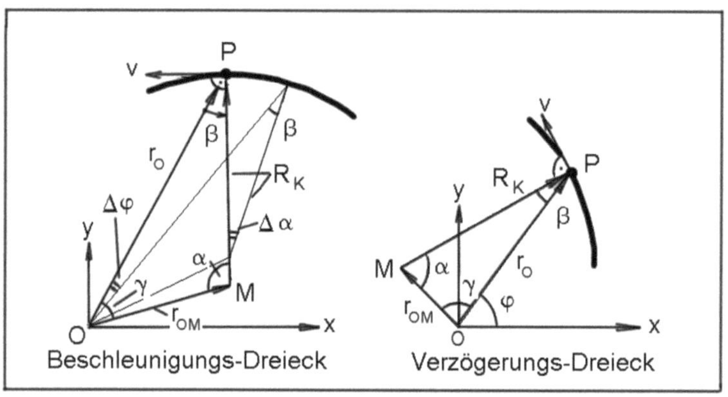

Abb. 3-3   Das kinematische Bahndreieck

Die eigentliche Bewegung von P erfolgt nun nicht auf einem differentiellen Kreisbogen um den Koordinatenursprung 0 bzw. um das Zentrum der eingeprägten Kraft F_e, sondern um den Krümmungsmittelpunkt M. Die Drehung des Krümmungsvektors um den Winkel $\Delta\alpha$ lässt sich berechnen:

$$\Delta \alpha = \frac{\frac{1}{2}(v + v_a)}{R_K} \cdot \Delta t \qquad (3.3)$$

Aus dem kinematischen Bahndreieck lässt sich die folgende Winkelbeziehung ablesen:

$$\Delta \varphi = \Delta \alpha - (\beta - \beta_a) \qquad (3.4)$$

76

Die Drehung $\Delta \varphi$ des Ortsvektors r_o ist offensichtlich nicht gleich der Drehung $\Delta \alpha$ des Krümmungs-Vektors R_K .

Selbst wenn sich die Lage des Krümmungsmittelpunktes M nicht verändert, kommt es zu einer Änderung des Winkels ß. Dieser Winkel ß ist für das momentane Kräftegleichgewicht wichtig.

Die Bahnkurve, die im Allgemeinen eine Kurve mit veränderlichem Krümmungsradius ist, wird nun aus kleinen Kreisbögen zusammengesetzt. Hierbei ist zu beachten, dass die Änderung des Krümmungsradius ΔR_K immer in Richtung des vorangegangenen Krümmungsradius R_K angetragen werden muss. Das folgt unmittelbar aus einfachen differential-geometrischen Betrachtungen, wie im Abschnitt 2.2 erläutert wurde. Damit ist garantiert, dass keine Sprünge bei der Drehung des Geschwindigkeitsvektors auftreten, wenn die Bahnkurve durch zwar kleine, aber noch endliche Kreisbögen zusammengesetzt wird.

Eine analytische Lösung für die Übergangsbahn zu finden, erschien dem Verfasser wenig aussichtsreich.

Es wurde daher ein Computerprogramm in der Programmiersprache FORTRAN (es waren die Jahre 1984, 1985!) erstellt. Da heute nicht mehr viele Wissenschaftler mit dieser Programmiersprache arbeiten, sollen hier die wesentlichen Schritte des wichtigen Unterprogramms „Schritt" erläutert werden.

Die Berechnung eines beliebigen Zwischenschrittes auf der Übergangsbahn beginnt mit der Ermittlung der kleinen Drehung des Vektors für den Krümmungsradius R_K für ein vorgegebenes Zeitintervall Δt :

$$\Delta \alpha \approx \frac{v_a \cdot \Delta t}{R_{Ka}}$$

Für v_a und R_{Ka} werden die Werte des vorangegangenen Schrittes eingesetzt. Dann wird der Winkel α des neuen kinematischen Dreiecks berechnet:

$$\alpha = \alpha_a - \Delta \alpha$$

Da nun vom neuen kinematischen Dreieck R_K , r_{oM} und α bekannt sind, können durch eine einfache Dreiecksberechnung der neue Ortsvektor r_o und die Winkel β und γ

ermittelt werden. Zur eindeutigen Bestimmung der Lage des neuen Ortsvektors r_o ist noch der Winkel φ erforderlich:

$$\varphi = \varphi + \Delta\alpha - (\beta - \beta_a)$$

Mit Hilfe des Energiesatzes wird die neue Geschwindigkeit v bestimmt:

$$v = \sqrt{v_a^2 - 2 \cdot f \cdot (r_o - r_{oa})}$$

Damit ist die tangentiale Trägheitsbeschleunigung bekannt:

$$-a_t = \frac{dv}{dt} \approx \frac{v - v_a}{\Delta t}$$

Vom neuen kinematischen Bahndreieck ist bereits der Winkel ß bekannt. Nachdem der Energiesatz angewendet wurde, wird nun der NEWTONsche Impulssatz bzw. das Kräftegleichgewicht in Richtung der Tangente und der Normalen herangezogen.

$$\frac{dv}{dt} - f \cdot \sin\beta + b = 0$$

$$\frac{v^2}{R_K} - f \cdot \cos\beta = \Delta a_n^*$$

Wird für die Bahnberechnung die NEWTONsche Mechanik verwendet, muss die Drehbeschleunigung b = 0 gesetzt werden. Im Kräftegleichgewicht für die Normalen-Richtung wurde auf der rechten Seite die Größe Δa_n zur Erfassung der Störung des Kräftegleichgewichtes herangezogen. Auch diese Größe ist für die NEWTONsche Mechanik null zu setzen.

An dieser Stelle kommt es nun zu Unterschieden in der Berechnung der Bahnkurve. Die Änderung des Krümmungsradius R_K wird im Rahmen der NEWTONschen Mechanik aus dem Kräftegleichgewicht mit Hilfe der auf dem Bogenelement sich veränderten neuen Geschwindigkeit v berechnet. Die Krümmungsänderung am Ende der Bewegung auf dem kreisförmigen Bogenelement mit Länge Δs beträgt dann:

$$\Delta R_K = \frac{f \cdot \cos\beta}{v^2} - R_{Ka}$$

Im Rahmen der EULERschen Mechanik, d.h. bei Anerkennung des Drehimpulssatzes als echtes Grundgesetz der Physik, wird die Störung des Kräftegleichgewichtes um die Größe Δa_n beachtet. Bei der unvermeidlichen Bewegung des Krümmungs-mittelpunktes infolge der Krümmungsänderung muss Arbeit geleistet werden. Wie im

Abschnitt 2.6   gezeigt wurde, entsteht hierbei die Drehbeschleunigung b nach Gleichung 2.32b:

$$b \; = \; \frac{-1}{v} \cdot \frac{dR_K}{dt} \cdot \Delta a_n^{\ast}$$

Für die numerische Berechnung wird die letzte Gleichung in eine Differenzengleichung umgewandelt und nach ΔR_K aufgelöst:

$$\Delta R_K \; = -v \cdot \frac{b}{\Delta a_n^{\ast}} \cdot \Delta t$$

Der Krümmungsradius R_K des neuen kinematischen Bahndreiecks wird um ΔR_K verändert und mit Hilfe einer Dreiecksberechnung wird die Lage des neuen Krümmungsmittelpunktes bestimmt. Der Krümmungsmittelpunkt wird durch den Ortsvektor r_{oM} und den Winkel $\vartheta = \varphi - \gamma$ in seiner Lage fixiert. Damit ist die Berechnung eines Schrittes abgeschlossen.

Der Leser wird an diesem Beispiel erkannt haben, dass alle drei Grundgesetze in der Reihenfolge: Energiesatz, NEWTONscher Impulssatz und Drehimpulssatz benutzt wurden.

Mit Hilfe eines FORTRAN-Rechenprogramms wurden Übergangsbahnen eines Massenpunktes berechnet. Die Abb. 3-4 zeigt das Ergebnis einer Berechnung im Rahmen der NEWTONschen Mechanik, d.h. ohne Beachtung des Drehimpulssatzes. Der Massenpunkt verlässt die Ausgangs-Kreisbahn mit dem Krümmungsradius R_{Ko}, nachdem die in Richtung von r_o wirkende Fadenkraft verringert wurde. Er schwenkt aber nicht auf die neue stabile Kreisbahn mit R_{K1} nach Gl. 3.1 ein! Vielmehr bewegt er sich auf einer ellipsenähnlichen Bahn mit einer starken Drehung der Hauptachsen. Hierbei wird die neue zu erwartende Kreisbahn mehrfach gekreuzt. Die Bahn des sich verlagernden Krümmungsmittelpunktes M, die Evolute, ist in der Abb. 3-4 ebenfalls eingezeichnet. Das kinematische Bahndreieck weist jeweils in den Punkten, wo die neue Kreisbahn durch die Bahnkurve geschnitten wird, einen Winkel $| \beta | > 0$ auf, sodass u.a. die Komponente F_t der Fadenkraft nicht verschwinden kann. Für den stetigen Übergang in die neue Kreisbahn ist aber die Bedingung $F_t = 0$ erforderlich.

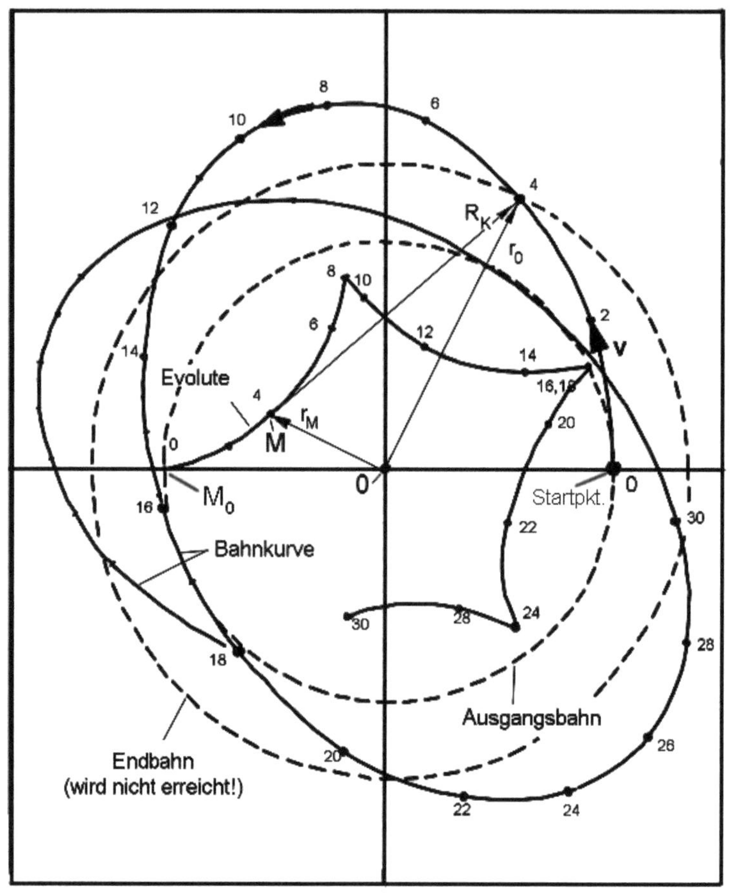

Abb. 3-4 Übergangsbahn ohne Berücksichtigung des Drehimpulssatzes

An diesem prinzipiellen Verlauf ändert sich nichts, wenn die Ausgangsparameter für die Bewegung (v_0 , f_0 , R_{Ko} usw.) verändert werden. Damit kann festgestellt werden:

Nur mit Hilfe des NEWTONschen Impulssatzes und des Energiesatzes kann die Übergangsbahn eines Massenpunktes von einer Kreisbahn zu einer neuen, stabilen Kreisbahn nicht ermittelt werden!

Diese Feststellung ist nicht neu. Im Lehrbuch über Theoretische Physik von MACKE [6] auf Seite 161 oder bei GREINER [7], S.253   findet man ähnliche Übergangs-Bahnkurven.

Das erwähnte FORTRAN-Programm ermöglicht es, die Rechnung auch unter Berücksichtigung des Drehimpulssatzes durchzuführen. Es wurden systematische Testrechnungen für Übergangsbahnen unter Beachtung des Drehimpulssatzes durchgeführt. Für den Beginn der Rechnung wurden folgende Überlegungen genutzt:

Im Zeitpunkt t = 0 ist das kinematische Bahndreieck in eine Gerade entartet und der Winkel β beträgt $\beta = 0°$. Wenn die Fadenkraft nun von $m \cdot f_0$ auf $m \cdot f_1$ verringert wird, so muss im Rahmen der NEWTONschen Mechanik sich **sprunghaft** ein neuer Krümmungsradius einstellen. Nach dem Kräftegleichgewicht für die Normalen-Richtung:

$$a_n - f_n = 0$$

ergibt sich:

$$\Delta R_K = R_K - R_{K0} = v^2 \left(\frac{1}{f_1} - \frac{1}{f_0} \right)$$

Für das Beispiel der Abb. 3-4 verdoppelt sich der Krümmungsradius sprungartig. Der Anfangspunkt der Evolute liegt im Punkt M_0 der Abb. 3-4. Wird der Drehimpulssatz beachtet, lautet das Kräftegleichgewicht in Normalenrichtung:

$$a_n - f_n - \Delta \overset{\bullet}{a}_n = 0$$

Wenn das Kräftegleichgewicht durch ein plötzliches Nachlassen der Fadenkraft gestört wird, tritt eine zusätzliche Beschleunigung Δa_n in Normalen-Richtung auf. Dadurch wächst R_K nicht so stark an wie im Falle der NEWTONschen Mechanik. Wie groß aber R_K am Beginn der schrittweisen Berechnung der Übergangsbahn gewählt werden muss, war dem Verfasser dieses Buches zunächst nicht bekannt.

Durch Testrechnungen wurde nun folgende interessante Entdeckung gemacht. Wenn am Beginn der Rechnung, d.h. im Zeitpunkt der Veränderung der ursprünglichen Fadenkraft, der Krümmungsradius R_K so bestimmt wird, dass

$$R_K = \frac{1}{2} \left(R_{K0} + R_{K1} \right) \tag{3.5}$$

gilt, so ergibt sich eine Übergangsbahn, wie sie in der Abb. 3-5 dargestellt ist. Der Radius R_{K1} kann nach Gl. 3.1 berechnet werden. Einsetzen in die letzte Gleichung ergibt dann den Krümmungsradius unmittelbar nachdem die Fadenkraft am Beginn der Übergangsbahn verringert wurde:

$$R_K = \frac{1}{6} \cdot \frac{v_0^2}{f_1} + \frac{5}{6} R_{K0}$$

Die Übergangsbahn - und das ist eine wichtige Feststellung - ist selbst wieder ein echter Halbkreisbogen. Die Evolute der Übergangsbahn (siehe Abb. 3-5) entartet in einen Punkt.

Während der Bewegung auf der halbkreisförmigen Übergangsbahn ändert sich der Krümmungsradius nicht und daher tritt keine Drehbeschleunigung b auf. Der Energieaustausch zwischen dem Massenpunkt auf der Übergangsbahn und der Masse m_G (siehe Abb. 3-1), deren Gewichtskraft die Fadenkraft erzeugt, erfolgt nur über die Tangentialkomponente der Fadenkraft F_t. Während der Bewegung leistet die Masse auf der Übergangsbahn Arbeit, indem die Masse m_G angehoben wird. Die kinetische Energie der Masse auf der Übergangsbahn verringert sich entsprechend. Die Berechnung des Energieaustausches erfolgt in diesem speziellen Fall im Rahmen der NEWTONschen Mechanik. Die Drehbeschleunigung ist b=0, weil die Evolute in einem Punkt entartet ist und die Übergangsbahn eine Kreisbahn ist.

Wird die Anfangsbedingung für den Krümmungsradius am Startpunkt abweichend von Gl. 3.5 gewählt, ist die Übergangsbahn eine Bahnkurve mit veränderlicher Krümmung und es tritt die Drehbeschleunigung b auf. Wie bei der Übergangsbahn im Falle der NEWTONschen Mechanik gibt es auch in diesen Fällen keinen Übergang in eine Kreisbahn. Die Bedingung für einen ordentlichen Übergang in die Kreisbahn kann so formuliert werden:

> *Wenn die Übergangsbahn in eine stabile kreisförmige Endbahn einmünden soll, muss das kinematisch Bahndreieck in eine Gerade mit dem Winkel $\beta = 0°$ entarten.*

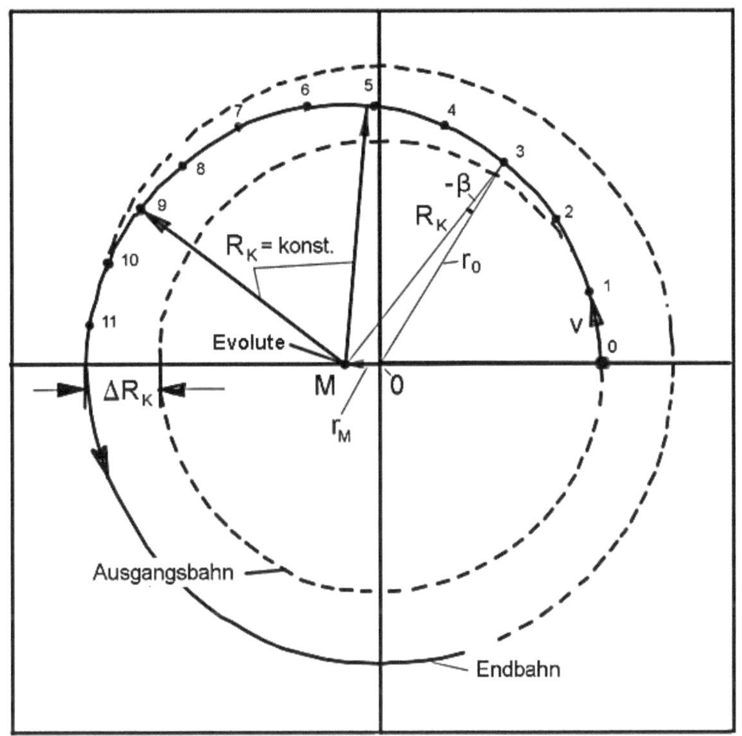

Abb. 3-5 Übergangsbahn m i t Berücksichtigung der Drehbeschleunigung

Die Tangentialkomponente F_t und auch die in tangentialer Richtung wirkende Kraft aus Drehbeschleunigung b und Masse m verschwinden wegen $\beta = 0°$ an dieser Stelle und die Bahngeschwindigkeit v hat ihren neuen End-Wert erreicht. Die Bedingung $\beta = 0°$ genau an der Stelle, wo die Übergangsbahn die End-Kreisbahn kreuzt oder trifft, wird aber nur erreicht, wenn am Beginn der Bewegung die Bedingung Gl. 3.5 eingehalten wird. In allen anderen Fällen kommt es auch unter Berücksichtigung der Drehbeschleunigung nicht zu einem Übergang in eine Kreisbahn.

Die Geometrie der halbkreisförmigen Übergangsbahn ergibt einen Verlauf für die Tangentialkomponente $F_t = m \cdot f \cdot \sin(\beta)$ in Abhängigkeit vom Winkel φ . Dieser spezielle Verlauf verändert die Geschwindigkeit v des Massenpunktes gerade so, dass genau nach $\Delta\varphi = 180°$ der Wert v der neuen stabilen Kreisbahn erreicht wird! Das ist kein Zufall, sondern trifft für alle möglichen Kombinationen der Anfangsparameter zu.

Die Besonderheiten der Übergangsbahn, die genau nach $\Delta\varphi=180°$ die neue Kreisbahn erreicht, sollen hier noch einmal zusammengefasst werden:

Die Übergangsbahn ist ein Halbkreisbogen. Die Evolute ist keine Kurve, sondern entartet in einen Punkt.

Wir wollen an dieser Stelle auch feststellen: Für die im Rahmen der EULERschen Mechanik berechneten Übergangsbahnen eines Massenpunktes sind in jedem Zeitpunkt alle drei Grundgesetze der Mechanik - NEWTONscher Impulssatz, Drehimpulssatz und Energiesatz - erfüllt!

Außerdem ist an dem Beispiel „Bewegung eines Massenpunktes auf einer Übergangsbahn" auch deutlich geworden, dass ein Massenpunkt sich auf einer Bahnkurve mit veränderlichem Krümmungsradius nur bewegen kann, wenn ein Energieaustausch möglich ist. Ein „echter" Massenpunkt kann selbst keine Rotationsenergie speichern, da sein Massenträgheitsmoment Θ verschwindet. In dem hier behandelten Beispiel nach Abb. 3-1 findet aber der Energieaustausch mit dem System statt, das die eingeprägte Fadenkraft erzeugt. In diesem Beispiel wird durch das Anheben der Masse m_G deren potentielle Energie vergrößert. Dies geschieht auf Kosten der kinetischen Energie (Translations-Energie) des Massenpunktes. Am Anfang und am Ende der Übergangsbahn muss durch die Fadenkraft dafür gesorgt werden, dass die Änderung des Krümmungsradius **stetig** verläuft!

Hier liegt das eigentliche Problem der Übergangsbahnen. Es gibt auch Übergangsbahnen, die abweichend von $\Delta\varphi = 180°$ in die neue stabile Kreisbahn einmünden. In diesem Falle muss am Anfang und am Ende der Bewegung auf der Übergangsbahn dafür gesorgt werden, dass der Krümmungsradius sich stetig verändert. HERTZ formulierte es einmal so [11, S.108]:

„···daß es aber in der Tat eine Erfahrung allgemeinster Art sei, dass die Natur im Unendlichkleinen überall und in jedem Sinne Stetigkeit aufweise, eine Erfahrung, die sich in dem alten Satze <natura non facit saltus> zu fester Überzeugung verdichtet hat."

Betrachtet man das hier verwendete mechanische Modell zur Berechnung der Übergangsbahn nach Abb. 3-1 etwas genauer, fällt auf, dass die eingeprägte Kraft F nicht richtig erfasst wurde. Das trifft für beide Berechnungen zu, deren Resultate in den Abb. 3-4 und Abb. 3-5 dargestellt sind. Die Kraft $F=m_G \cdot g$ wurde bewusst als eine echte Zentralkraft angenommen, die aus einer Potentialfunktion abgeleitet werden kann (Gravitationskraft). Die eingeprägte Kraft F wird mit Hilfe der Masse m_G im Gravitationsfeld der Erde erzeugt. Wenn man das Gewicht am Beginn der Bewegung auf der Übergangsbahn verringert, ist zunächst $F > m_G \cdot g$, da die Masse m_G erst beschleunigt werden muss. Diese Trägheitswirkung ist geschwindigkeitsabhängig und stört den konservativen Charakter (Ableitung aus einer Potentialfunktion) der eingeprägten Kraft. Eigentlich muss die Trägheitswirkung der Masse m_G bei der Berechnung der Übergangsbahn auch noch berücksichtigt werden. In diesem Falle würde sich auch der Krümmungsradius der Übergangsbahn stetig verändern. Die Evolute würde nicht in einen Punkt entarten, sondern sich ohne Sprünge vom Mittelpunkt des Ausgangskreisbogens entfernen. Die Übergangsbahn wäre dann auch kein Halbkreisbogen mehr, sondern eine Kurve mit stetigen Krümmungsänderungen. Die Drehbeschleunigung b wäre auf der gesamten Übergangsbahn vorhanden und würde die richtige Berechnung des Energieaustausches garantieren. Im Rahmen der NEWTONschen Mechanik wäre das aber nicht zu berechnen.

Das Beispiel der Übergangsbahn hat aber auch gezeigt, wie schwierig es ist, sich eine eingeprägte Kraft bei praktischen Aufgabenstellungen vorzustellen, die tatsächlich aus einer Potentialfunktion abgeleitet werden kann. Eine derartige Kraft wird in der Mechanik als konservativ bezeichnet. Eine eingeprägte Kraft mit konservativem Charakter war aber eine notwendige Bedingung für die Anwendung des „klassischen Drallsatzes". BAADE klammert hier bewusst alle Aufgabenstellungen aus dem Bereich der Kernphysik aus.

3.2 Flugbahn eines Speeres

Die Auswirkungen der Drehbeschleunigung lassen sich im täglichen Leben an vielen Erscheinungen beobachten. Es ist schon erstaunlich, dass es über 200 Jahre (BAADE geht hier vom Todesjahr EULERs aus) gedauert hat, ehe mit Hilfe der Drehbeschleunigung richtige Erklärungen für diese Effekte gegeben werden können. BAADE muss zugeben, dass er über dieses Problem sehr oft nachgedacht hat und deshalb bei der beruflichen Arbeit und besonders im privaten Leben behindert wurde.

Ein gutes Beispiel für das Auftreten der Drehimpulskraft im täglichen Leben ist die Flugbahn eines Speeres oder die Flugbahn eines Bumerangs. Am Beispiel der Flugbahn des Speeres lässt sich die Anwendung der Drehbeschleunigung b gut erklären. Die Abb. 3-6 zeigt auf der linken Seite die Flugbahn eines Speeres, wie man sie täglich beobachten kann.

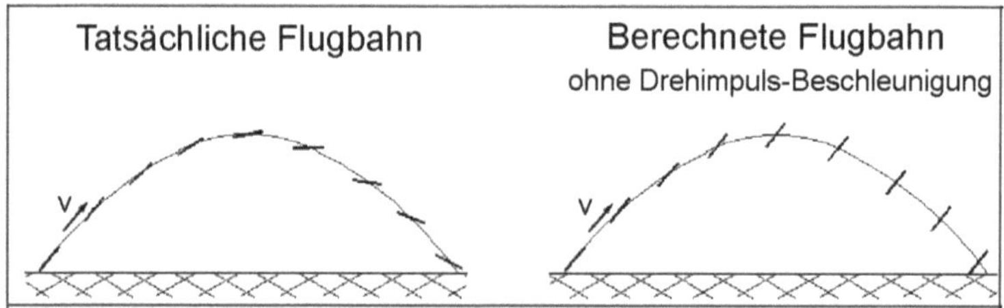

Abb. 3-6 Flugbahn eines Speeres

Die rechte Abbildung des Bildes Abb. 3-6 zeigt die Flugbahn des Speeres, wie sie sich aus Berechnungen auf der Grundlage der NEWTONschen Mechanik ergeben würde. Hierbei ist vorausgesetzt worden, dass die Bewegung unter Vernachlässigung der aerodynamischen Kräfte erfolgt. Der Massenmittelpunkt des Speeres bewegt sich dann exakt auf einer Parabel. Der Speer behält seine Richtung gegenüber einem ruhenden Koordinatensystem bei und führt keine Drehbewegung um den eigenen Massenmittelpunkt aus. Der Speer führt eine reine Translationsbewegung (keine Drehung) aus, während sein Massenmittelpunkt sich auf einer Wurfparabel bewegt.

Für die Abweichungen gegenüber der tatsächlichen Flugbahn (linkes Bild in Abb. 3-6) wird oft als Erklärung angegeben, dass bei der NEWTONschen Flugbahn die aerodynamischen Kräfte vernachlässigt wurden. Das ist aber physikalisch gesehen nicht richtig. Die resultierenden aerodynamischen Kräfte, Auftriebskraft und

Widerstandskraft, greifen an einem Punkt des Speeres an, der etwa bei einem Abstand von der Speerspitze von 1/3 der Speerlänge liegt, wie ein Fachmann auf dem Gebiet der Strömungsmechanik bestätigen kann. Sowohl die Auftriebskraft als auch die Widerstandskraft können deshalb nur eine Drehung des Speeres verursachen, die der beobachteten Drehung entgegengesetzt gerichtet ist. Für das in der Abb. 3-6 gezeichnete Beispiel ist das eine Drehung im mathematisch positiven Sinne (entgegen dem Uhrzeigersinn). Andere Kräfte müssen deshalb die beobachtete Drehung des Speeres verursachen.

Für die folgenden Ausführungen soll eine homogene Massenverteilung für den Speer vorausgesetzt werden. Der Massenmittelpunkt liegt dann genau in der Mitte des Speeres. Für BAADE dienten die folgenden Untersuchungen in erster Linie zum Studium der Wirkung der Drehbeschleunigung b und der Handhabung von Momenten-Betrachtungen in der Dynamik. Aerodynamische Kräfte wurden vernachlässigt, um die auftretenden Erscheinungen einfacher beurteilen zu können. In den 80er Jahren des vergangenen Jahrhunderts wurde von BAADE ein FORTRAN-Rechenprogramm erstellt und damit die Berechnung der Flugbahn des Speeres einmal im Rahmen der NEWTONschen Mechanik und zum anderen im Rahmen der EULERschen Mechanik durchgeführt. Im Jahre 2004 wurde dieses Programm für eine der heute weit verbreiteten Programmiersprache VBA (Visual-Basic für Applikationen) in Verbindung mit dem Datenbankprogramm Access unter Windows umgeschrieben. Hierbei wurden mehr Kommentarzeilen in das Quell-Programm aufgenommen, um einen interessierten Anwender die Einarbeitung in den Algorithmus zu erleichtern. Das Programm kann bei Interesse beim Autor angefordert werden. Die Anschrift ist im Anhang dieses Buches zu finden. Auf Einzelheiten der Berechnungen, bis auf eine Ausnahme, soll deshalb hier verzichtet werden. Die Einzelheiten des Rechenablaufes können aus dem Quellcode des Rechenprogramms mit Hilfe der Kommentarzeilen entnommen werden.

Aus dem rechten Bild der Abb. 3-7 ist die Ursache der Drehung des Speeres zu erkennen. Wir teilen näherungsweise die Masse des Speeres in drei einzelne Massenelemente auf, die durch eine masselose, biegesteife Stange verbunden sind. Für die reine Translationsbewegung des Speeres (linke Zeichnung der Abb. 3-7) haben alle Massenpunkte die gleiche Zentrifugalbeschleunigung. Der Punkt M_K ist nur der Krümmungsmittelpunkt der Bahnkurve für den Schwerpunkt. Führt der Speer aber eine gebundene Rotationsbewegung aus, ist der Punkt M_K der Krümmungsmittelpunkt aller Massenpunkte des Speeres. Wir wollen voraussetzen, dass der Speer bei Beginn der Bewegung bereits eine gebundene Drehung besitzt.

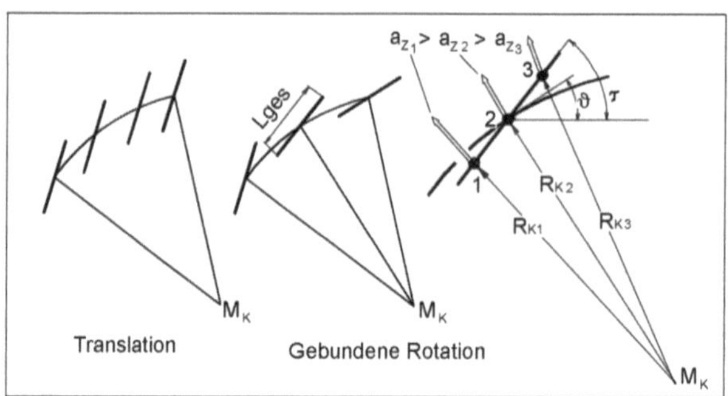

Abb. 3-7 Kräfte, die die Drehung des Speeres verursachen

Die drei Massenpunkte haben in diesem Falle unterschiedliche Zentrifugalkräfte. Die Resultierende der drei Zentrifugalkräfte greift im Massenmittelpunkt Punkt 2 an und steht im Gleichgewicht mit der entsprechenden Komponente der eingeprägten Kraft, die aus der Erdanziehungskraft resultiert. Das Kräftegleichgewicht ist exakt erfüllt. Es bleibt aber ein Drehmoment, dessen Ausgleich zunächst nicht klar zu erkennen ist. Die Größe und die Wirkung dieses Drehmomentes hängt besonders von dem Winkel $\tau - \vartheta$ ab. Das Drehmoment wirkt immer so, dass der Differenzwinkel $\tau - \vartheta$ möglichst klein wird. Der Speer wird gezwungen, sich mit seiner Drehung um den Massenmittelpunkt einer gebundenen Rotation anzunähern! Für das Drehmoment um den Massenmittelpunkt kann geschrieben werden:

$$M = 2 \cdot (\tfrac{1}{3} m_{ges} \cdot d_n) \tfrac{1}{3} l_{ges} \cdot \cos(\tau - \vartheta)$$

Mit d_n soll, wie im Abschnitt 2.6 bereits erläutert wurde, die zunächst nicht ausgeglichene Beschleunigung in Normalen-Richtung bezeichnet werden. Der Hebelarm für die an den Massenpunkten 1 und 3 angreifenden Differenzkräfte beträgt $1/3 \cdot l_{ges}$. Wir beziehen das Drehmoment M auf die Gesamtmasse m_{ges} des Speeres und erhalten:

$$\frac{M}{m_{ges}} = \frac{2}{9} \cdot l_{ges} \cdot \cos(\tau - \vartheta) \cdot d_n \qquad (3.6)$$

Der Wert für die in Normalen-Richtung wirkende Differenzbeschleunigung d_n kann an dieser Stelle zunächst nur abgeschätzt werden. Wie sie genau ermittelt werden kann, das wird im nächsten Abschnitt 3.3 gezeigt. Wenn man zunächst davon ausgeht, dass der Speer im betrachteten Augenblick bereits eine gebundene Rotation ausführt, kann die Differenzbeschleunigung d_n berechnet werden. Ausgangspunkt ist die folgende Beziehung zur Berechnung der Differenzbeschleunigung d_n :

$$d_n = v_2^2\, K_2 - v_1^2\, K_1 = v_2^2\, K_2 \left(1 - \frac{v_1^2\, K_1}{v_2^2\, K_2}\right)$$

Für eine gebundene Rotation ist $v_1 \cdot K_1 = v_2 \cdot K_2$ und man erhält:

$$d_n = v_2^2\, K_2 \left(1 - \frac{v_1}{v_2}\right) = v_2^2\, K_2 \left(1 - \frac{R_{K2}}{R_{K1}}\right)$$

Der maximale Wert ergibt sich, wenn die Winkeldifferenz $\tau - \vartheta = 90°$ beträgt. In diesem Fall ergibt sich:

$$d_{n\,max} = v_2^2 \cdot K_2^2 \cdot \frac{1}{3} \cdot l_{ges}$$

Für kleinere Winkel $\tau - \vartheta < 90°$ kann für d_n gesetzt werden:

$$d_n = v_2^2 \cdot K_2^2 \cdot \frac{1}{3} \cdot l_{ges} \cdot \sin(\tau - \vartheta) \tag{3.7}$$

Beide Gleichungen Gl. 3.6 und Gl. 3.7 wurden programmiert und sind Bestandteil des erwähnten Programms.

Bei der Differenzbeschleunigung d_n handelt es sich eigentlich nicht um eine auf die Masse bezogene Kraft, sondern um einen Bestandteil eines auf die Masse bezogenen Drehmomentes! Das ist aus der Abb. 3-7 sofort zu erkennen. Die Größe d_n ist ein Bestandteil eines Kräftepaares. Physikalisch gesehen ist d_n eine andere Grundgröße als etwa die NEWTONsche Beschleunigung. Die unterschiedlichen Eigenschaften wurden im Abschnitt 2.6 bereits erläutert.

Für ein Beispiel sind in der Tabelle 1 die berechneten Daten für die Flugbahn eines Speeres zusammengestellt. Das Programm berechnet die Daten mit einer sehr viel kleineren Schrittweite für das Zeitintervall. Im vorliegenden Beispiel betrug die Zeit-

Tabellen-Ausgabe "Speer"　　　　Länge des Speers in [m]: 2

Zeit [s]	x [m]	y [m]	Vx [m/s]	Vy [m/s]	V [m/s]	K [1/m]	Omega Speer [1/s]	teta [Grd]	tau [Grd]	F_t [m/s²]	F_n [m/s²]	$d_{b\text{-}t}$ [m/s²]
0,00	0,00	0,00	15,00	25,98	30,00	0,00001	0,000	60,0	60,0	-8,500	-4,910	0,00000
0,20	2,99	5,01	14,95	24,04	28,32	-0,00646	0,000	58,1	60,0	-8,330	-5,180	0,00000
0,40	5,98	9,64	14,95	22,08	26,67	-0,00773	0,000	55,9	60,0	-8,120	-5,500	0,00001
0,60	8,97	13,87	14,94	20,12	25,07	-0,00931	0,000	53,4	60,0	-7,880	-5,850	0,00003
0,80	11,96	17,71	14,94	18,16	23,52	-0,01127	0,000	50,6	59,9	-7,580	-6,230	0,00007
1,00	14,95	21,15	14,93	16,21	22,04	-0,01369	-0,010	47,3	59,9	-7,210	-6,650	0,00014
1,20	17,93	24,21	14,93	14,25	20,63	-0,01667	-0,020	43,7	59,7	-6,770	-7,100	0,00027
1,40	20,92	26,87	14,92	12,29	19,33	-0,02027	-0,030	39,5	59,4	-6,240	-7,570	0,00052
1,60	23,90	29,14	14,91	10,33	18,14	-0,02450	-0,050	34,7	59,0	-5,590	-8,060	0,00094
1,80	26,88	31,02	14,91	8,37	17,10	-0,02927	-0,080	29,3	58,3	-4,800	-8,550	0,00161
2,00	29,86	32,51	14,90	6,41	16,22	-0,03425	-0,120	23,3	57,2	-3,880	-9,010	0,00255
2,20	32,84	33,61	14,89	4,46	15,54	-0,03891	-0,170	16,7	55,5	-2,810	-9,400	0,00365
2,40	35,82	34,31	14,88	2,50	15,09	-0,04249	-0,230	9,5	53,3	-1,620	-9,670	0,00461
2,60	38,79	34,63	14,87	0,54	14,88	-0,04425	-0,300	2,1	50,3	-0,350	-9,800	0,00508
2,80	41,77	34,55	14,87	-1,43	14,94	-0,04377	-0,370	-5,5	46,5	0,940	-9,770	0,00487
3,00	44,74	34,07	14,86	-3,39	15,24	-0,04117	-0,430	-12,9	41,9	2,180	-9,560	0,00412
3,20	47,71	33,21	14,85	-5,36	15,79	-0,03702	-0,480	-19,8	36,7	3,330	-9,230	0,00315
3,40	50,68	31,95	14,84	-7,32	16,55	-0,03211	-0,530	-26,3	30,8	4,340	-8,800	0,00225
3,60	53,65	30,30	14,84	-9,29	17,50	-0,02714	-0,570	-32,0	24,5	5,210	-8,320	0,00153
3,80	56,62	28,26	14,83	-11,25	18,62	-0,02255	-0,600	-37,2	17,9	5,930	-7,810	0,00102
4,00	59,58	25,82	14,82	-13,22	19,86	-0,01856	-0,620	-41,7	10,9	6,530	-7,320	0,00066
4,20	62,55	22,99	14,82	-15,18	21,21	-0,01522	-0,640	-45,7	3,7	7,020	-6,850	0,00043
4,40	65,51	19,76	14,81	-17,15	22,66	-0,01249	-0,650	-49,2	-3,8	7,420	-6,410	0,00027
4,60	68,47	16,15	14,80	-19,11	24,18	-0,01028	-0,670	-52,2	-11,3	7,760	-6,010	0,00017
4,80	71,43	12,14	14,80	-21,08	25,75	-0,00850	-0,670	-54,9	-19,0	8,030	-5,640	0,00011
5,00	74,39	7,74	14,79	-23,04	27,38	-0,00707	-0,680	-57,3	-26,8	8,260	-5,300	0,00006
5,20	77,35	2,94	14,79	-25,01	29,05	-0,00592	-0,680	-59,4	-34,6	8,440	-4,990	0,00004
5,40	80,31	-2,25	14,79	-26,97	30,76	-0,00499	-0,690	-61,3	-42,5	8,600	-4,720	0,00002

Tabelle 3-1: Berechnete Daten der Flugbahn eines Speeres

schrittweite Δt =0,01 s. Nach 20 Zeitschritten werden die Daten in einer Tabelle ausgegeben. Der Abwurfwinkel betrug für das Beispiel ϑ = 60° und die Abwurfgeschwindigkeit v_0 = 30 m/s. Aerodynamische Kräfte wurden nicht berücksichtigt.

Besonders die beiden benachbarten Spalten mit den Spaltenüberschriften <teta> und <tau> sind hier zu beachten. Anhand der Zahlen kann die Drehung des Speeres um seine eigene Achse beurteilt werden. Die Daten für das in der Tabelle 1 dokumentierte Testbeispiel wurden auch grafisch ausgewertet. Das Ergebnis ist in einer maßstabgerechten Zeichnung in der Abb. 3-8 dargestellt.

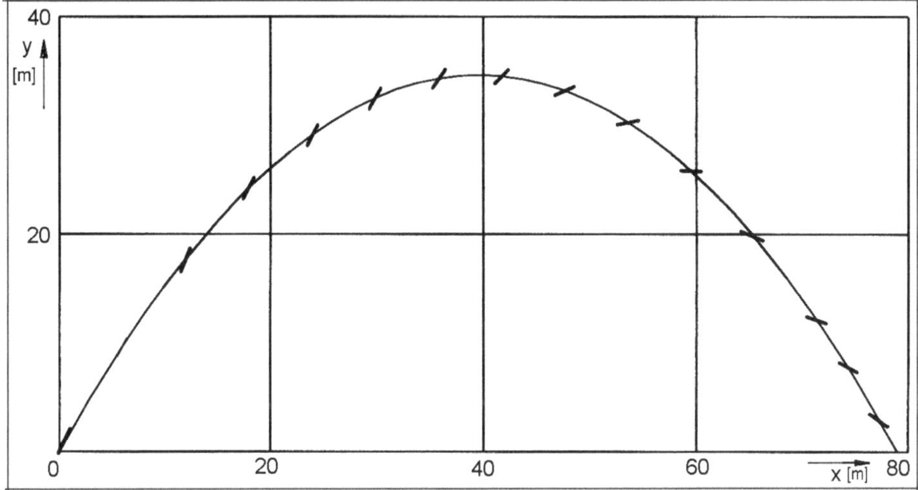

Abb. 3-8 Berechnete Flugbahn eines Speeres

3.3 Das rollende Rad

Um das Verständnis für die Eigenschaften der Drehbeschleunigung b zu vertiefen, hat BAADE bereits in den 80er Jahren des vergangenen Jahrhunderts die Dynamik bei der Bewegung eines rollenden Rades näher untersucht. Es ist allgemein bekannt, dass jeder einzelne Punkt am äußeren Umfang eines rollenden Rades in einem ruhenden Koordinatensystem betrachtet, sich auf einer Bahnkurve bewegt, die man in der Mathematik als eine gewöhnliche Zykloide bezeichnet. Diese Kurve weist in jedem Punkt Krümmungsänderungen auf und eignet sich daher zum Studium der Eigenschaften der Drehbeschleunigung b.

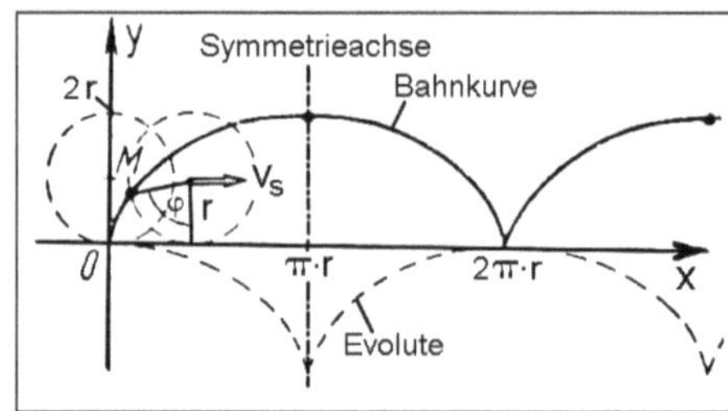

Abb. 3-9 Die Bahnkurve eines Massenpunktes eines rollenden Rades

Die Abb. 3-9 zeigt die Bahnkurve eines Massenpunktes am äußeren Umfang eines rollenden Rades. Der Mittelpunkt des Rades, der auch der Massenmittelpunkt des Rades ist, bewegt sich hierbei mit der konstanten Geschwindigkeit v_s auf einer geraden Linie. Der Winkel φ kennzeichnet einen Massenpunkt am Umfang des Rades. Die Winkelgeschwindigkeit mit der sich der Massenpunkt um den Radmittelpunkt bewegt beträgt $\omega_\varphi = v_s / r$. Nur so ist garantiert, dass das Rad ohne Gleiten abrollt.

Von BAADE wurden mit Hilfe eines Computer-Rechenprogramms Testrechnungen durchgeführt, um Klarheit über die Größenordnung der auftretenden Trägheitskräfte zu bekommen. Eine analytische Lösung wurde von Anfang an nicht verfolgt. Durch Integration der einzelnen Trägheitskräfte über alle am Radumfang verteilten Massenpunkte werden auch die Resultierenden der NEWTONschen Trägheitskraft und der Drehbeschleunigung b_{res} berechnet. Auch das Programm „Rad", ursprünglich in FORTRAN IV geschrieben, steht Interessenten in der Programmiersprache VBA in Verbindung mit dem Datenbankprogramm ACCESS auf Anfrage zur Verfügung (Anschrift von BAADE ist am Ende des Buches angegeben). Das Programm wurde so programmiert, dass auch andere Anwendungsfälle berechnet werden können. So können auch die Fälle berechnet werden, bei denen der Radmittelpunkt nicht auf einer Geraden, sondern auf einem Kreisbogen sich bewegt. Es kann auch der Fall berechnet werden, wenn die Winkelgeschwindigkeit ω_φ so gewählt wird, dass das Rad nicht abrollt, sondern im Punkt 0 der Abb. 3-9 gleitet. Bei all diesen Berechnungen wurde vom idealisierten Modell eines „starren Körpers" ausgegangen. Er kann als ein System von Massenpunkten angesehen werden, deren gegenseitige Abstände sich nicht verändern. Ein vollkommen starrer Körper kommt in der Natur nicht vor, er ist aber ähnlich wie der Massenpunkt ein überaus nützliches Modell in der Mechanik. Dies gilt besonders dann, wenn zunächst erst einmal grundlegende, wichtige Zusammenhänge erforscht werden müssen. Es bleibt zukünftigen Untersuchungen vorbehalten z.B. die Auswirkungen der Drehbeschleunigung b auf die inneren Spannungen des betrachteten Körpers zu erforschen.

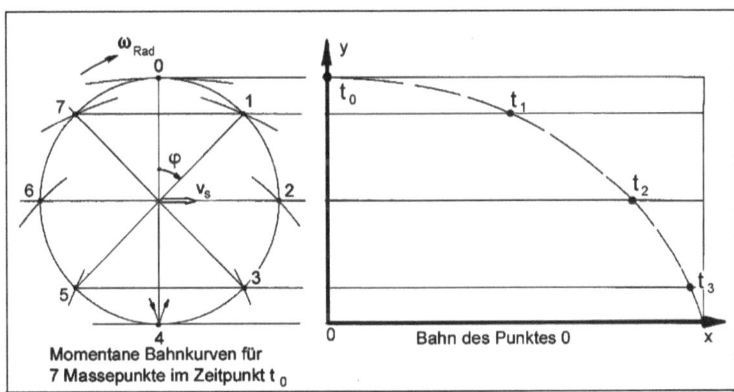

Abb. 3-10 Momentane Bahnkurven einzelner Massenpunkte eines rollenden Rades

Die Beispielrechnungen mit Hilfe des erwähnten Computer-Programms brachten für das rollende Rad ohne Gleiten, so wie es in der Abb. 3-10 dargestellt ist, ein unerwartetes Ergebnis. Alle Beispielrechnungen mit unterschiedlichen Radien r und Geschwindigkeiten v_s des rollenden Rades zeigten, dass für jeden Massenpunkt am äußeren Umfang des rollenden Rades für die Drehbeschleunigung b = - dv/dt gilt. Die

Drehbeschleunigung b wurde im Rechenprogramm nach der Gl. 2.17b, d.h. mit Hilfe der Krümmungsänderung dK/dt, berechnet. Die Beschleunigung für den Betrag der Geschwindigkeit dv/dt wurde aus der Kinematik der Bahnkurve berechnet. Für die Berechnung von dv/dt spielt die Größe dK/dt keine Rolle. Es war deshalb überraschend, dass alle Beispielrechnungen für das rollende Rad ohne Gleiten immer wieder den Zusammenhang b = - dv/dt bestätigten. Wie im Abschnitt 2.3 bis 2.5 erläutert wurde, ist die Drehbeschleunigung b nur ein Teil der gesamten Winkelbeschleunigung ϵ für den Tangenten-Einheitsvektor i_t des Massenpunktes. Für die gesamte Drehbeschleunigung gilt:

$$\epsilon = \frac{d\,\omega}{d\,t} = K \cdot \left(\frac{d\,v}{d\,t} + b \right)$$

Für diesen Spezialfall, das haben die Beispielrechnungen gezeigt, ist der Klammerausdruck null. Betrachten wir z.B. den Massenpunkt 0 auf seiner Bahnkurve vom Punkt x=0 bis zum Punkt x= $\pi \cdot r$. Auf diesem Teilstück verringert sich die Geschwindigkeit des Massenpunktes 0 von einem Maximalwert $v=v_S+r \cdot \omega_{Rad}$ bis auf v=0. Trotz der Verringerung der Geschwindigkeit bleibt die Winkelgeschwindigkeit ω der Drehung des Tangenten-Einheitsvektors konstant. Die Verringerung der Geschwindigkeit v wird durch die Zunahme der Krümmung K und die damit verbundene zusätzliche Drehung des Tangenten-Einheitsvektors ausgeglichen. Das gilt aber nur für die Massenpunkte, die genau auf dem äußeren Umfang eines rollenden Rades liegen. Der „Massenring", so soll dieser mechanische Modellkörper genannt werden, muss außerdem ohne Gleiten abrollen. Der momentane Berührungspunkt des Massenringes mit der Abrollebene hat in diesem Falle die Geschwindigkeit v = 0! Er ist das momentane Drehimpulszentrum D_E des rollenden Massenringes.

Weiterhin haben die Beispielrechnungen gezeigt, dass die NEWTONschen Trägheitskräfte, wenn man sie über alle Massenpunkte des Umfanges summiert, sich gegenseitig kompensieren. Eine resultierende Kraft bzw. Beschleunigung für ein auf einer Geraden gleichmäßig abrollenden Massenring gibt es nicht. Das war auch nicht zu erwarten, denn für die Beschleunigungen des NEWTONschen Impulssatzes gilt die Aussage der GALILEI-Transformation. Vom Rechenprogramm werden die beiden Komponenten der NEWTONschen-Trägheitsbeschleunigung a_T und a_Z für jeden

Massenpunkt getrennt berechnet und erst am Ende der Rechnung vektoriell addiert und aufsummiert. Auch für die Drehbeschleunigung b gilt für diesen Spezialfall, dass die Resultierende der Drehbeschleunigung aller Massenpunkte verschwindet. Ein Zahlenbeispiel dieser Berechnungen ist in der Tabelle 3-2 dargestellt. Um die Übersicht zu wahren, wurden in der Tabelle nur 20 Massenpunkte von den berechneten 720 Punkten ausgegeben.

Tabellen-Ausgabe "Rad"

Geschw. des Schwerpunktes:	10 [m/s]	Winkelgeschw. des Rades:	20 [1/s]	Anzahl der Massenpunkte :	720
Winkelgeschw. des Schwerpunkes.:	0 [1/s]	Radius des Rades:	0,5 [m]		

Phi [Grd]	Vx [m/s]	Vy [m/s]	V [m/s]	K [1/m]	tau [Grd]	b [m/s²]	dV/dt [m/s²]	an [m/s²]
0,00	20,00	0,00	20,0	5,000E-01	0,0	0,0	0,0	200,0
20,00	19,40	-3,42	19,7	5,077E-01	-10,0	34,7	-34,7	197,0
40,00	17,66	-6,43	18,8	5,321E-01	-20,0	68,4	-68,4	187,9
60,00	15,00	-8,66	17,3	5,774E-01	-30,0	100,0	-100,0	173,2
80,00	11,74	-9,85	15,3	6,527E-01	-40,0	128,6	-128,6	153,2
100,00	8,26	-9,85	12,9	7,779E-01	-50,0	153,2	-153,2	128,6
120,00	5,00	-8,66	10,0	1,000E+00	-60,0	173,2	-173,2	100,0
140,00	2,34	-6,43	6,8	1,462E+00	-70,0	187,9	-187,9	68,4
160,00	0,60	-3,42	3,5	2,879E+00	-80,0	197,0	-197,0	34,7
180,00	0,00	0,00	0,0	-6,566E+05	90,0	0,0	0,0	0,0
200,00	0,60	3,42	3,5	2,879E+00	80,0	-197,0	197,0	34,7
220,00	2,34	6,43	6,8	1,462E+00	70,0	-187,9	187,9	68,4
240,00	5,00	8,66	10,0	1,000E+00	60,0	-173,2	173,2	100,0
260,00	8,26	9,85	12,9	7,779E-01	50,0	-153,2	153,2	128,6
280,00	11,74	9,85	15,3	6,527E-01	40,0	-128,6	128,6	153,2
300,00	15,00	8,66	17,3	5,774E-01	30,0	-100,0	100,0	173,2
320,00	17,66	6,43	18,8	5,321E-01	20,0	-68,4	68,4	187,9
340,00	19,40	3,42	19,7	5,077E-01	10,0	-34,7	34,7	197,0
359,50	20,00	0,09	20,0	5,000E-01	0,3	-0,9	0,9	200,0

Summen:	y-Komponente		x-Komponente	
(dv/dt+b)y :	-0,1 [m/s²]	(dv/dt+b)x :	0,0 [m/s²]	
aty :	-99,7 [m/s²]	atx :	0,0 [m/s²]	
any :	100,0 [m/s²]	anx :	0,0 [m/s²]	
aty + any :	0,3 [m/s²]	atx + anx :	0,0 [m/s²]	

Tabelle 3-2: Rollendes Rad ohne Gleiten

Das Beispiel eines auf einer Geraden ohne Gleiten abrollenden Rades ist bezüglich der Bahngeometrie eine Besonderheit. Die Bahnkurven der einzelnen Massenpunkte stellen gewöhnliche Zykloiden dar, die im Berührungspunkt eine Unstetigkeit im

Verlauf des Tangenten-Einheitsvektors aufweisen. Jeweils ein Massenpunkt am äußeren Umfang des Rades hat im Berührungspunkt die Geschwindigkeit v=0. Der Krümmungsradius hat an dieser Stelle den Wert $R_K = 0$.

Werden nun bei gleicher Geschwindigkeit v_S des Massenmittelpunktes und gleicher Winkelgeschwindigkeit ω_{Rad} des Rades Massenpunkte untersucht, die im Inneren des Rades liegen, erhält man andere Ergebnisse. Die Bewegung des Massenmittelpunktes erfolgt hierbei noch auf einer Geraden. Wird der Radius r gegenüber dem Fall „ohne Gleiten" vergrößert, sind die Bahnkurven verlängerte Zykloiden. Wird der Radius r verringert, ergeben sich verkürzte Zykloiden als Bahnkurven. Die letztgenannte Bahnkurve zeichnet sich u.a. dadurch aus, dass der Verlauf der Krümmung Wendepunkte und damit Vorzeichenwechsel der Krümmung aufweist (siehe Abb. 3-11).

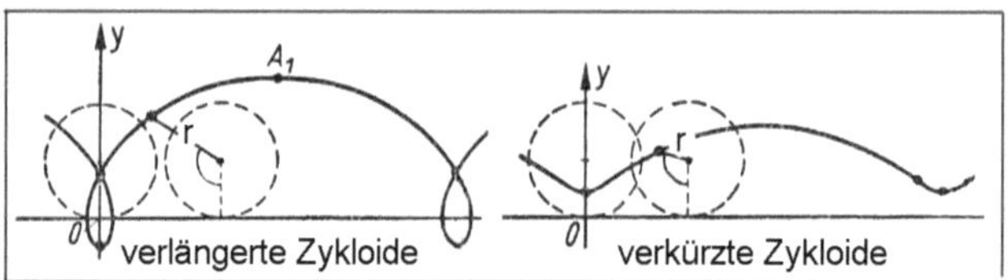

Abb.: 3-11 Bahnkurven verschiedener Zykloiden

Das Rechenprogramm gestattet es, dass auch die Beschleunigungen berechnet werden können, wenn der Massenmittelpunkt des Rades sich auf einem Kreisbogen bewegt. Die einzelnen Massenpunkte sind am äußeren Umfang des Rades gleichmäßig verteilt. Es können aber auch Bewegungen untersucht werden, wenn das um einen Massenschwerpunkt rotierende Massensystem nur aus zwei Punktmassen besteht. Die beiden Massenpunkte können dabei auch unterschiedliche eigene Massen und damit auch unterschiedliche Abstände vom Massenmittelpunkt haben.

Für das Erkennen von Zusammenhängen zwischen Rotationsbewegungen und Translationsbewegungen und die Rolle der Drehbeschleunigung hat das Programm „Rad" eine wichtige Rolle gespielt. Die wichtigsten Erkenntnisse sollen hier genannt werden.

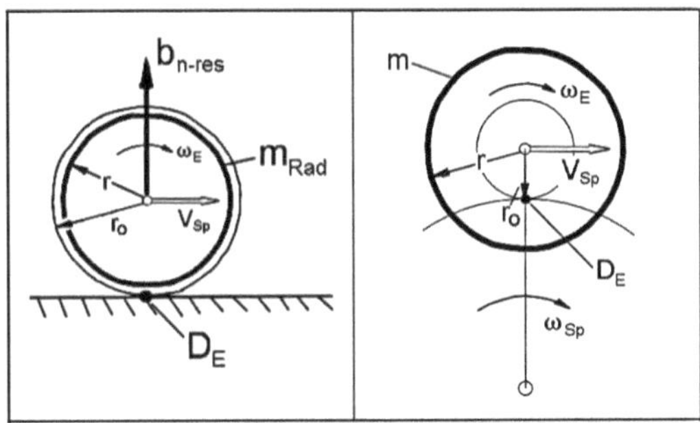

Abb. 3-12 Rotierender Massenring

Die Richtung der Schwerpunktgeschwindigkeit v_{Sp} wird als x-Richtung bezeichnet. Die Summation aller x-Komponenten der drei Beschleunigungsgrößen NEWTONsche Trägheitsbeschleunigung a_T und a_Z sowie die Drehbeschleunigung b ergibt nach der Integration in allen untersuchten Fällen den Wert Null. Das war nicht anders zu erwarten und erklärt sich aus der Symmetrie der Bahnkurven (Symmetrieachse ist die y-Achse). Bewegt sich der Massenmittelpunkt aber auf einer Bahnkurve mit veränderlicher Krümmung, ist das ganz anders.

Bleiben wir zunächst beim rollenden Rad auf einer geraden Ebene. Die Abb.3-12 zeigt links das mechanische Modell für dieses Beispiel. Die Winkelgeschwindigkeit ω_E wird so gewählt, dass für einen bestimmten Außenradius r_0 des Rades und der gewählten Schwerpunktgeschwindigkeit v_{Sp} das Rad nicht gleitet. Wird die Bewegung nun für diese konstante Winkelgeschwindigkeit $\omega_E = \omega_{Rad}$ aber mit einem kleineren Radius r untersucht, erhält man folgendes Ergebnis. Die Bahnkurve ist eine verkürzte Zykloide, die Wendepunkte im Krümmungsverlauf haben. Diese Bahnkurven sind bezüglich der auftretenden Kräfte besonders unangenehm. Bei Bewegungen im dreidimensionalen Raum kann dieser Fall gar nicht auftreten. Die Krümmung von Raumkurven ist immer positiv oder null, wie die Differentialgeometrie lehrt. Für die Massenpunkte im Inneren eines rollenden Rades heben sich die Drehbeschleunigungen b nicht mehr gegenseitig auf. Es verbleibt eine resultierende Drehbeschleunigung b_{n-res}, die in y-Richtung nach oben weist. Sie hat auf die Fortbewegung des Rades zunächst keinen Einfluss, da sie normal zur Schwerpunktgeschwindigkeit v_{Sp} gerichtet ist.

Durch Variation der Einflussparameter v_{Sp}, ω_E, r des Massenringes wurde herausgefunden, dass sich die resultierende Drehbeschleunigung $b_{n\text{-res}}$ durch je eine einzige Kurve mit dem Parameter ω_{Sp}/ω_E darstellen lässt, indem man $b_{n\text{-res}}$ auf die Zentrifugalbeschleunigung a_{Z0} am Radius r_0 bezieht. Die Zentrifugalbeschleunigung wird folgendermaßen definiert:

$$a_{Z0} \;=\; r_0 \cdot \omega_E^2 \;=\; v_{Sp} \cdot \omega_E \qquad\qquad (3.8)$$

Der Radius r_0 ist ebenfalls ein charakteristischer Radius für die Rotationsbewegung eines Massenringes. Dieser Radius wird berechnet nach der folgenden Beziehung:

$$r_0 \;=\; \frac{v_{Sp}}{\omega_E} \qquad\qquad (3.9)$$

Dieser Radius r_0 bestimmt die Lage eines Punktes, der bei der Bewegung eines Massenringes momentan ruht. Dieser Punkt wurde bereits im Abschnitt 2.10 erwähnt und als Drehimpulszentrums D_E eines rotierenden Körpers mit endlichen Abmessungen bezeichnet. Er muss nicht unbedingt mit einem tatsächlichen Punkt des Massenringes zusammenfallen.

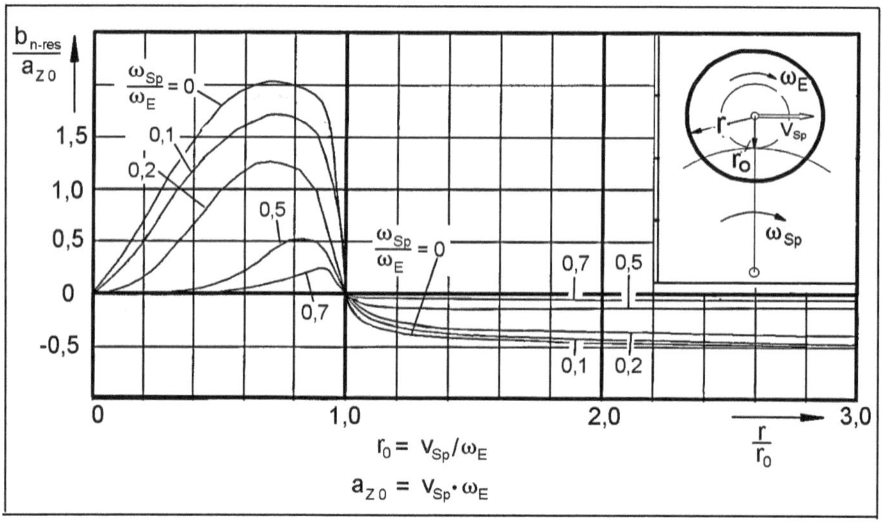

Abb. 3-13 Resultierende Drehbeschleunigung eines rollenden Rades

Einen Teil der Ergebnisse ist in der Abb. 3-13 zusammengefasst. Die Kurve mit dem Parameter $\omega_{Sp}/\omega_E = 0$ erfasst im Radienbereich $r/r_0 <= 1$ das rollende Rad ohne Gleiten auf einer geraden Ebene ($\omega_{Sp}=0$). Für den Außenradius $r=r_0$ ist die resultierende Drehbeschleunigung $b_{n\text{-res}} = 0$. Dies wurde weiter oben bereits erwähnt. Die Masse eines realen Rades ist natürlich nicht auf diesen Außenradius $r=r_0$ konzentriert. Bereits für einen Massenring, der bei einem Radius von ca. $r=0,8 \cdot r_0$ liegt, ergibt sich nach Abb. 3-13 eine resultierende Drehbeschleunigung $b_{n\text{-res}} = 2,0 \cdot a_{Z0}$. Sie ist für das Rad, das sich auf einer geraden Ebene bewegt, nach oben gerichtet.

Für das gesamte Rad muss man je nach tatsächlicher Massenverteilung (z.B. unterschiedliche Raddicke in Achsrichtung) durch Integration und Beachtung der Abb. 3-13 eine Gesamtkraft errechnen. Sie kann bei Hochgeschwindigkeits-Fahrzeugen beachtliche Größenordnungen erreichen. Sie wirkt senkrecht zur Schwerpunktgeschwindigkeit v_{Sp} und wirkt wie eine aerodynamische Auftriebskraft. Sie kann natürlich keine Arbeit leisten, vermindert aber den Anpressdruck der Räder, was sich nachteilig auf die Übertragung der Antriebskräfte auswirkt. Diese mechanische Auftriebskraft wird allerdings zum Teil durch den aerodynamischen Unterdruck am Fahrzeugboden kompensiert. Bei Rädern, die sich mit hohen Translationsgeschwindigkeiten v_{Sp} bewegen, kommt es im Inneren des Rades zu erheblichen Spannungen und damit auch zu Verformungen. Gerade die Drehbeschleunigung b verursacht hier zwischen den Radien $0,6 < r/r_0 < 0,9$ große Spannungen. Hierbei ist aber anzumerken, dass schon geringe Verformungen, hervorgerufen durch diese Kräfte, die realen Krümmungsänderungen gerade in den Bereichen, wo die Krümmung ihr Vorzeichen wechselt, deutlich verringern. Das muss aber durch zukünftige Forschungsarbeiten näher untersucht werden.

Das Diagramm der Abb. 3-13 erfasst aber auch weitere Bewegungsvorgänge. Gehen wir davon aus, dass der Massenring mit seinem Massenmittelpunkt sich nicht auf einer Geraden, sondern auf einem Kreisbogen bewegt. In diesem Falle ist die Winkelgeschwindigkeit $\omega_{Sp} > 0$. Der Radius des Kreisbogens ist durch v_{Sp} und ω_{Sp} bestimmt. Wenn der Parameter ω_{Sp}/ω_E größer wird, verringert sich die resultierende Drehbeschleunigung $b_{n\text{-res}}$. Für den Spezialfall der gebundenen Rotation beträgt das

Verhältnis $\omega_{Sp}/\omega_E=1$. In diesem Falle gilt für die resultierende Drehbeschleunigung $b_{n\text{-res}}=0$ für alle Radien r des Massenringes.

Bei der Bewegung des Massenmittelpunktes mit der Geschwindigkeit v_{Sp} auf einem Kreisbogen ist natürlich die resultierende Zentrifugalbeschleunigung $a_{Z\text{-res}}>0$. Handelt es sich hierbei nicht um ein rollendes Rad, das ohne Gleiten auf diesem Kreisbogen abrollt, ist noch folgende Erkenntnis aus den Testrechnungen zu erwähnen. Wir setzen voraus, dass die Eigendrehung ω_E im Verhältnis zur Winkelgeschwindigkeit ω_{Sp} genügend groß ist. Außerdem muss der Radius r des Massenringes größer als der Abstand r_0 des momentanen Drehzentrums vom Massenmittelpunkt sein. In diesem Falle befindet sich das momentane Drehzentrum D_E innerhalb des Massenringes und im Diagramm Abb. 3-13 befinden wir uns jetzt bei Abszissenwerten $r/r_0>1$. In einem Bereich für die Lage des Drehimpulszentrums von etwa $1<r/r_0<1,2$ gibt es einen Punkt, für den gilt $b_{n\text{-res}}=a_{Z\text{-res}}$ für die resultierende Drehbeschleunigung. In diesem Falle bewegt sich der Massenring mit dem Radius r auf einem Kreisbogen mit einem Radius $r_{Sp}=v_{Sp}/\omega_{Sp}$. Für diese Bewegung des Massenmittelpunktes auf einem Kreisbogen ist keine eingeprägte Kraft erforderlich, die das Kräftegleichgewicht mit der Zentrifugalkraft garantiert. Diese Rolle übernimmt die resultierende Drehbeschleunigung $b_{n\text{-res}}$. Das Kräftegleichgewicht hängt stark von der Eigendrehung ω_E des Massenringes und von der Lage des Drehimpulszentrums r/r_0 ab. Diese Bewegungsform ist von der Bewegung des Bumerangs bekannt. Eine Erklärung für die Bumerang-Bewegung gab es bisher nicht und eine Berechnung der Bumerangbahn war bis zum gegenwärtigen Zeitpunkt nicht möglich.

3.4 Elastisch gelagerte Kurvenscheibe und Massenpunkt

Das folgende Beispiel ist einfach, aber gut geeignet, die dynamischen Vorgänge bei der Bewegung eines Körpers auf einer Bahn mit veränderlichem Krümmungsradius zu verstehen. In der Abb. 3-14 ist eine Kurvenscheibe mit einem Kreis als Außenkontur dargestellt. Um diese Kurvenscheibe ist ein nicht dehnbarer, masseloser Faden gewickelt. Am Ende dieses Fadens ist ein Körper mit der Masse m befestigt. Er wird als punktförmige Masse idealisiert. Die Schwerkraft soll bei diesem Gedankenexperiment keine Rolle spielen. Geeignete Maßnahmen, welche die Schwerkraft unwirksam machen, kann man sich leicht vorstellen und sollen hier nicht näher erläutert werden.

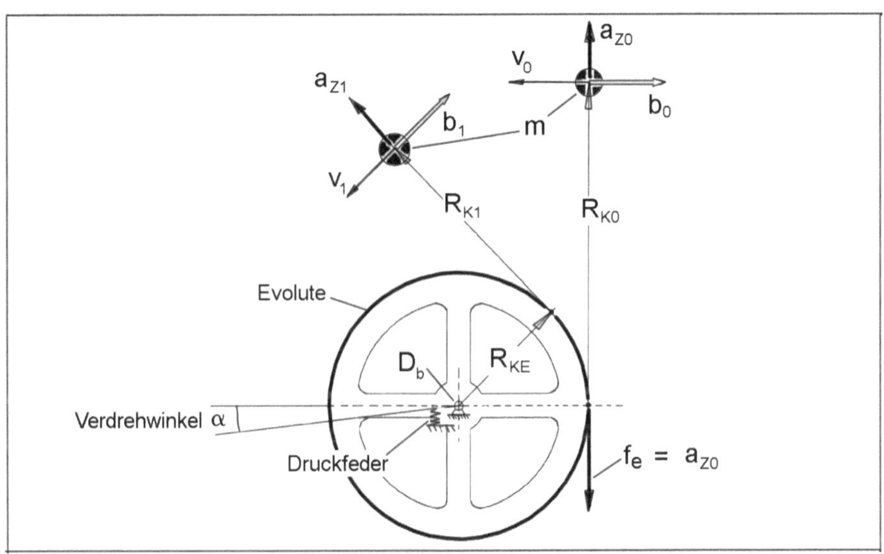

Abb. 3-14 Kurvenscheibe und Massenpunkt

Zunächst soll vorausgesetzt werden, dass die Kurvenscheibe starr gelagert ist und damit auch keine Eigenbewegung ausführen kann. Der Massenpunkt m hat die Anfangsgeschwindigkeit v_0 und bewegt sich - wie in der Abb. 3-14 dargestellt ist - entgegen dem Uhrzeigersinn von der Position 0 zur Position 1.

Für die Bewegung des Massenpunktes stellt die Außenkontur der Kurvenscheibe die Evolute seiner Bahnkurve dar. In jedem Zeitpunkt bildet der Faden zwischen

Massenpunkt und Berührungspunkt an der Kurvenscheibe den Krümmungsradius (Betrag und Richtung) der Bahnkurve.

Es soll nun untersucht werden, wie sich die Geschwindigkeit v des Massenpunktes bei der Bewegung verändert. Bei oberflächlicher Betrachtung ist man zunächst geneigt, anzunehmen, dass sich die Geschwindigkeit v in dem Maße vergrößert, wie R_K bzw. die Länge des geraden Teiles des Fadens sich verringert. Diese Vermutung ist aber nicht richtig!

Der Faden zwischen Massenpunkt und Berührungspunkt an der Kurvenscheibe steht immer senkrecht zur Bahnkurve von m. Die Fadenkraft kann daher keine tangentiale Komponente in Richtung von v haben, die beschleunigend oder verzögernd auf den Massenpunkt m wirken könnte. Wenn der Massenpunkt seine kinetische Energie durch Zunahme von v vergrößert, könnte diese Energie nur von der Kurvenscheibe stammen. Die Schwerkraft hatten wir ausgeschlossen. Nur mit der Kurvenscheibe tritt der Massenpunkt bei seiner Bewegung in Wechselwirkung. Bei einer starren Lagerung der Kurvenscheibe kann die Kurvenscheibe keine Energie speichern, die die Kurvenscheibe dann unter Umständen an den Massenpunkt übertragen könnte.

Tatsächlich bleibt die Geschwindigkeit v des Massenpunktes trotz Verringerung des Krümmungsradius R_K konstant. Es erfolgt kein Energieaustausch zwischen Massenpunkt und Kurvenscheibe. Für den Massenpunkt ist in tangentialer Richtung sowohl die Beschleunigung durch die Fadenkraft $F_e = f_e \cdot m = 0$ als auch die Trägheitsbeschleunigung $a_T = 0$. Das Kräftegleichgewicht in radialer Richtung ist ebenfalls erfüllt, denn es gilt für jeden Punkt der Bahn:

$$m \cdot (a_z - f_e) = 0$$

Auch das Drehmomenten-Gleichgewicht um das Drehimpulszentrum D_b ist erfüllt:

$$m \cdot (a_z - f_e) \cdot R_{KE} = 0$$

Der Krümmungsradius R_{KE} der Evolute ist identisch mit dem Radius der Kurvenscheibe. Der NEWTONsche Impulssatz, der Drehimpulssatz und der Energiesatz sind erfüllt!

Die Verhältnisse ändern sich, wenn die Kurvenscheibe elastisch gelagert ist. In der Abb. 3-14 ist dies durch eine Druck-Feder in der Mitte der Kurvenscheibe angedeutet. Man kann sich aber auch vorstellen, dass die Kurvenscheibe über einen Torsionsstab mit dem Fundament verbunden ist. Bei einer Bewegung des Massenpunktes entgegen dem Uhrzeigersinn nach Abb. 3-15 nimmt selbst bei v=konst. infolge der Abnahme des Krümmungsradius die Fadenspannung ständig zu. Die Torsionsfeder muss eine zunehmend größere Gegenkraft zur Zentrifugalkraft aufbringen; sie wird stärker gespannt. In der Torsionsfeder wird potentielle Energie gespeichert, die vom bewegten Massenpunkt aufgebracht werden muss. Die kinetische Energie des Massenpunktes muss daher abnehmen.

Hier wird ein bis heute nicht richtig erkannter Effekt deutlich. Bisher ist man stets davon ausgegangen, dass nur Kräfte, die in tangentialer Richtung wirken, Arbeit leisten können.

Wie das eben erläuterte Beispiel zeigt, kann ein Massenpunkt bei seiner Bewegung Energie an ein anderes System abgeben, mit dem er über die Kräfte normal zum Vektor der Bahngeschwindigkeit in Wechselwirkung tritt! Ein in der Mechanik bisher kaum beachteter Effekt. Eine wichtige Bedingung für die Arbeitsübertragung ist aber, dass der örtliche Krümmungsradius der Bahnkurve sich verändert. In diesem Falle entsteht durch den Drehimpulssatz infolge der in Normalen-Richtung auftretenden „verlorenen Kräfte" eine in tangentialer Richtung wirkende Drehimpulskraft b. Der Energieaustausch kann mit Hilfe der bekannten Definitionsgleichung für die mechanische Arbeit aus der Drehimpulskraft berechnet werden.

Nach dieser wichtigen Feststellung wenden wir uns wieder dem Gedankenexperiment nach Abb. 3-14 zu. Analog zur Gl. 2.32a im Abschnitt 2.6, die für das Kräftegleichgewicht in tangentialer Richtung gilt, kann nach Gl. 2.32b für die Normalen-Richtung die „verlorene Beschleunigung" eingeführt werden:

$$d_{b\text{-}n} = a_Z - f_e$$

Der Angriffspunkt der „verlorenen Kraft" $m \cdot d_{b-n}$ bewegt sich auf der Evolute mit der Geschwindigkeit dR_K/dt und leistet hierbei Arbeit:

$$\frac{dW}{dt} = \frac{dR_K}{dt} \cdot m \cdot (a_z - f_e) \quad [\tfrac{Nm}{s}] \qquad (3.10)$$

Mit W ist die in der Torsionsfeder gespeicherte elastische Energie bezeichnet. Das rücktreibende Drehmoment M_T ist proportional dem Verdrehwinkel δ , wobei mit k_T die Torsionsfederkonstante bezeichnet wird:

$$M_T = k_T \cdot \delta \; ; \qquad k_T [\tfrac{Nm}{grd}]$$

Die Torsionsfederkonstante soll als konstant vorausgesetzt werden. Für die in der Torsionsfeder gespeicherte Energie ergibt sich:

$$W = \int M_T \cdot d\delta = \tfrac{1}{2} \cdot k_T \cdot \delta^2$$

$$W = \tfrac{1}{2} \cdot \tfrac{1}{k_T} \cdot M_T^2$$

Die Fadenkraft beträgt: $\qquad F_e = m \cdot a_z$

Die in der Torsionsfeder gespeicherte Energie beträgt dann:

$$W = \tfrac{1}{2} \cdot \tfrac{1}{k_T} \cdot (m \cdot R_{KE})^2 \cdot a_z^2 \qquad (3.11)$$

Wie im Abschnitt 2.6 abgeleitet wurde, folgt aus dem Drehimpulssatz nach Gl. 2.32c eine zusätzliche tangentiale Beschleunigung $d_{b-t}=b$, wenn das Kräftegleichgewicht in Normalen-Richtung gestört ist:

$$b = -\frac{1}{v} \cdot \frac{dR_K}{dt} \cdot (a_z - f_e)$$

Für den Klammerausdruck kann mit Hilfe der Gl. 3.8 die Änderung der Torsionsenergie eingesetzt werden:

$$b = -\frac{1}{m \cdot v} \cdot \frac{dW}{dt} \qquad (3.12)$$

Der Faden zwischen Kurvenscheibe und Massenpunkt m fällt mit der Richtung des momentanen Krümmungsradius der Bahnkurve zusammen. Durch die Fadenkraft kann damit keine tangentiale Komponente f_t übertragen werden. Damit lautet für den Massenpunkt das Kräftegleichgewicht in tangentialer Richtung:

$$\frac{d\,v}{d\,t} = b$$

bzw. unter Beachtung der Gl. 3.10 :

$$\frac{d\,v}{d\,t} = -\frac{1}{m\cdot v}\cdot\frac{d\,W}{d\,t}$$

Durch Integration dieser Gleichung erhält man:

$$\frac{1}{2}\cdot v^2 = \text{konst.} - \frac{W}{m}$$

$$v^2 = \text{konst.} - \frac{m\cdot R_{KE}^2}{k_T}\cdot\frac{v^4}{R_K^2} \tag{3.13}$$

Das ist die Bestimmungsgleichung für die Bahngeschwindigkeit $v = f(R_K)$ des Massenpunktes. Wenn die Torsionsfederkonstante extrem groß ist, ändert sich die Geschwindigkeit des Massenpunktes m nicht.

Wenn die Federkonstante k_T dagegen hinreichend klein ist (elastische Lagerung), nimmt die Geschwindigkeit v bei einer Bewegung des Massenpunktes entgegen dem Uhrzeigersinn ab. Die Abnahme lässt sich nach Gl. 3.13 berechnen.

Nur mit Hilfe des NEWTONschen Impulssatzes ist das einfache mechanische Problem nicht zu lösen. Erst durch die Anwendung des Drehimpulssatzes kann der Energieaustausch zwischen dem Massenpunkt und der elastisch gelagerten Kurvenscheibe quantitativ erfasst werden. Das einfache Beispiel der Bewegung eines Massenpunktes um eine Kurvenscheibe hat deutlich gemacht, welche Bedeutung die aus dem Drehimpulssatz abgeleitete Drehimpuls-Beschleunigung b in der Mechanik hat. Sie spielt insbesondere bei den Energieaustauschvorgängen zwischen den in Wechselwirkung tretenden mechanischen Systemen eine Rolle. Hierbei geht es um Austauschvorgänge normal zur eigentlichen Bewegungsrichtung des Massenpunktes.

4 Anwendungen auf die Bewegung starrer Körper im Gravitationsfeld

4.1 Rotationsschwankungen der Erde

Die Himmelsmechanik hat sich zur Überprüfung physikalischer Gesetze oder Messmethoden oft als sehr zweckmäßig erwiesen. Der Einfluss von Störeinflüssen ist meist gering. Unmittelbar nach Entdeckung der Drehbeschleunigung b hat BAADE sich mit den fachlichen Besonderheiten der Himmelsmechanik beschäftigt [10]. Wenn die Drehbeschleunigung b existiert, muss sie am Beispiel der Krümmungsänderungen der Planetenbahnen nachweisbar sein. Es muss zu Schwankungen der Eigendrehung ω_E der Planeten kommen. Im „Zentralinstitut für Physik der Erde der Akademie der Wissenschaften der DDR" in Potsdam konnte er sich 1984 von der Richtigkeit seiner Vermutung überzeugen. Mehrere Geophysiker unter Leitung von Dr. BUSCHMANN *) beschäftigten sich damals mit den Rotationsschwankungen der Erde. Die Erdrotation diente bis 1955 als gesetzliche Grundlage für die Ableitung der so genannten „astronomischen" Zeiteinheit. Bis 1966 hat man die Bewegung der Erde um die Sonne zur Bestimmung der Zeiteinheit mit herangezogen. Ab 1967 wurde die Sekunde dann quantenphysikalisch mit Hilfe von Atomuhren festgelegt, weil eine höhere Genauigkeit gefordert wurde. Die Schwankungen in der Erdrotation erreichen über mehrere Tage einige tausendstel Sekunden. Die Erdrotation wird auch heute noch sowohl durch Messung der Fixsterne als auch vor allem mit hoch genauen modernen Satellitenverfahren ständig überwacht. Die dort ermittelten Messdaten zeigen einen eindeutigen Verlauf im Laufe eines Jahres auf. Die Eigenrotation der Erde ändert sich im Verlauf eines Jahres wie eine Sinusfunktion mit einer doppelten Periode und einer Amplitude von ca. 10 ms. Der Zusammenhang dieser Rotationsschwankungen der Erde mit den Krümmungsänderungen der elliptischen Bahnkurve der Erde ist offensichtlich.

In den Jahren 1984 bis 1989 wurden von BAADE Berechnungen der Rotationsschwankungen durchgeführt. Die Technische Universität Magdeburg hat allerdings BAADE ausdrücklich jede Veröffentlichung im Zusammenhang mit der

---

*) Für die interessanten und wissenschaftlich auf hohem Niveau geführten Diskussionen möchte sich der Verfasser dieses Buches bei Herrn Dr. Buschmann an dieser Stelle noch einmal ganz herzlich bedanken.

Drehimpulskraft untersagt. Erst unmittelbar nach der politischen Wende im Jahre 1990 konnte BAADE das Manuskript für die Veröffentlichung [3] in der Zeitschrift „Astronautik" einreichen. Die Veröffentlichung enthält leider Fehler, die bei der Redaktion der Zeitschrift durch das handschriftliche Abschreiben der Formeln entstanden sind. Eine Fahnenkorrektur war dem Verfasser nicht möglich, obwohl die Redaktion rechtzeitig die Unterlagen für eine Fahnenkorrektur abgeschickt hatte. Diese Unterlagen erhielt BAADE auf dem Postweg erst einige Monate später zu einem Zeitpunkt, an dem eine Korrektur nicht mehr möglich war.

Die mathematischen Ableitungen wurden im heliozentrischen Koordinatensystem durchgeführt. In der Himmelsmechanik ist es üblich, den Koordinatenursprung in den Sonnenmittelpunkt zu legen. Für BAADE erschien es aber zweckmäßiger, den Ellipsenmittelpunkt als Koordinatenursprung zu wählen, um die Symmetrie-Eigenschaften der Ellipse besser zur Berechnung der Krümmungsänderungen ausnutzen zu können.

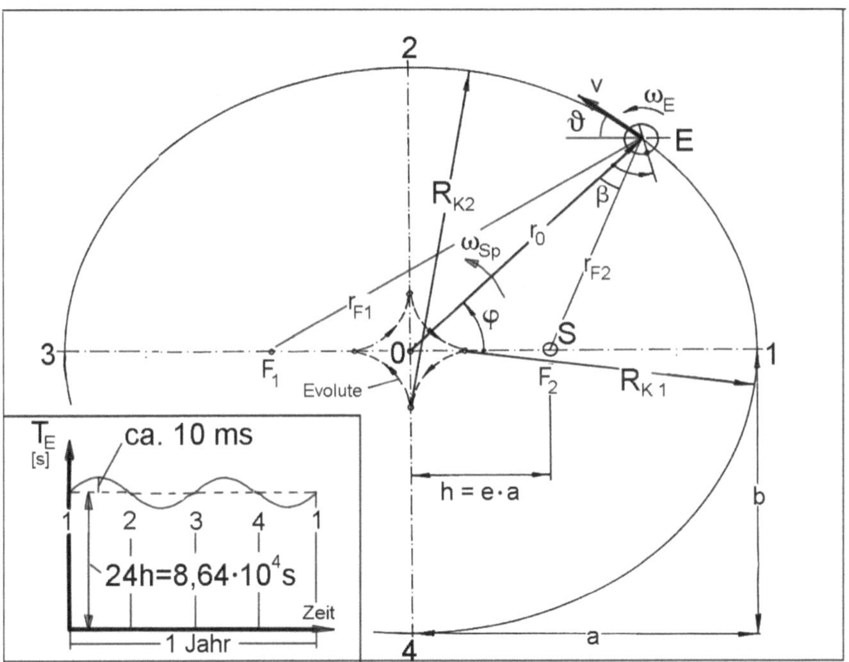

Abb. 4-1 Rotationsschwankungen der Erde

Die Krümmung ist für jeden Punkt der Ellipse mathematisch exakt nach der übersichtlichen Gleichung

$$K(\varphi) = \frac{a \cdot b}{\left(r_{F1} \cdot r_{F2}\right)^{3/2}} \tag{4.1}$$

zu berechnen. Die beiden Brennpunktstrahlen r_{F1} und r_{F2} können für jeden Winkel φ und der festen Strecke h leicht von einem Computerprogramm berechnet werden. Das trifft auch für den Winkel β zu. Für die Berechnung der Rotationsschwankungen der Erde ist aber die Gl. 4.1 gar nicht erforderlich. Sie wurde hier nur erwähnt, da BAADE mit dem Rechenprogramm zur Berechnung der Rotationsschwankungen der Erde auch das klassische Zweikörperproblem bezüglich des Kräfte- und Momentengleichgewichtes überprüft hat. Mehr darüber im folgenden Abschnitt 4.2.

Für die Berechnung der Rotationsschwankungen sind nur die Krümmungen in den Scheitelpunkten der Ellipse erforderlich. Der Scheitelpunkt einer Kurve ist der Punkt, wo die Krümmung Extremwerte annimmt und die Evolute eine Spitze hat. In diesem Punkt ist das momentane Drehzentrum D_{Sp} für die Schwerpunktbewegung gleichzeitig auch ein Punkt der Evolute. Das Drehzentrum D_{Sp} und der Anfangspunkt des Krümmungsradius R_K fallen zusammen (siehe Abb. 4-1). In den Scheitelpunkten der Ellipse kann die Krümmung mit Hilfe der aus der Differentialgeometrie bekannten Beziehungen berechnet werden:

$$K_{min} = \frac{b}{a^2} \qquad K_{max} = \frac{a}{b^2} \tag{4.2}$$

Die Abb. 4-1 ist keine maßstäbliche Zeichnung. Die numerische Exzentrizität der in der Abb. 4-1 gezeichneten Ellipse ist sehr viel größer als die der Erdbahn. Für die numerische Berechnung der Rotationsschwankungen ist es ausreichend, aber auch sinnvoll, die momentane Bahngeschwindigkeit v_{Sp} des Erd-Schwerpunktes als konstant anzusehen. Der numerische Fehler, hervorgerufen durch diese Vereinfachung, liegt unter 1 %. Er wird durch die Ungenauigkeit der Ermittlung des Massenträgheitsmomentes der Erdkugel überdeckt. Für eine näherungsweise konstante Bahngeschwindigkeit gibt es zwischen dem Winkel φ des gewählten Koordinatensystems und der Zeit t den einfachen Zusammenhang:

$$\varphi = \omega_{Sp} \cdot t$$

Der Krümmungsverlauf zwischen den Scheitelpunkten der Ellipse wird durch eine einfache trigonometrische Funktion approximiert

$$K = K_m + \triangle K \cdot \cos(2 \cdot \omega_{Sp} \cdot t) \qquad (4.3)$$

$$\text{mit } K_m = 0,5 \cdot (K_{min} + K_{max}) \text{ und } \triangle K = 0,5 \cdot (K_{max} - K_{min})$$

Eine wichtige Grundgleichung für die Bestimmung der Bahn von Himmelskörpern ist das von NEWTON entdeckte Gravitationsgesetz. Danach beträgt die Anziehungskraft zweier Massen, die einen gegenseitigen Abstand r_0 voneinander haben:

$$\vec{F}(r_0) = -\gamma_G \frac{m_K \cdot M_G}{r_0^2} \cdot \frac{\vec{r_0}}{r_0} \qquad \text{mit } \vec{i_{r_0}} = \frac{\vec{r_0}}{r_0} \qquad (4.4)$$

Im Folgenden wollen wir die Bewegung eines Himmelskörpers mit der Masse m_K im Gravitationsfeld eines Zentralgestirns mit der Masse M_G betrachten. Dieses Zentralgestirn soll z.B. die Sonne sein. Das Zentralgestirn übt auf den umlaufenden Himmelskörper eine Anziehungskraft F aus. Beziehen wir diese Kraft F auf die Masse m_K des betrachteten Himmelskörpers, erhalten wir für die Gravitationsbeschleunigung, die das Gravitationsfeld des Zentralgestirns mit der Masse M_G hervorruft:

$$f_\gamma = \gamma_G \frac{M_G}{r_0^2} \qquad (4.5)$$

Die Gravitationsbeschleunigung $f\gamma$ verringert sich mit zunehmendem Abstand r wie eine Funktion $y = 1/r^2$!

Der Abstand des Massenmittelpunktes des betrachteten Himmelskörpers vom Zentralgestirn wird mit r_{Sp} bezeichnet. Die Gl. 4.5 kann in eine TAYLOR-Reihe für den Punkt r_{Sp} entwickelt werden. Wird die Potenzreihe nach dem linearen Glied abgebrochen, erhält man:

$$f_\gamma = \gamma_G \frac{M_G}{r_{Sp}^2} + \frac{d f_\gamma}{d r} \cdot \Delta r$$

Der Wert der Gravitationsbeschleunigung, der genau im Massenmittelpunkt des betrachteten Himmelskörpers wirkt, soll mit $f\gamma_{Sp}$ bezeichnet werden:

$$f_{\gamma Sp} = \gamma_G \frac{M_G}{r_{Sp}^2} \qquad (4.6)$$

Dann kann für den Gradienten des Gravitationsfeldes geschrieben werden:

$$\frac{d\,f_\gamma}{d\,r} = 2 \cdot f_{\gamma Sp} \cdot \frac{1}{r_{Sp}} \qquad\qquad (4.7)$$

Für das Massenelement des betrachteten Himmelskörpers, das sich genau im Schwerpunkt befindet, beträgt die Gravitationsbeschleunigung $f_{\gamma Sp}$. Alle anderen Massenelemente des Himmelskörpers, wenn sie nicht ganz genau den Abstand r_{Sp} vom Gravitationszentrum (z.B. Sonne) haben, erfahren eine zusätzliche Gravitationsbeschleunigung f_g:

$$f_g = 2 \cdot f_{\gamma Sp} \cdot \frac{y}{r_{Sp}}$$

Die Bedeutung des Abstandes y kann aus der Abb. 4-2 entnommen werden. Für ein beliebiges Massenelement des betrachteten Himmelskörpers ergibt sich eine Gravitationsbeschleunigung:

$$f_\gamma = f_{\gamma Sp} + f_g$$

Die durch den Gradienten des Gravitationsfeldes an jedem Massenelement des Körpers – mit Ausnahme der Elemente, die genau den Abstand r_{Sp} vom Gravitationszentrum haben, - wirkenden zusätzlichen Gravitationsbeschleunigung f_g sind als Störungen des einfachen Kräftegleichgewichtes im Sinne der Ausführungen des Abschnittes 2.6 aufzufassen. Sie rufen an jedem Massenelement eine Drehbeschleunigung b hervor. Auch bei einem Körper mit Kugelgestalt und homogener Massenverteilung kompensieren sicht die einzelnen Drehbeschleunigungen b nicht.

Bewegt sich ein Himmelskörper (Planet, Satellit usw.) in einem Gravitationsfeld, so greift an jedem Massenelement dieses Körpers eine kleine Drehträgheitskraft an. Der Gradient des Gravitationsfeldes ruft eine durch das örtliche Kräftegleichgewicht nicht ausgeglichene Kraft an den einzelnen Massenelementen hervor. Nach dem „Hebelgesetz der Dynamik", das im Abschnitt 2.6 erläutert wurde, erzeugt diese Störkraft nach Gl. 2.33c eine Drehbeschleunigung b_t:

$$b_t = -\frac{1}{v_{Sp}} \cdot \frac{d\,R_K}{d\,t} \cdot f_g$$

Für die Störbeschleunigung f_g ist die durch den Gradienten des Gravitationsfeldes hervorgerufene zusätzliche Gravitationsbeschleunigung f_g nach Gl. 4.7 einzusetzen. Die Abb. 4-2 zeigt am Beispiel von vier Massenpunkten einer homogenen Kugel die Wirkung der einzelnen Kräfte bzw. Beschleunigungen. Hierbei wurde vorausgesetzt, dass die Kugel noch keine Eigendrehung hat und deshalb $\omega_E = 0$ ist. Der Himmelskörper führt eine reine Translationsbewegung aus. In diesem Falle haben alle Massenelemente des Körpers die gleiche Geschwindigkeit und den gleichen Krümmungsradius ihrer Bahnkurven. Alle Massenpunkte erfahren die gleiche Änderung des Krümmungsradius wie der Massenmittelpunkt Sp des Körpers. Allein die zuletzt genannte Tatsache vereinfacht das Problem ganz wesentlich. Hätte der Körper bereits eine Eigendrehung, dann müsste für jedes Massenelement die Bahnkurve und daraus die Krümmungsänderung berechnet werden. Mit der Annahme $\omega_E = 0$ wird die Lösung natürlich auf einen Spezialfall beschränkt. Sie ist aber dadurch einfacher zu überblicken.

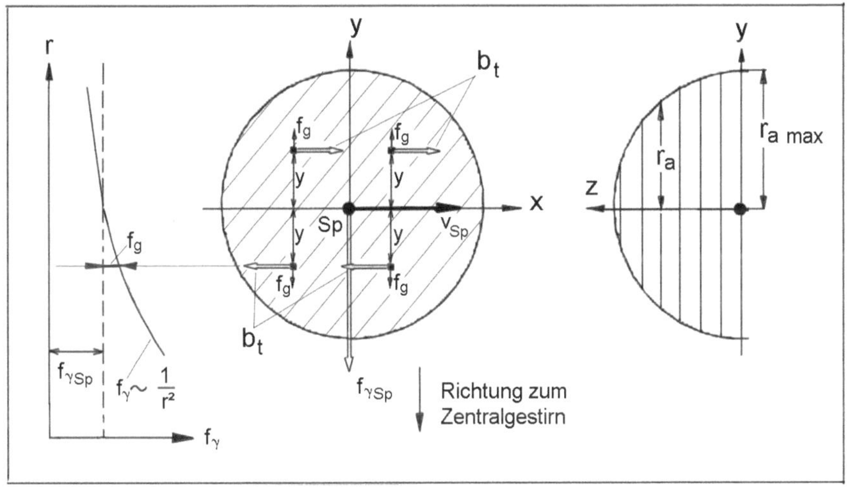

Abb. 4-2 Drehbeschleunigung b einer Kugel im Gravitationsfeld

Aus der Abbildung ist ersichtlich, dass für die Massenpunkte der oberen und unteren Hälfte der Kugel die Drehbeschleunigungen b_t unterschiedliche Richtungen haben. Der Richtungsunterschied wird verursacht durch das unterschiedliche Vorzeichen der Störbeschleunigung f_g. Da $\omega_E = 0$ vorausgesetzt wurde, ist die Drehbeschleunigung b_t für alle Massenpunkte parallel zur x-Achse bzw. zum Geschwindigkeitsvektor v_{Sp}

gerichtet. Bei einer Summation über alle Massenelemente heben sich sowohl die Störbeschleunigungen f_g als auch die Drehbeschleunigungen b_t gegenseitig auf, sodass $b_{t-res} = 0$ ist. Das gilt aber nicht für die Momente in Bezug auf den Massenmittelpunkt Sp.

Für die reine Translationsbewegung mit $\omega_E = 0$ gilt für alle Massenelemente:

$$v = v_{Sp} \quad \text{und} \quad \frac{d\,R_K}{d\,t} = \frac{d\,R_{K\,Sp}}{d\,t}$$

Da die Drehbeschleunigung stets parallel zur Geschwindigkeit ausgerichtet ist, gilt:

$$b_t = -\frac{1}{v_{Sp}} \cdot \frac{d\,R_{K\,Sp}}{d\,t} \cdot \frac{d\,f_\gamma}{d\,r} \cdot y \quad \text{für} \quad \omega_E = 0 \qquad (4.8)$$

Das resultierende Moment der Drehträgheitskräfte kann durch Integration über alle Massenelemente berechnet werden:

$$M_{b-res} = \frac{1}{v_{Sp}} \cdot \frac{d\,R_{K\,Sp}}{d\,t} \cdot \frac{d\,f_\gamma}{d\,r} \cdot \int_m y^2\,dm \qquad (4.9)$$

Der letzte Term in Gl. 4.9 (Integral) stellt ein Massenmoment zweiter Ordnung dar und ist auf die Fläche bezogen, die durch die x- und z-Achse aufgespannt wird. Dieses Massenmoment wird als planares Massenmoment $\Theta_{plan-x,z}$ bezeichnet. Es darf nicht verwechselt werden mit dem axialen Massenträgheitsmoment, das auf eine Achse bezogen ist:

$$\Theta_{ax} = \int_m r^2\,dm = \int_m x^2\,dm + \int_m y^2\,dm \qquad (4.10)$$

Für eine Kugel mit konstanter Dichte und einem Außenradius r_{a-max} beträgt das axiale Massenträgheitsmoment:

$$\Theta_{ax} = m \cdot \frac{2}{5} \cdot r_{a-max}^2 = 2 \cdot \Theta_{plan-x,z} \qquad (4.11)$$

Wenn der Himmelskörper noch keine Eigenrotation hat, kann die Änderung von ω_E berechnet werden:

$$\left.\frac{d\omega_E}{dt}\right|_{\omega_E=0} = \frac{M_{b\text{-res}}}{\Theta_{ax}} \qquad (4.12)$$

Für die Gl. 4.12 kann mit Hilfe der Gl. 4.7 und Gl. 4.9 geschrieben werden:

$$\left.\frac{d\omega_E}{dt}\right|_{\omega_E=0} = \frac{1}{v_{Sp}} \cdot \frac{d\,R_{K\,Sp}}{dt}\, 2 \cdot f_{\gamma Sp} \cdot \frac{1}{r_{Sp}} \cdot \frac{\Theta_{plan\text{-}x,z}}{\Theta_{ax}} \qquad (4.13)$$

Ersetzen wir in Gl. 4.13 noch die am Massenmittelpunkt des Himmelskörpers angreifende Gravitationsbeschleunigung durch Gl. 4-6, erhält man eine Gleichung, die die Einflussgrößen für das Entstehen der Eigenrotation deutlich macht:

$$\left.\frac{d\omega_E}{dt}\right|_{\omega_E=0} = \frac{1}{v_{Sp}} \cdot \frac{d\,R_{K\,Sp}}{dt} \cdot \frac{\gamma_G \cdot M_G}{r_{Sp}^3} \cdot \frac{2 \cdot \Theta_{plan\text{-}x,z}}{\Theta_{ax}} \qquad (4.14)$$

Wenn der Himmelskörper eine homogene Kugel mit konstanter Dichte ist, dann gilt wegen Gl. 4.11:

$$\frac{2 \cdot \Theta_{plan\text{-}x,z}}{\Theta_{ax}} = 1 \qquad (4.15)$$

Um eine Vorstellung von der Größenordnung der Rotationsschwankungen zu bekommen, soll am Beispiel der Daten für die Bewegung der Erde um die Sonne eine Berechnung der Rotationsschwankungen vorgenommen werden. Folgende Ausgangsdaten liegen der Berechnung zu Grunde:

$$a = 1\ \text{AE} = 149{,}597870 \cdot 10^9\ \text{m} \qquad e = 0{,}016684$$

$$K_{max} = 6{,}686\,448 \cdot 10^{-12}\ 1/\text{m} \qquad K_{min} = 6{,}683\,657 \cdot 10^{-12}\ 1/\text{m}$$

$$\omega_{Sp} = 0{,}1940 \cdot 10^{-6}\ 1/\text{s} \qquad \omega_E = 72{,}7221 \cdot 10^{-6}\ 1/\text{s}$$

$$v_m = v_{Sp} = 29{,}025\ \text{km/s} \qquad v_{mAE} = 29{,}027\ \text{km/s}$$

Die Geschwindigkeit v_{mAE} wird für die Berechnung nicht benötigt und wurde hier nur mit aufgeführt, um Missverständnisse zu vermeiden. Sie ergibt sich aus der jährlichen Umlaufzeit des Planeten und einer Kreisbahn mit einem Radius, der mit der großen Halbachse a der elliptischen Bahn übereinstimmt. Die mittlere Bahngeschwindigkeit v_{Sp} wurde aus der jährlichen Umlaufzeit und einer mittleren Kreisbahn berechnet. Der Radius dieses Kreises wurde aus der mittleren Krümmung der Bahnellipse berechnet.

Die Maximalwerte der Krümmungsänderungen der elliptischen Umlaufbahn werden an den Stellen $\varphi=45°$, $135°$, $225°$ und $315°$ der Abb. 4-1 erreicht (Datum: 17.2.; 19.5.; 18.8.; 18.11.). Nur für die Bahnposition $\varphi=45°$ wird die Berechnung durchgeführt. Die Geschwindigkeit dR_K/dt kann auch aus der Krümmungsänderung dK/dt berechnet werden:

$$\frac{d\,R_K}{d\,t} = -\frac{1}{K^2}\frac{d\,K}{d\,t} \qquad (4.16)$$

Auf Grund des trigonometrischen Ansatzes Gl. 4.3 für den zeitlichen Verlauf der Krümmung ergibt sich an der Stelle $\varphi = 45°$ der Maximalwert der Geschwindigkeit dR_K/dt aus folgender Beziehung:

$$\frac{d\,R_{K\,Sp}}{d\,t}\bigg|_{max} = \frac{2\,\omega_{Sp}\,\Delta K}{K_m^2} = 12{,}12\ \text{m/s}$$

Die am Massenmittelpunkt der Erde angreifende mittlere Gravitationsbeschleunigung beträgt:

$$f_{\gamma Sp} = \gamma_G \frac{M_G}{r_{Sp}^2} = 5{,}931 \cdot 10^{-3}\ \text{m/s}^2$$

Aus der Gl. 4.14 ergibt sich dann der Maximalwert für den Differentialquotienten:

$$\frac{d\omega_E}{d\,t}\bigg|_{max} = \frac{1}{v_{Sp}} \cdot \frac{d\,R_{K\,Sp}}{d\,t} \cdot \frac{f_{\gamma Sp}}{r_{Sp}} = 1{,}656 \cdot 10^{-17}\ 1/\text{s}^2$$

Auch die Änderung der Winkelgeschwindigkeit $d\omega_E/dt$ verläuft nach einer trigonometrischen Funktion mit der doppelten Periode für einen Jahresverlauf:

$$\frac{d\,\omega_E}{d\,t} = \left.\frac{d\omega_E}{d\,t}\right|_{max} \cdot \sin(2\cdot\omega_{Sp}\cdot t)$$

Die Schwankungen $\Delta\omega_E$ der Eigenrotation addieren sich täglich und führen in größeren Zeiträumen zu größeren Abweichungen von einer mittleren, konstanten Winkelgeschwindigkeit ω_E. Nach Integration Gleichung $d\omega_E/dt$ von dem Zeitpunkt an der Stelle $\varphi = 0°$ bis zum Zeitpunkt an der Stelle $\varphi = 45°$ erhält man die Änderung der Winkelgeschwindigkeit der Erdrotation:

$$\Delta\omega_E = \left.\frac{d\omega_E}{d\,t}\right|_{max} \cdot \frac{1}{2\cdot\omega_{Sp}}$$

Viermal im Jahr ergeben sich extreme Abweichungen in der täglichen Umlaufzeit ΔT der Erde von einer konstanten täglichen Umlaufzeit (genau 24 Stunden) von:

$$\Delta T = \frac{2\cdot\pi}{\omega_E} - \frac{2\cdot\pi}{\omega_E + \Delta\omega_E}$$

Werden die oben angeführten Zahlenwerte eingesetzt, ergibt sich an der Stelle $\varphi=45°$:

$$\Delta T = 50,7 \text{ ms}$$

Dieser Wert ist größer als der von den Geophysikern in Potsdam gemessene Wert für die Rotationsschwankungen der Erde in der Größenordnung von ca. 10 ms. Hierfür sind zwei Gründe zu nennen.

1. Für die hier erläuterte Berechnung wurde vorausgesetzt, dass $\omega_E = 0$ ist. Die Änderung $d\omega_E/dt$ konnte deshalb aus der einfachen Beziehung Gl. 4.12 berechnet werden. Im Abschnitt 2.10 wurde erläutert, dass ein bestimmtes Drehmoment mit zunehmender Eigendrehung ω_E eine immer geringere Änderung $d\omega_E/dt$ erzeugt. Die Rotationsenergie hängt quadratisch von ω_E ab. Die Gl. 4.12 ist mit Gl. 2.46 identisch und beschreibt den Energieaustausch zwischen Translationsenergie und

Rotationsenergie. Wie im Abschnitt 2.10 erläutert wurde, muss der Energieaustausch nach Gl. 2.48 berechnet werden, wenn bereits eine Eigendrehung vorhanden ist.

2. Die Dichte der Erdkugel ist nicht konstant. Wie sich die größere Dichte im inneren Erdkern im Vergleich zur äußeren Schale der Erdkugel auf das Verhältnis

$$\frac{2 \cdot \Theta_{plan-x,z}}{\Theta_{ax}}$$

auswirkt, muss noch näher untersucht werden. Für die Kugel mit konstanter Dichte ist das Verhältnis eins. Für die erläuterten Berechnungen wurde diese Annahme auch gemacht. Es ist zu vermuten, dass dieses Verhältnis kleiner als eins ist, wenn der Erdkern eine sehr viel größere Dichte als die äußeren Schalen hat.

Durch die Annahme $\omega_E = 0$, die die Berechnung der Rotationsschwankungen vereinfacht, konnte aber gezeigt werden, welche Bedingungen zur Entstehung der Eigenrotation der Planeten und anderer Himmelskörper führen. Krümmungs-änderungen der Schwerpunkt-Bahnkurve eines Himmelsköpers ist eine notwendige Bedingung für das Entstehen einer Eigenrotation. Sie allein reicht aber noch nicht aus. Der Gradient des Gravitationsfeldes, der natürlich immer vorhanden ist, muss genügend groß sein, um eine wirksame Rotationsänderung hervorzurufen. Das bedeutet, dass Himmelskörper eher eine merkliche Rotationsänderung erfahren, wenn ihre Bahnkurve in der Nähe des Gravitationszentrums verläuft.

Größere Rotationsschwankungen sind für den innersten Planeten unseres Sonnensystems zu erwarten. Von allen Planeten weist die Bahnkurve des Merkur die größte numerische Exzentrizität $e = 0{,}206$ auf. Die Rotationsgeschwindigkeit um die eigene Achse eines Planeten lässt sich aus der Beobachtung markanter Punkte an dessen Oberfläche bestimmen.

Im Zusammenhang mit der Berechnung der Rotationsschwankungen der Erde wurde natürlich auch der Wert der Drehbeschleunigung b an verschiedenen Punkten der Umlaufbahn berechnet. Der Maximalwert für die Drehbeschleunigung, der an den Stellen φ=45°, 135°, 225° und 315° der Bahnkurve in der Abb. 4-1 erreicht wird, beträgt b = 2,54 10^{-6} m/s². Für den Leser mag dieser Wert als vernachlässigbar gering erscheinen. Wenn man diesen Wert mit der an der gleichen Stelle der Bahn φ = 45° vorhandene Tangentialkomponente der Ableitung der Bahngeschwindigkeit dv_{Sp}/dt=69,16·10^{-6} m/s² vergleicht, sieht das etwas anders aus. Das Verhältnis dieser beiden Beschleunigungen beträgt 0,0366 und ist für genaue Bahnberechnungen nicht mehr zu vernachlässigen.

Da die Krümmung einer Ellipse hauptsächlich von deren numerischer Exzentrizität e abhängt, war zu vermuten, dass auch die Drehbeschleunigung b wesentlich von diesem Parameter abhängt. Zunächst wurde mit Hilfe des erwähnten Rechenprogramms die Konstante $\gamma_G \cdot M_{Sonne}$ variiert. Sie ist für die Dynamik der Planetenbewegung sehr wichtig. Selbst wenn die Masse des Zentralgestirns M_{Sonne} um den Faktor 1000 und mehr vergrößert wurde, war das Kräftegleichgewicht auf der elliptischen Bahn des Zweikörperproblems in allen Punkten der Bahnellipse im Rahmen der Rechengenauigkeit des Computers exakt erfüllt. Alle numerischen Berechnungen wurden mit den Datentyp „Double" durchgeführt. Natürlich wuchsen die Geschwindigkeit und alle Beschleunigung an, aber das Kräftegleichgewicht war immer exakt erfüllt. Die Testrechnungen ergaben, dass die Drehbeschleunigung b und alle anderen Beschleunigungen streng linear von der Drehimpulskonstanten $\gamma_G \cdot M_{Sonne}$ abhängen. Es bietet sich deshalb an, die Drehbeschleunigung b mit der ebenfalls in tangentialer Richtung wirkenden Beschleunigung dv_{Sp}/dt der Bahngeschwindigkeit v_{Sp} dimensionslos zu machen. An der Stelle der Bahn φ = 45° erreicht die Drehbeschleunigung b ihren Größtwert. An dieser Stelle wurde auch die Tangentialbeschleunigung dv_{Sp}/dt berechnet. Durch Variation der numerischen Exzentrizität e der Bahnellipse wurde nun die in der Abb. 4-3 dargestellte Abhängigkeit ermittelt.

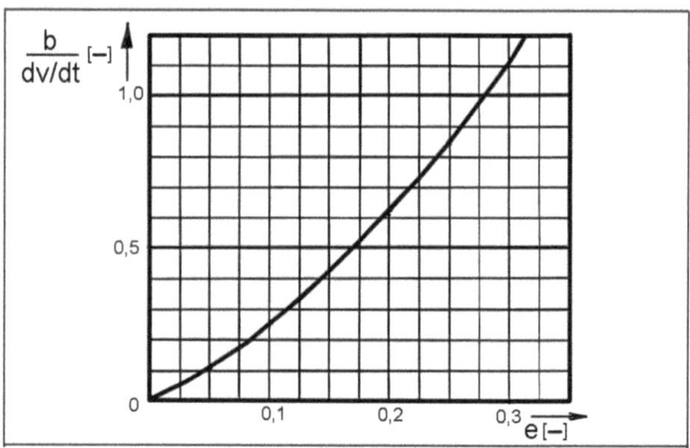

Abb. 4-3 Drehbeschleunigung b als Funktion der Exzentrizität der Ellipse

Für Ellipsenparameter e, die größer als etwa 0,3 sind, wird die Drehbeschleunigung b größer als dv_{Sp}/dt. Die Planeten unseres Sonnensystems haben alle Ellipsenparameter e<0,21. Für Ellipsenparameter e>0,25 wird die Bahn auf einer exakten Ellipse ohne Periheldrehung kaum möglich sein, denn es müssen beachtliche Austauschvorgänge zwischen Translations- und Rotationsenergie stattfinden. Die Bahnkurven mit starker Periheldrehung sind aber keine Ellipsen mehr und wurden im Abschnitt 3.1 bereits näher erläutert. Die Drehbeschleunigung hat für diese Bahnformen ganz andere Werte als die einer exakten Ellipse.

4.2 Eigenschaften der Gravitationskraft und das Dreikörperproblem

Das von NEWTON entdeckte Gravitationsgesetz und die damit verbundene Massenanziehung spielen in der Himmelsmechanik eine zentrale Rolle.

$$\vec{F}(r_0) = -\gamma_G \, \frac{m_K \cdot M_G}{r_0^2} \cdot \frac{\vec{r_0}}{r_0} \qquad \text{mit } \vec{i}_{r_0} = \frac{\vec{r_0}}{r_0} \tag{4.4}$$

Der Vektor i_{ro} ist der Einheitsvektor in Richtung des Ortsvektors r_0. Die durchgeführten Berechnungen im Zusammenhang mit dem Zweikörperproblem haben gezeigt, dass der Ausdruck $\gamma_G \cdot M_G$ in der Gl. 4.4 und der Drehimpuls $\Theta \cdot \omega$ einen eindeutigen Zusammenhang aufweisen. Andererseits ließen die durchgeführten Berechnungen der Mondbewegung (Dreikörperproblem) Zweifel aufkommen, ob in einem Inertialsystem Massen sich gegenseitig anziehen. Es musste daher geprüft werden, ob es sich bei den Gravitationskräften nicht etwa um Scheinkräfte handeln könnte. In allen ruhenden oder gleichmäßig gegeneinander bewegten Koordinatensystemen gelten in der klassischen Mechanik das NEWTONsche Grundgesetz, aber auch der Drehimpulssatz. Dies trifft aber nicht mehr zu, wenn das Koordinatensystem, mit dessen Hilfe dynamische Untersuchungen durchgeführt werden, Beschleunigungen unterworfen wird. In diesem Falle müssen bei Betrachtungen in einem beschleunigten Koordinatensystem so genannte „Scheinkräfte" eingeführt werden. Die neuen Beziehungen erhält man, indem man die Bewegungsgleichungen in einem festen Koordinatensystem aufstellt (Absolutsystem) und dann in das beschleunigte Koordinatensystem (Relativsystem) transformiert. Die beiden Grundgesetze der Mechanik erhalten durch die Transformation in das Relativsystem zusätzliche Terme, die als Scheinkräfte bezeichnet werden. Sie sind dynamischer Art und hängen linear von der Masse des Massenpunktes ab. Sie können deshalb auch als zusätzliche Beschleunigungsterme bezeichnet werden (Kräfte pro Masseneinheit). Die bekanntesten „Scheinbeschleunigungsterme" sind in der Abb. 4-4 zusammengestellt.

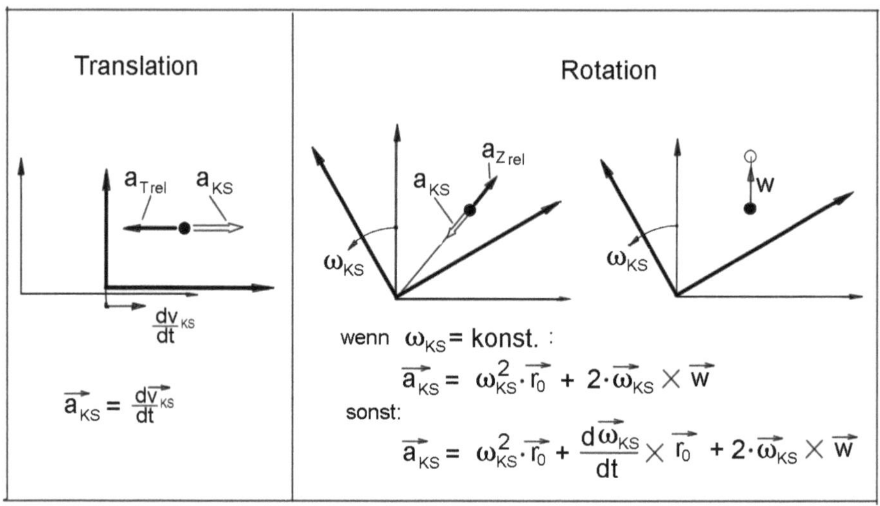

Abb. 4-4 Bewegte Koordinatensysteme und ihre Scheinbeschleunigungen

Die Scheinbeschleunigungen sind in der Abbildung mit dem Index KS (für Koordinatensystem, beschleunigt) gekennzeichnet. Der Beschleunigungsterm mit dem Zahlenfaktor 2 stellt die bekannte CORIOLIS-Beschleunigung dar. Die Anwendung eines der drei typischen bewegten Koordinatensysteme ist zur Untersuchung der Eigenschaften der Gravitationsbeschleunigung nicht geeignet. Das linke Koordinatensystem bewegt sich nur geradlinig und kann deshalb nicht den allgemeinen Fall einer Translationsbewegung erfassen, denn der Koordinatenursprung bewegt sich hierbei auf einer beliebigen Kurve und das Koordinatensystem führt keine Drehung aus. Das rotierende Koordinatensystem auf der rechten Seite der Abb. 4-4 hat einen ruhenden Koordinaten-Ursprung und kann daher nur bei der Untersuchung von Kreisbewegungen hilfreich sein.

Um den Charakter der Gravitationsbeschleunigung richtig verstehen zu können, hat BAADE ein Koordinatensystem verwendet, das eine Translationsbewegung auf einem Kreis ausführt. Der Ursprung des Koordinatensystems bewegt sich nicht auf einer Geraden, sondern auf einem Kreis mit dem Radius b_A.

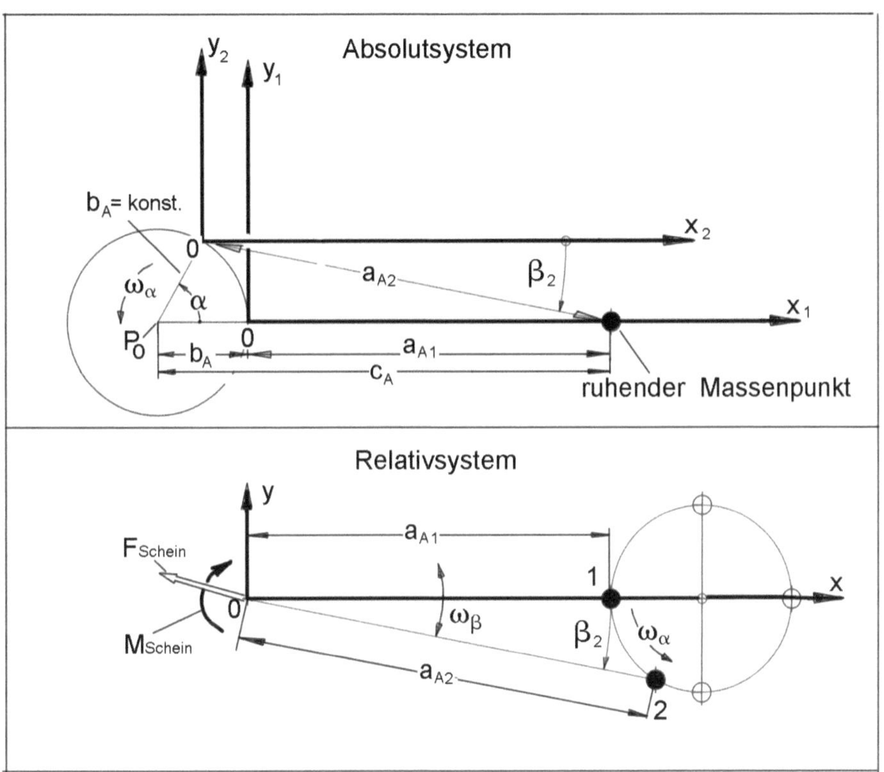

Abb. 4-5 Translation eines Koordinatensystems auf einem Kreis um P_0

Der Massenpunkt ruht im Absolutsystem. Die Ausgangsposition der Bewegung des Koordinatensystems ist durch den Index 1 gekennzeichnet. In dieser Position hat der Massenpunkt zum Koordinaten-Ursprung die Entfernung a_{A1} und zum festen Drehpunkt P_0 die Entfernung c_A. Der Radius b_A und die Winkelgeschwindigkeit ω_A sollen während der Bewegung des Koordinatensystems als konstant angenommen werden. Ein Beobachter im Relativsystem hat den Eindruck, dass der im Absolutsystem ruhende Massenpunkt aus seiner Sicht eine Kreisbewegung ausführt. Der Radius und die Winkelgeschwindigkeit dieser scheinbaren Kreisbewegung haben die gleichen Beträge, wie die der Bewegung des Koordinaten-Ursprunges. Der Abstand des Massenpunktes zum Koordinatenursprung a_A ändert sich ständig zwischen zwei Totlagen. Für die Winkelgeschwindigkeit ω_β gilt Ähnliches. Es ist offensichtlich, diese scheinbare Bewegung im Relativsystem ist durch die bekannten

Scheinkräfte nicht zu beschreiben. Auf der Suche nach einem geeigneten mechanischen Modell, das die erforderlichen Scheinbeschleunigungen für die Relativbewegung des Massenpunktes erzeugen kann, hat sich folgende Modellvorstellung als geeignet erwiesen. Der Beobachter im Relativsystem hat den

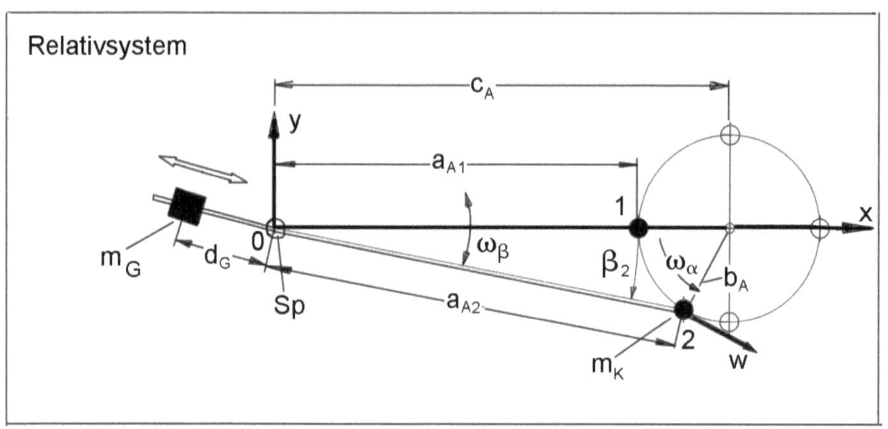

Abb. 4-6 Modellvorstellung zur Ermittlung von Scheinkräften

Eindruck, dass der Massenpunkt m_K sich auf einem Kreis mit dem Radius b_A und einer konstanten Winkelgeschwindigkeit ω_α bewegt. Dieser Punkt bewegt sich aber gleichzeitig auch auf der Verbindungsgeraden a_A, die vom Koordinatenursprung 0 zum betrachteten Massenpunkt reicht. Auf dieser Verbindungsgeraden führt der Massenpunkt eine Relativbewegung zum Koordinatensystem aus. Diese Bewegung setzt sich aus zwei verschiedenen Bewegungen zusammen. Auf der Geraden a_A bewegt sich „scheinbar" der Massenpunkt zwischen zwei Totlagen mit ständig wechselnder Geschwindigkeit bzw. Beschleunigung. Gleichzeitig dreht sich die Verbindungsgerade a_A um den Koordinatenursprung ebenfalls mit wechselnder Winkelgeschwindigkeit ω_β. Auch hier gibt es zwei Totlagen. Man kann sich gut vorstellen, dass eine spiegelbildlich zum Koordinatenursprung angeordnete Masse $m_G=m_K$ die gesuchte Scheinkraft erzeugen kann. In diesem Falle muss auch die Entfernung vom Koordinatenursprung $d_G=a_A$ sein. Auch diese Masse muss sich auf der Verbindungsgeraden d_G hin- und herbewegen. Zwischen den beiden Massen m_G und m_K müssen massenabhängige Anziehungskräfte wirksam sein, die mit den momentanen Zentrifugalkräften im Gleichgewicht stehen und die Relativbewegung auf den Verbindungsstrahlen verursachen. Die Verbindungsstrahlen sind natürlich nur geometrische Strecken und können keine Kräfte übertragen. Von den dynamischen Kräften, die durch die beschleunigte Bewegung des Koordinatensystems verursacht werden, verbleibt nur die Zentrifugalbeschleunigung $a_Z = b_A \cdot \omega_\alpha \cdot \omega_\alpha$. Sie allein kann aber nicht die Scheinkräfte bestimmen. Die scheinbare, vom Abstand zum Koordinatenursprung abhängende Massenanziehung muss unbedingt mit beachtet werden, um die Bewegung der Massen auf den Verbindungsgeraden erklären zu können. In Anlehnung an das NEWTONsche Gravitationsgesetz Gl. 4.4 und kinematische Betrachtungen mit Hilfe der Vektorrechnung wurde zunächst folgende Abhängigkeit erkannt:

$$F_{Schein} \overset{proport.}{\sim} \frac{m_G \cdot d_G^2 \cdot a_{ZKS}}{a_A^2} \qquad (4.17)$$

Die Zentrifugalbeschleunigung des Koordinatenursprungs, der sich mit konstanter Winkelgeschwindigkeit auf einem Kreis bewegt, beträgt:

$$a_{ZKS} = b_A \cdot \omega_\alpha^2$$

Die Masse m_G und ihr Abstand vom Koordinatenursprung d_G wird mit Hilfe der Drehmasse Θ_{rot} erfasst:

$$\Theta_{rot} = m_G \cdot d_G^2$$

Damit ergibt sich für die Scheinkraft:

$$F_{Schein} \overset{proport.}{\sim} \frac{\Theta_{rot} \cdot b_A \cdot \omega_\alpha^2}{a_A^2} \qquad (4.18)$$

Die „Scheinmasse" m_G muss nicht mit der Masse des betrachteten Massenpunktes m_K übereinstimmen. Wenn der Abstand d_G zum Koordinatenursprung verkleinert wird und gleichzeitig die „Scheinmasse" m_G so vergrößert wird, dass die Drehmasse Θ_{rot} konstant bleibt, bleibt die Wirkung der Scheinkraft unverändert. Wird der Abstand $d_G=0$ gewählt und gleichzeitig m_G unendlich, ist die Scheinkraft noch immer endlich und unverändert. Es muss allerdings der Grenzwert Θ_{rot} für $d_G=0$ konstant bleiben. Der Ausgangspunkt der Scheinkraft des einzelnen Massenpunktes kann im Koordinatenursprung konzentriert werden.

Der Zähler in der Proportion Gl. 4.18 ist konstant. Die Scheinkraft hängt offensichtlich vom Abstand a_A des Massenpunktes vom Koordinatenursprung nach einer Gesetzmäßigkeit $1/a^2_A$ ab, so wie es auch für das NEWTONsche Gravitationsgesetz gilt. Die Proportion Gl. 4.18 wurde hier nur erwähnt, um den Zusammenhang mit dem NEWTONschen Gravitationsgesetz deutlich zu machen. Aus einer vektoriellen Betrachtung, auf die hier im Einzelnen nicht näher eingegangen werden soll, hat BAADE erkannt, dass die Scheinkraft aus einer einfachen Vektorgleichung bestimmt werden kann. Das wird aus der Abb. 4-7 deutlich.

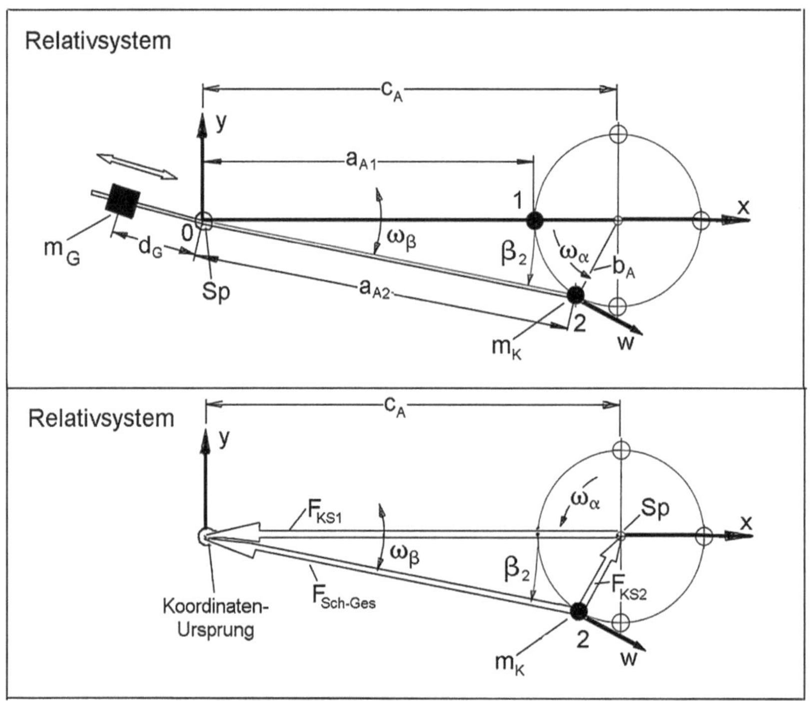

Abb. 4-7 Ermittlung der Scheinkraft für ein Koordinatensystem nach Abb. 4-5

Wie im Abschnitt 2.11 bereits angedeutet, muss der aus der Statik stammende Begriff des Massenmittelpunktes Sp für die Belange der Dynamik logisch weiter gefasst werden. In der Dynamik ist es durchaus sinnvoll, auch für einen einzelnen Massenpunkt m_K von einem Massenmittelpunkt zu sprechen, wenn dieser um ein Drehzentrum auf einer Kreisbahn sich bewegt. Diese logische Erweiterung ergibt z.B. übersichtlichere Vektorbeziehungen. In der Abb. 4-7 (unten) ist für den einzelnen Massenpunkt m_K die Lage des „dynamischen Massenmittelpunktes Sp" durch die Strecke c_A gegenüber dem Koordinatenursprung des Relativsystems beschrieben. Im Absolutsystem ist nach Abb. 4-5 die Strecke c_A aus dem Abstand des ruhenden Massenpunktes vom Mittelpunkt der Kreisbahn des bewegten Koordinatensystems bestimmt. In der Abb. 4-8 sind die Ortsvektoren für die charakteristischen Punkte dargestellt, die beim Übergang von einem ruhenden Absolutsystem in einem bewegten Relativsystem eine Rolle spielen. Der Massenpunkt m_K wird im Absolutsystem als ruhend und damit kräftefrei angesehen.

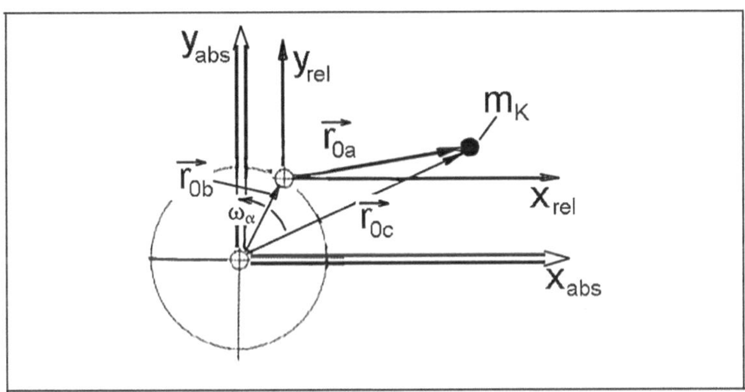

Abb. 4-8 Vektorbeziehungen im Absolut- und Relativsystem

Für die Scheinbeschleunigung im Relativsystem ergibt sich nun die folgende Vektorbeziehung:

$$\vec{a}_{KS} = \frac{\vec{F}_{Sch\text{-}Ges}}{m_K} = \frac{c_A^2}{a_A^2} \cdot \omega_\alpha^2 \cdot \vec{r}_{0c} - \frac{b_A^2}{a_A^2} \cdot \omega_\alpha^2 \cdot \vec{r}_{0b}$$

Die quadratischen Ausdrücke für die Strecken a_A, b_A und c_A folgen, mathematisch gesehen, aus dem Kosinussatz für schiefwinklige Dreiecke.

Mit Hilfe der Definition für den Einheitsvektor eines Ortsvektors

$$\vec{i}_{r0} \overset{def}{=} \frac{\vec{r_0}}{r_0} \tag{4.19}$$

können die beiden Ortsvektoren ausgedrückt werden durch

$$\vec{r_{0c}} = c_A \cdot \frac{\vec{r_{0c}}}{r_{0c}} \quad \text{und} \quad \vec{r_{0b}} = b_A \cdot \frac{\vec{r_{0b}}}{r_{0b}}$$

Damit ergibt sich für die Scheinbeschleunigung bei der Transformation eines im Absolutsystem ruhenden Massenpunktes m_K in ein Relativsystem, wie es in Abb. 4-5 dargestellt ist:

$$\vec{a}_{KS} = \frac{\vec{F}_{Sch\text{-}Ges}}{m_K} = \frac{\omega_\alpha^2}{a_A^2} \cdot \left(c_A^3 \cdot \frac{\vec{r_{0c}}}{r_{0c}} - b_A^3 \cdot \frac{\vec{r_{0b}}}{r_{0b}} \right) \tag{4.20}$$

Wenn das Koordinatensystem sich auf einem Kreis mit einem sehr kleinen Radius b_A im Vergleich zur Entfernung c_A des Massenpunktes vom Koordinatenursprung bewegt, erhält man aus Gl. 4.20 näherungsweise:

$$\vec{a}_{KS} = \frac{\vec{F}_{Sch\text{-}Ges}}{m_K} = \frac{\omega_\alpha^2 \cdot c_A^3}{a_A^2} \cdot \frac{\vec{r_{0c}}}{r_{0c}}$$

Die Ähnlichkeit dieser Beziehung zum NEWTONschen Gravitationsgesetz ist offensichtlich. Ersetzen wir die für die Transformation konstanten Ausdrücke durch die Gravitationskonstante γ_G

$$\omega_\alpha^2 \cdot c_A^3 = -\gamma_G \cdot M_G \qquad \gamma_G \left[\frac{N \cdot m^2}{kg^2} = \frac{m^3}{kg \cdot s^2} \right] \tag{4.21}$$

so ergibt sich das NEWTONsche Gravitationsgesetz:

$$\vec{F}(r_0) = -\gamma_G \frac{m_K \cdot M_G}{r_0^2} \cdot \frac{\vec{r_0}}{r_0}$$

Damit ist gezeigt, dass das NEWTONsche Gravitationsgesetz aus einer Transformationsbeziehung abgeleitet werden kann. Bevor auf die Eigenschaften der Gravitationskraft eingegangen wird, sollen weitere Grenzfälle der Transformationsbeziehung überprüft werden.

Wenn der Abstand für den Massenpunkt m_K so gewählt wird, dass $c_A = 0$ gilt, befindet sich der Massenpunkt genau im Mittelpunkt des Kreises, auf dem der Koordinatenursprung des relativen Koordinatensystems rotiert. Im Relativsystem führt der Massenpunkt eine Kreisbewegung um den Koordinatenursprung mit dem Radius b_A aus. Die Scheinbeschleunigung a_{KS} beträgt in diesem besonderen Falle nach Gl. 4.20:

$$\vec{a}_{KS} = \frac{\vec{F}_{Sch\text{-}Ges}}{m_K} = -b_A \cdot \omega_\alpha^2 \cdot \frac{\vec{r}_{0b}}{r_{0b}}$$

Auch diese Beziehung ist richtig. Die Größe a_{KS} ist die Zentri**petal**beschleunigung, die sich mit der Zentrifugalbeschleunigung des im Relativsystem um den Koordinatenursprung rotierenden Massenpunktes im Gleichgewicht befindet.

Ein dritter Spezialfall ist von Interesse für die Transformation vom Absolutsystem in ein Relativsystem, dessen Koordinatenursprung sich translatorisch auf einem Kreis bewegt. Wenn die beiden Strecken b_A und c_A gleich sind, ist die Scheinbeschleunigung nach Gl. 4.20 null. In diesem Falle ruht der betrachtete Massenpunkt im **Koordinatenursprung** des Relativsystems und ist im Relativsystem kräftefrei. Dafür bewegt er sich jetzt im Absolutsystem auf einem Kreis, der auch für die Bewegung des relativen Koordinatensystems die Bahnkurve darstellt. Die Voraussetzung für die Ableitung der Scheinbeschleunigung ist in diesem Falle nicht mehr erfüllt! Der Massenpunkt m_K ruht im Absolutsystem nicht mehr. Im Absolutsystem ist eine Zentripetalkraft vorhanden, die im Gleichgewicht mit der Zentrifugalkraft des rotierenden Massenpunktes steht. Weitere Kräfte können im Absolutsystem auf den Massenpunkt m_K nicht einwirken, denn sonst würde sich der Massenpunkt nicht synchron mit dem Koordinatenursprung des gleichmäßig rotierenden relativen Koordinatensystems auf der gleichen Bahnkurve bewegen. Die Beziehung für die

Scheinbeschleunigung nach Gl. 4.20 gilt natürlich nur für die Massenpunkte, die im Absolutsystem ruhen und damit kräftefrei sind. In jedem anderen Fall müssen alle Kräfte und auch die Drehmomente, die im Absolutsystem auf den betrachteten Körper einwirken, zusammen mit den Scheinkräften berücksichtigt werden, wenn die Untersuchung in einem beschleunigt bewegten Koordinatensystem durchgeführt werden soll. Das ist aber bei den anderen bewegten Koordinatensystemen und den damit zusammenhängenden Scheinkräften, wie sie in der Abb. 4-4 zusammengefasst dargestellt sind, nicht anders.

Der hier erwähnte „dritter Spezialfall" wird in der Himmelsmechanik bewusst oder unbewusst öfter angewendet. Wenn ein Dreikörperproblem (z.B. Bewegung des Mondes um die Erde unter Berücksichtigung der Kräfte durch die Sonne) auf ein Zweikörperproblem reduziert wird, wird ein Koordinatensystem angewendet, das ohne eine Eigendrehung auf einem Kreis sich bewegt. Der Koordinatenursprung des Relativsystems fällt mit dem Massenmittelpunkt des Systems Mond-Erde zusammen. Der Koordinatenursprung bewegt sich in ausreichender Näherung auf einem Kreis um die Sonne. Das Relativsystem führt aber eine translatorische Bewegung aus. Das wird deutlich, wenn man die Bewegung Mond-Erde als Zweikörperproblem auf einer elliptischen Bahnkurve betrachtet. Die Hauptachse der Ellipse kann zur Orientierung der Koordinatenachsen des Relativsystems dienen. Im Verlaufe eines Jahres kann die Periheldrehung der Mondbahn in einem heliozentrischen Koordinatensystem (in diesem Falle das Absolutsystem) vernachlässigt werden. Die Hauptachse der elliptischen Mondbahn führt im Absolutsystem keine nennenswerte Drehung aus. Das verwendete relative Koordinatensystem führt eine Translationsbewegung auf einem Kreis um das Drehimpulszentrum unseres Sonnensystems aus. Das Drehimpulszentrum unseres Sonnensystems fällt näherungsweise mit dem Massenmittelpunkt der Sonne zusammen.

Wenden wir uns nun den Eigenschaften der NEWTONschen Gravitationskraft bzw. dem Problem der Massenanziehung zu. Die NEWTONsche Gravitationskraft ist nach der Gl. 4.4 eindeutig eine Feldkraft. Sie wirkt auf alle Massen des betrachteten Raumes und hat auch einen Gradienten. Betrachten wir nun das klassische Drei-Körperproblem am Beispiel der Bewegung des Erdmondes im Gravitationsfeld von Erde und Sonne. Infolge des Gradienten der Gravitationskraft entsteht ein zeitlich sich veränderndes Drehmoment, das im Rahmen der NEWTONschen Mechanik nicht ausgeglichen werden kann. Die Abb. 4-9 erklärt diese Ursache. Sie wurde aber auch schon im Abschnitt 2.11 im Zusammenhang mit der Definition für den Massenmittelpunkt angedeutet.

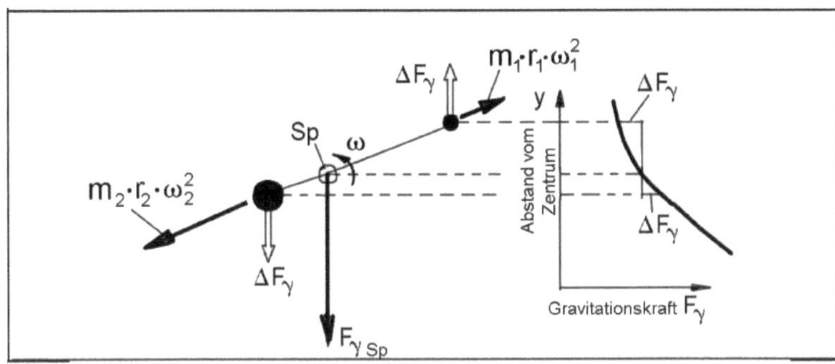

Abb. 4-9 Wirkung des Gradienten der NEWTONschen Gravitationskraft

Die Probleme des nicht ausgeglichenen Drehmomentes und der unbefriedigenden Definition des Massenmittelpunktes verschärfen sich aber noch, wenn man die Bewegung des Mondes um die Sonne im heliozentrischen Koordinatensystem (Absolutsystem) in Bezug auf die wirkenden Kräfte untersucht. Mit Hilfe eines Rechenprogramms, das für die numerischen Berechnungen ausschließlich den Datentyp „Double" verwendet, wurden von BAADE Testrechnungen durchgeführt. In der Abb. 4-10 ist das Rechenmodell in etwas vereinfachter Form und natürlich nicht in einer maßstabsgerechten Zeichnung angedeutet.

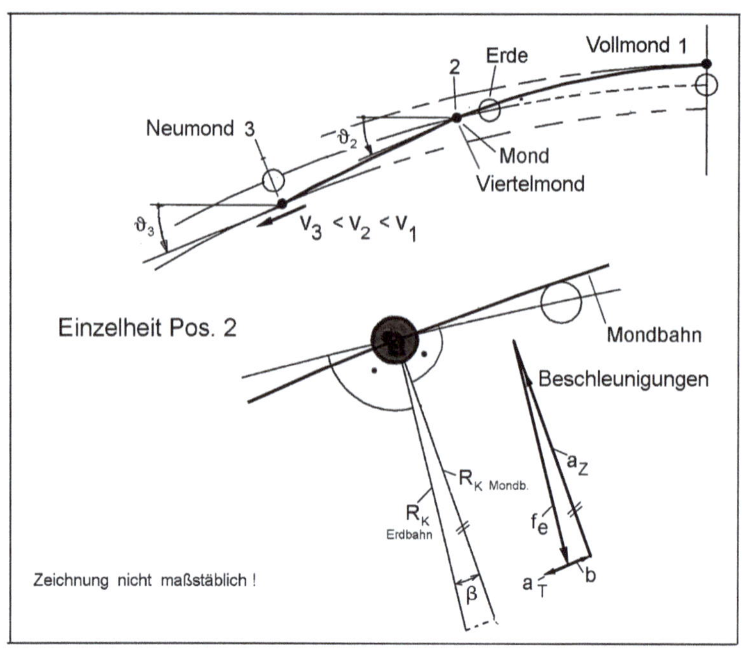

Abb. 4-10 Dreikörperproblem Mond-Erde-Sonne

Die Krümmung der Mondbahnkurve hat überall das gleiche Vorzeichen wie die Krümmung der Bahn des Massenmittelpunktes Erde-Mond. Ihren kleinsten Wert K_{min} hat sie im Punkt 1 (Vollmondstellung) und ihren größten Wert K_{max} im Punkt 3 (Neumondstellung). In der Position 2 (Viertelmondstellung) erreicht die Änderungsgeschwindigkeit der Krümmung ihren Maximalwert und hier ist die Wirkung der Drehbeschleunigung b am größten. Die Kontrolle des Kräftegleichgewichtes wurde von BAADE nur in den drei erwähnten ausgezeichneten Punkten durchgeführt. Eine Bahnberechnung im eigentlichen Sinne wurde wegen der sich zeigenden Probleme nicht mehr durchgeführt. Das Dreikörperproblem wurde in dem Sinne vereinfacht, dass die Relativbahn des Mondes um den gemeinsamen Massenmittelpunkt Erde-Mond kreisförmig verläuft. Auch die Bahn Massenmittelpunkt Erde-Mond um die Sonne wurde näherungsweise als kreisförmig angenommen. Für die grundsätzlichen Untersuchungen im Zusammenhang mit dem Dreikörperproblem ist die Vereinfachung sinnvoll. Auch die Gravitationskraft der anderen Planeten, wenn sie überhaupt vorhanden ist, wurde nicht berücksichtigt. Dieses etwas vereinfachte Dreikörpermodell soll hier als „idealisiertes Dreikörpermodell" bezeichnet werden. Wenn für dieses Modell keine befriedigende Lösung gefunden werden kann, ist für ein reales Dreikörperproblem mit elliptischen Bahnkurven, Periheldrehung und Massenanziehung durch die anderen Planeten auch keine Lösung zu erwarten.

Die Berechnung der Bahngeschwindigkeit des Mondes v_{Mond} bereitet mit den genannten Annahmen in allen drei erwähnten Punkten der Abb. 4-10 keine Schwierigkeiten. Auch die Berechnung des Winkels β aus den kinematischen Daten der Mondbahn ist problemlos. Der Winkel β ist für die richtige Zerlegung der Gravitationskraft der Sonne auf den Mond in die beiden Komponenten Tangentialkraft und Zentripetalkraft in der Position 2 sehr wichtig. Der Winkel β ist gleichzeitig repräsentativ für die Abweichung der Mondbahn von der Bahn des Massenmittelpunktes Mond-Erde um die Sonne. Mit Hilfe des Winkels ϑ wurden in der Position 2 die dort vorhandene Krümmung der Mondbahn und die Krümmungs-änderung berechnet. Auch in der Position 1 und 3 wurden die Krümmungen der Mondbahn aus den kinematischen Daten berechnet. In diesen Punkten ist die Krümmungsänderung dK/dt=0. Es handelt sich um die Scheitelpunkte der Bahnkurve. Bei der numerischen Berechnung der Krümmung mit Hilfe eines Unterprogramms wurde die natürliche Definition der Krümmung einer Kurve verwendet:

$$K(s) \stackrel{\mathrm{def}}{=} \frac{d\,\vartheta}{d\,s}$$

Mit Hilfe von 5 benachbarten Bahnpunkten wurde die Krümmung K und dK/ds berechnet.

Die Testrechnungen haben nun folgende Erkenntnisse gebracht. Wenn man zunächst die Gravitationskraft als eine Feldkraft interpretiert, kann weder der Gradient dieser Kraft noch die Massenanziehung der Erde bei der Kontrolle des Kräftegleichgewichts der Mondbahn in den ausgezeichneten Bahnpunkten der Mondbahn unberücksichtigt bleiben. Die Drehbeschleunigung b wurde hierbei nicht berücksichtigt. In den Positionen 1 und 3 reduziert sich das Kräftegleichgewicht auf eine Bilanz zwischen der Zentrifugalbeschleunigung a_Z, die durch die örtliche Krümmung K und die Geschwindigkeit v bestimmt wird, und der Summe der Gravitationskräfte der Sonne und der Erde. Die Bilanz ließ sich nur exakt erfüllen, wenn die Massenanziehung der

Erde nicht berücksichtigt wird. Das lässt sich aber nicht mit dem Gravitationsgesetz vereinbaren. In der Position 2 ist dagegen die Massenanziehung der Erde unbedingt erforderlich, um das Kräftegleichgewicht in tangentialer Richtung erfüllen zu können. Das Programm ließ Veränderungen des mittleren Abstandes zwischen Mond und Erde und der Massen beider Himmelskörper in vertretbaren Grenzen zu. Trotzdem war es nicht möglich, durch Variation dieser Parameter in allen drei Punkten eine Erfüllung des Kräftegleichgewichtes zu erreichen. Durch Variation der Bahnparameter konnte man nur erreichen, dass die Abweichungen in allen drei Kontrollpunkten etwa gleichmäßig verteilt waren. Nach diesen Erfahrungen kann man nur zu der Erkenntnis kommen, dass selbst für ein „idealisiertes Dreikörpermodell" eine exakte Lösung im Rahmen der NEWTONschen Mechanik nicht möglich ist. Völlig unklar ist auch, wie die durch den Gradienten der Gravitationskraft hervorgerufenen Drehmomente ausgeglichen werden können. Diese Drehmomente sind aber in den von BAADE gewählten Kontroll-Positionen 1 bis 3 nicht vorhanden und wurden im Programm noch gar nicht berücksichtigt.

Während der gesamten Testphase für das Programm „Dreikörperproblem" wurde auch die Drehbeschleunigung b berechnet. Es sollte geprüft werden, welche Rolle diese Beschleunigung im Kräftegleichgewicht des Dreikörperproblems spielt. Die Krümmungsberechnungen waren ohnehin erforderlich, um das Kräftegleichgewicht in Richtung der Zentrifugalbeschleunigung kontrollieren zu können. Hierbei wurde festgestellt, dass in der Viertelmond-Position 2 die Drehbeschleunigung b genau den Betrag aufwies, den die Massenanziehungsbeschleunigung der Erde auf den Mond in dieser Position hat. Da BAADE zu diesem Zeitpunkt von der Richtigkeit der Massenanziehung nach dem Gravitationsgesetz von NEWTON Gl. 4.4 überzeugt war, wurden keine weiteren Berechnungen durchgeführt. Selbst das „idealisierte Dreikörpermodell", das ja schon Vereinfachungen beinhaltet, schien für BAADE unlösbar zu sein.

Erst im Jahre 2003, als weitere Erkenntnisse über die Eigenschaften der Drehbeschleunigung b erkannt wurden, hat BAADE das Problem wieder aufgegriffen. Angeregt durch die Veröffentlichung von HERZOG [18], der die uneingeschränkte Wirkung der Massenanziehung anzweifelt, hat auch BAADE begonnen, über das Problem der Gravitationskraft intensiver nachzudenken. Nachdem die Gl. 4.20 für die

Transformation der Beschleunigungen von einem ruhenden Koordinatensystem in ein Koordinatensystem, das sich ohne Eigendrehung mit seinem Koordinatenursprung auf einem Kreis bewegt, ermittelt wurde, ist eine Lösung des Dreikörperproblems möglich.

Aus der Gl. 4.20 für die Scheinbeschleunigung bei dieser Transformation kann, wie zu Beginn dieses Abschnittes 4.2 gezeigt wurde, die NEWTONsche Gravitationsbeschleunigung abgeleitet werden. Scheinkräfte bzw. Scheinbeschleunigungen greifen, im Gegensatz zu den Feldkräften, nur am betrachteten Massenpunkt an. Im Falle des erwähnten rotierenden Koordinatensystems wirkt auf jeden Massenpunkt im Relativsystem eine Scheinkraft in Richtung des Koordinatenursprungs. Sie hängt vom Quadrat der Entfernung Massenpunkt-Koordinatenursprung ab. Eine scheinbare „Massenanziehung" zwischen den einzelnen Massenpunkten gibt es bei dieser Transformation aber nicht. Wenn die NEWTONsche Gravitationskraft keine wirkliche Feldkraft, sondern eine Scheinkraft ist, gibt es auch keine Massenanziehung der einzelnen Himmelskörper untereinander innerhalb unseres Sonnensystems. Alle zum Sonnensystem gehörenden Himmelskörper werden bei Betrachtungen in diesem heliozentrischen Relativsystem von einem Drehimpulszentrum, das in der Nähe des Sonnenmittelpunktes liegt, angezogen. Die Sonne mit ihrer großen Masse bewegt sich wie alle anderen Planeten auch um dieses Drehimpulszentrum auf einer vergleichsweise sehr kleinen Kreisbahn. Die Anziehungskraft wird nach wie vor nach dem NEWTONschen Gravitationsgesetz berechnet und stimmt mit der Transformationsbeziehung Gl. 4.20 überein. Es handelt sich bei dieser Kraft nicht um eine Massenanziehungskraft, sondern um eine Scheinkraft. Das heliozentrische Relativsystem rotiert auf einem Kreis in einem Inertialsystem, dessen Koordinatenursprung im Zentrum des Weltalls liegt. Himmelskörper, die nicht zu unserem Sonnensystem gehören, können dann auch nicht von der Sonne angezogen werde. Zu diesen Himmelskörpern gehören z.B. die Kometen mit ihren lang gestreckten elliptischen Bahnkurven. Ihr Drehimpulszentrum liegt in der Nähe des Mittelpunktes ihrer lang gestreckten Ellipsen und damit weit vom Drehimpulszentrum unseres Sonnensystems entfernt. Während alle Planeten unseres Sonnensystem den gleichen Drehsinn haben, können die Kometen auch einen anderen Drehsinn haben.

Für das Dreikörperproblem Mond-Erde-Sonne ist die Situation nach diesen Überlegungen zur Massenanziehung eine andere Situation. Im heliozentrischen

Relativsystem wirkt auf den Mond eine zum Koordinatenursprung gerichtete „scheinbare Massenanziehungskraft", die nach Gl. 4.4 berechnet werden muss. Die Geschwindigkeiten und die Krümmungen in verschiedenen Punkten der Mondbahn werden in diesem heliozentrischen Relativsystem wie gewohnt bestimmt. Die Massenanziehung zwischen Mond und Erde existiert in diesem Koordinatensystem nicht. Wird aber ein bewegtes Koordinatensystem benutzt, dessen Koordinatenursprung mit dem Massenmittelpunkt Erde-Mond zusammenfällt, tritt als Scheinkraft die scheinbare Massenanziehung zwischen Mond und Erde in Erscheinung. Für die Betrachtung der Mondbahn im heliozentrischen Koordinatensystem können nun die Krümmungen und die Geschwindigkeiten in den Positionen 1 und 3 der Abb. 4-10 berechnet werden und daraus ergibt sich die Zentrifugalbeschleunigung. Die Testrechnungen von BAADE haben gezeigt, dass diese Zentrifugalbeschleunigungen gut mit den NEWTONschen Gravitationsbeschleunigungen nach Gl. 4.4 übereinstimmen, wenn keine Massenanziehung der Erde berücksichtigt wird. Auch in der Viertelmondposition darf dann keine Massenanziehung der Erde wirksam sein. Die Geschwindigkeit des Mondes wird im Punkt 2 (abnehmendes Viertel) besonders stark verzögert. Die Tangentialkomponente der zur „Sonne" gerichteten Scheinkraft „Gravitation" kann das Kräftegleichgewicht allein nicht erfüllen. Der Winkel β hat hier einen Einfluss. Die Rolle der nun fehlenden Massenanziehung der Erde übernimmt nun vollständig die Drehbeschleunigung b. Das haben die Testrechnungen von BAADE gezeigt. Damit ist auch das Kräftegleichgewicht im Punkt 2 erfüllt. Das trifft auch auf den hier nicht erwähnten Punkt 4 für das erste Viertel der Mondphase zu. Die Drehbeschleunigung b ist keine Scheinkraft und in einem Inertialsystem immer vorhanden, wenn die Bewegung auf Bahnen mit veränderlicher Krümmung verläuft.

Abschließend noch einige Bemerkungen zur Messung der Gravitationskonstanten mit der JOLLYschen Waage. Dieses Experiment wird als Nachweis der Massenanziehung auch auf unserer Erdoberfläche angesehen. Ähnliches wird von den Gezeitenkräften an den Küsten unserer Meere behauptet, die durch die Massenanziehung des Mondes verursacht werden sollen. Die Beschleunigung $a_{\gamma\,Mond}$, die der Mond durch seine Masse als Gravitationskraft auf unserer Erdoberfläche hervorrufen kann, beträgt ca. $3 \cdot 10^{-5}$ m/s². Diese geringe Beschleunigung kann den Wasserspiegel eines Meeres niemals so stark anheben, dass er als Tidenhub von einigen Metern sich bemerkbar machen würde. Jede kleine Windbö kann hier größere Kräfte auf die Wasseroberfläche ausüben. Als Ursache für die Gezeiten wird sich in einigen Jahren die Drehbeschleunigung b erweisen, die an der Oberfläche unserer Erde andere Größenordnungen erreicht (vergleiche hierzu die Ausführungen über das rollende Rad im Abschnitt 3.3). Durch die Neigung der Erdachse führen alle Massenpunkte auf der Erdoberfläche räumlich verwundene Bahnkurven aus. Sie werden hervorgerufen durch die Bewegung des Schwerpunktes der Erdkugel auf einer Bahnkurve im jeweiligen Koordinatensystem und der Eigenrotation der Erdkugel mit geneigter Rotationsachse. Dies sollte bei genaueren Untersuchungen über die Eigenschaften der Drehbeschleunigung b unbedingt beachtet werden.

Auch die Experimente mit der JOLLYschen Waage könnten sich in einigen Jahren als Nachweis der Drehbeschleunigung b und nicht der Massenanziehung erweisen.

5 Anwendungen in der Strömungsmechanik

5.1 Gleichungen für die Energieübertragung in Strömungen

5.1.1 *Die EULERsche Hauptgleichung der Turbomaschinen*

Aufgabe der Turbomaschine ist es, die Energie eines Fluids durch Zufuhr mechanischer Energie zu erhöhen (Pumpe, Verdichter) oder einen Teil der Energie des Fluids in mechanische Energie umzuwandeln (Turbine). Die eigentliche Energieübertragung findet im rotierenden Laufrad der Turbomaschine statt. Von EULER wurde die Hauptgleichung der Turbomaschinen-Theorie aufgestellt, mit deren Hilfe die Energieübertragung L_u (Energie, die auf die Masseneinheit des Fluids bezogen ist.) berechnet werden kann:

$$L_u = c_{u2} \cdot u_2 - c_{u1} \cdot u_1 \quad [\tfrac{J}{kg}] = [\tfrac{m^2}{s^2}] \tag{5.1}$$

Hierbei bedeuten c_{u2} die Umfangskomponente der Absolutströmung am Austritt des Laufrades, c_{u1} die Umfangskomponente am Eintritt des Laufrades sowie u_1 und u_2 die Umfangsgeschwindigkeit des Laufrades am Ein- und Austrittsradius des Laufrades. Die Gl. 5.1 ist als EULERsche Momentengleichung bekannt, da sie aus dem Drehimpulssatz abgeleitet wird.

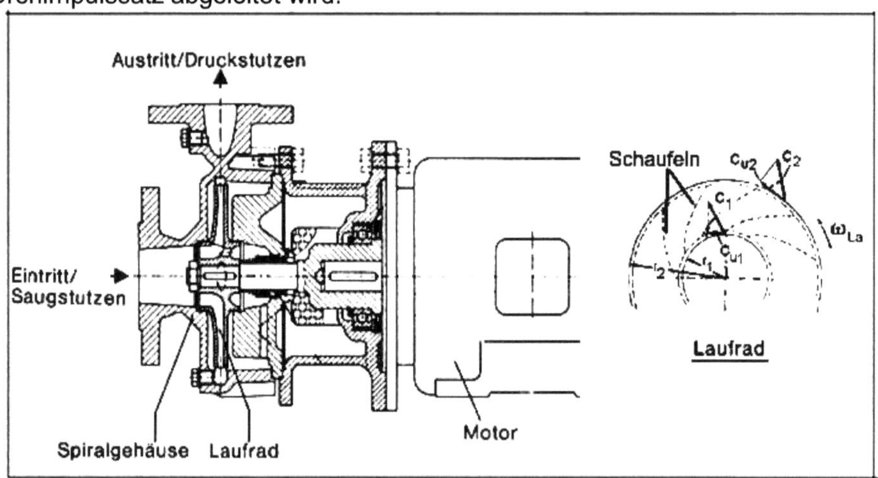

Abb. 5-1 Radiale Kreiselpumpe

Die Kontrollebenen für die Bilanz des Drehimpulses werden so um das Laufrad gelegt, dass die gesamte mechanische Arbeit des Laufrades zwischen den beiden Kontrollebenen übertragen wird. Ist M_u das entsprechende Drehmoment des

Laufrades, ω_{La} die Winkelgeschwindigkeit des Laufrades und m der durch das Laufrad fließende Massenstrom, so ist offenbar:

$$L_u = \frac{\omega_{La} \cdot M_u}{\dot{m}}$$

Nach dem Drehimpulssatz ist aber M_u gleich der zeitlichen Änderung des Drehimpulses des Fluids oder bei einem stetigen Durchfluss des Fluids durch das Laufrad gleich dem Unterschied der Drallströme $m \cdot r \cdot c_u$ zwischen den Kontrollquerschnitten. Es gilt daher:

$$L_u = \frac{\omega_{La} \cdot (\dot{m} \cdot c_{u2} \cdot r_2 - \dot{m} \cdot c_{u1} \cdot r_1)}{\dot{m}}$$

, woraus Gl. 5.1 unmittelbar folgt.

Die grundlegende EULERsche Hauptgleichung der Turbomaschinen-Theorie Gl. 5.1 ist die wichtigste Beziehung zur Auslegung von Turbomaschinen. Sie gilt in der oben angegebenen Form für Arbeitsmaschinen (Pumpe, Verdichter), aber auch für Turbinen, wenn die Indizes vertauscht werden.

5.1.2 *Eine weitere Gleichung für die Energieübertragung*

Wenn auch die EULERsche Hauptgleichung der Turbomaschinen-Theorie Gl. 5.1 stets richtige Ergebnisse bei ihrer Anwendung liefert, so ist damit die begriffliche Klärung des Mechanismus der Energieübertragung in Strömungen keineswegs restlos geklärt. Betrachten wir z.B. ein kleines Fluidelement vom ruhenden Koordinaten-system aus auf einem kleinen Stück seiner Bahnkurve zwischen den Schaufeln des rotierenden Laufrades (siehe auch Abb. 5-1). In diesem Falle ist die Gl. 5.1 nicht anwendbar. Es lassen sich leicht auch andere Fälle angeben, bei denen offensichtlich mechanische Arbeit von einem umströmten Körper an das Fluid übertragen wird und die EULERsche Hauptgleichung der Turbomaschinen Gl. 5.1 nicht anwendbar ist. Ein Beispiel hierfür ist das gesamte Strömungsfeld vor einem Schiff.

Von einigen Wissenschaftlern [22], [24] ist daher der Versuch gemacht worden, eine Grundbeziehung für die Energieübertragung in Strömungen herzuleiten. Sie benutzen allerdings nur den NEWTONschen Impulssatz und die Definitionsgleichung für die

Totalenergie eines Fluids. EULER hat für die Ableitung seiner Hauptgleichung der Turbomaschinen-Theorie den Drehimpulssatz benutzt; was hier noch einmal deutlich hervorgehoben werden soll.

Die Ableitung soll hier dargestellt werden, wobei der Einfachheit halber ein inkompressibles Fluid (ρ = konst.) vorausgesetzt werden soll.

Die Totalenergie eines inkompressiblen Fluids beträgt:

$$h = \frac{v^2}{2} + \frac{p}{\varrho} \tag{5.2}$$

Um die Änderung der Totalenergie eines Fluidelementes bestimmen zu können, bilden wir die so genannte substanzielle Ableitung der Gl. 5.2 :

$$\frac{dh}{dt} = \vec{v} \cdot \frac{d\vec{v}}{dt} + \frac{1}{\varrho} \cdot \frac{\partial p}{\partial t} + \vec{v} \cdot \frac{1}{\varrho} \cdot \mathrm{grad}\, p$$

$$\frac{dh}{dt} = \frac{1}{\varrho} \cdot \frac{\partial p}{\partial t} + \vec{v} \cdot \left(\frac{d\vec{v}}{dt} + \frac{1}{\varrho} \cdot \mathrm{grad}\, p \right) \tag{5.3}$$

In der Strömungsmechanik begegnet uns der NEWTONsche Impulssatz in der Form des Kräftegleichgewichtes am Fluidelement. Für ein ideales, d.h. als reibungsfrei idealisiertes Fluid, lautet diese Beziehung:

$$\frac{d\vec{v}}{dt} + \frac{1}{\varrho} \cdot \mathrm{grad}\, p = 0 \tag{5.4}$$

Der Klammerausdruck in Gl. 5.3 stellt nun gerade den linken Teil der Gl. 5.4 dar. Wenn die Gl. 5.4 in Gl. 5.3 eingesetzt wird, verbleibt von Gl. 5.3 :

$$\frac{dh}{dt} = \frac{1}{\varrho} \cdot \frac{\partial p}{\partial t} \tag{5.5}$$

Die Gl. 5.5 stellt bis heute die einzige Beziehung zur Erklärung des Mechanismus der Energieübertragung in Strömungen dar.   Von den Autoren [22] und [24] werden aus Gl. 5.5 folgende Schlussfolgerungen gezogen:

138

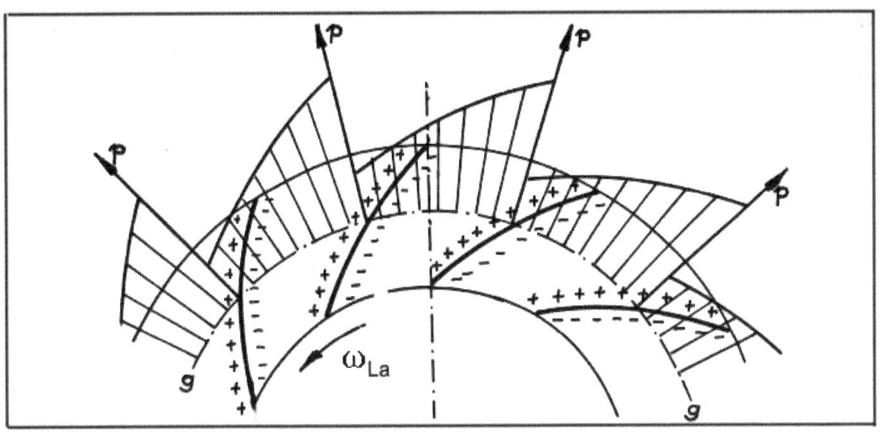

Abb. 5-2 Druckverlauf für einen Radius in einem Radialrad

1. Die Totalenergie eines als reibungsfrei idealisierten Fluids kann nur durch ein instationäres Druckfeld verändert werden. Nur in einer instationären Strömung ist Energieübertragung möglich.

2. Der Arbeitsumsatz in der Turbomaschine - d.h. die Änderung der Totalenergie eines Fluidelementes beim Durchströmen des Laufrades - kann mit Hilfe der Gl. 5.5 erklärt werden. Vom ruhenden Beobachter aus gesehen, weist die Laufradströmung einen instationären Charakter auf. In einem festen Punkt des Raumes innerhalb des Laufrades werden in zeitlicher Folge immer wieder andere Zustände herrschen. Gegenüber dem Laufrad bewegt sich ein im Raume fester Punkt längs der Kurve g mit der Geschwindigkeit u von links nach rechts (Abb. 5-2). Da nun der Druck an der Schaufelsaugseite (Symbol --) stets kleiner ist als an der Druckseite der Schaufel (Symbol +), herrscht, von einem ruhenden Beobachter aus gesehen, ein zeitliches Abfallen des Druckes im Falle der Turbine und ein zeitliches Ansteigen im Falle des Verdichters, wie die p-Kurven in der Abb. 5-2 erkennen lassen. Es gilt daher im Wesentlichen im ganzen Laufradraum:

$$\frac{\partial p}{\partial t} < 0 \ \text{ für die Turbine und } \ \frac{\partial p}{\partial t} > 0 \ \text{ für den Verdichter}$$

Nach Gl. 5.5 nimmt folglich die Totalenergie des Fluids beim Durchtritt durch das Laufrad im Falle der Turbine ab, im Falle des Verdichters zu.

Die Gl. 5.5 kann aber den Mechanismus der Energieübertragung nicht vollständig erklären. Die substanzielle Ableitung der Totalenergie h setzt sich zusammen aus der lokalen zeitlichen Ableitung (Ort wird hierbei festgehalten) und der konvektiven Ableitung. Die Gl. 5.5 erklärt aber nur die zeitliche Änderung des statischen Druckes bei festgehaltenem Ort. Die Gl. 5.5 soll hier einmal so dargestellt werden, dass die substanzielle zeitliche Ableitung von h ersetzt wird durch die lokale, zeitliche Ableitung und die konvektive Ableitung:

$$\frac{d\,h}{d\,t} = \underline{\frac{1}{\varrho}\cdot\frac{\partial p}{\partial t}} + \frac{\vec{v}}{\varrho}\cdot\text{grad }p + \vec{v}\cdot\frac{d\,\vec{v}}{d\,t} = \underline{\frac{1}{\varrho}\cdot\frac{\partial p}{\partial t}} \qquad (5.5a)$$

Die lokale, zeitliche Änderung des statischen Druckes, die allein für die Energieänderung verantwortlich gemacht wird, ist auf der rechten Seite der Gl. 5.5a durch Unterstreichen gekennzeichnet. Sie kann nur den entsprechenden Anteil der substanziellen Änderung der Totalenergie beeinflussen, der auf der linken Seite der Gl. 5.5a durch Unterstreichen hervorgehoben wurde. Der konvektive Anteil der Änderung der Totalenergie bleibt unbeeinflusst. Ursache hierfür ist - wenn man die Ableitung genauer betrachtet - das Kräftegleichgewicht in der Form der Gl. 5.4. Wegen des Kräftegleichgewichtes muss in Gl. 5.3 der Klammerausdruck null sein und damit kann in einer reibungsfreien, stationären Strömung keine Energieänderung auftreten!

Es lassen sich aber Beispiele angeben, wo auch bei stationärer Strömung Unterschiede der Totalenergie auftreten. So ist z.B. zu beobachten, dass bei der Umströmung eines Brückenpfeilers in einem Fluss die Wassergeschwindigkeit in der Nähe des Pfeilers im vorderen Bereich der Umströmung deutlich ansteigt. Der statische Druck ist an der freien Oberfläche konstant und kann nicht für die Beschleunigung verantwortlich gemacht werden. Der Wasserspiegel senkt sich trotz Zunahme der Strömungsgeschwindigkeit des Wassers vor dem Pfeiler auch nicht ab. Bei der Umströmung des Pfeilers kommt es zu Krümmungsänderungen der Stromlinien. Es erfolgt eine Energieübertragung von den weiter entfernten Stromlinien an die Stromlinien mit den größeren Krümmungsänderungen in Pfeilernähe.

Ohne Beachtung des Drehimpulssatzes kann der Mechanismus der Energieübertragung von einer Stromlinie zur benachbarten Stromlinie nicht richtig erfasst werden. Wird das Kräftegleichgewicht nach Gl. 5.4 um die Drehbeschleunigung b erweitert:

$$\frac{d\,\vec{v}}{d\,t} + \frac{1}{\varrho}\cdot\text{grad }p - \vec{b} = 0 \qquad (5.6)$$

140

so erhält die Gl. 5.3 für die Änderung der Totalenergie die Form:

$$\frac{d\,h}{d\,t} = \frac{1}{\varrho} \cdot \frac{\partial p}{\partial t} + \vec{v} \cdot \vec{b} \qquad\qquad (5.7)$$

Die Gl. 5.7 erklärt nun in einfacher Weise die Energieübertragung auch in einer stationären Strömung. Für eine stationäre Strömung gilt:

$$\frac{d\,h}{d\,t} = \vec{v} \cdot \vec{b} \qquad\qquad (5.7a)$$

Die Drehbeschleunigung b kann nur auftreten, wenn die Stromlinien einen veränderlichen Krümmungsradius aufweisen und außerdem das einfache Kräftegleichgewicht senkrecht zur Stromlinie gestört ist. Bei Strömungen mit freier Wasseroberfläche ist das einfache Kräftegleichgewicht fast immer gestört, da der Druckgradient verschwinden muss.

5.2 Die Berechnung der wirbelbehafteten Laufradströmung radialer Turbomaschinen

5.2.1 *Kritische Betrachtungen zu den bisherigen Modellvorstellungen*

Alle bisher bekannten Berechnungsmethoden gehen von folgender Modellvorstellung aus. Wir betrachten die ebene Strömung eines reibungsfreien Mediums durch ein rotierendes Radialrad (siehe hierzu Abb. 5-1). Die Strömung vor dem Laufradeintritt sei - vom ruhenden Koordinatensystem aus betrachtet - eine Potentialströmung. Sie ist erzeugt zu denken durch eine Wirbelquelle (Potentialwirbel und Quellströmung) im Ursprung des Koordinatensystems. Durch die Wirbelstärke hat man es in der Hand, sich eine Strömung mit einem bestimmten Vordrall vorzugeben. Hat nun die Strömung vor dem Rad den Charakter einer Potentialströmung, so behält sie nach bekannten Wirbelsätzen der Strömungsmechanik diesen Charakter auch im Laufrad und nach diesem bei. Daraus folgt aber sogleich, dass die Relativströmung im Laufrad keine Potentialströmung sein kann. Betrachtet man eine im ruhenden Koordinatensystem wirbelfreie Strömung von einem Koordinatensystem aus, das mit der Winkelgeschwindigkeit ω_{La} rotiert, so weist diese Relativströmung eine über die ganze

Ebene gleichmäßig verteilte Wirbelstärke rot w = -2ω_{La} auf, deren Drehsinn demjenigen des Koordinatensystems entgegengesetzt gerichtet ist. Die Potentialströmung im Laufradbereich ist, vom ruhenden Koordinatensystem aus betrachtet, instationär. Durch den Übergang zum Relativsystem ist bei bestimmten Voraussetzungen die Relativströmung stationär. Dies trifft zu, wenn vor und hinter dem Laufrad keine ruhenden Bauteile (z.B. ein Vor- oder Nachleitrad) die Zu- und Abströmbedingungen des rotierenden Laufrades zeitlich verändern. Die Berechnung der Laufradströmung erfolgt daher stets im Relativsystem mit der Grundannahme, dass für die als reibungsfrei angenommene Hauptströmung

$$\mathrm{rot}\,\vec{w} \;=\; -2\cdot\omega_{La}$$

gilt. Dies ist gleichbedeutend mit der Annahme einer Potentialströmung im Absolutsystem. Für die gilt:

$$\mathrm{rot}\,\vec{c} \;=\; 0$$

Das Kräftegleichgewicht einer als reibungsfrei angenommenen Strömung ohne Feldkräfte lautet in Vektorschreibweise:

$$\frac{\partial \vec{c}}{\partial t} + (\vec{c}\,\nabla)\vec{c} + \frac{1}{\varrho}\cdot\mathrm{grad}\,p \;=\; 0 \tag{5.8}$$

Für die konvektive Beschleunigung kann mit Hilfe einer bekannten Umformung aus der Vektoranalysis geschrieben werden:

$$(\vec{c}\,\nabla)\vec{c} \;=\; \frac{1}{2}\,\mathrm{grad}\,\vec{c}^{\,2} - \vec{c}\times\mathrm{rot}\,\vec{c}$$

Die Bewegungsgleichung bekommt damit die bekannte Form:

$$\frac{\partial \vec{c}}{\partial t} + \mathrm{grad}\left(\frac{c^2}{2}\right) - \vec{c}\times\mathrm{rot}\,\vec{c} + \frac{1}{\varrho}\cdot\mathrm{grad}\,p \;=\; 0 \tag{5.9}$$

Für die als reibungsfrei angenommene Strömung soll auch jeglicher Wärmeaustausch mit der Umgebung ausgeschlossen werden. Eine solche Strömung ist zugleich isentrop. Unter diesen Voraussetzungen folgt aus dem ersten Hauptsatz der Thermodynamik:

$$\mathrm{grad}\,h \;=\; \frac{1}{\varrho}\cdot\mathrm{grad}\,p \tag{5.10}$$

Die statische Enthalpie muss für ein kompressibles Medium nach

$$\triangle h \;=\; \int_{p_0}^{p} \frac{1}{\varrho}\,dp$$

und für ein inkompressibles Medium nach

$$\triangle h \;=\; \frac{\triangle p}{\varrho}$$

berechnet werden. Mit der Totalenthalpie:

$$h_{tot} \overset{def}{=\!=} h + \frac{c^2}{2} \qquad (5.11)$$

lautet dann die Bewegungsgleichung Gl. 5.9:

$$\frac{\partial \vec{c}}{\partial t} + \text{grad } h_{tot} - \vec{c} \times \text{rot } \vec{c} = 0 \qquad (5.12)$$

Die beiden Feldgrößen c und h_{tot} hängen im Allgemeinen von den Ortskoordinaten und von der Zeit t ab. Für instationäre Strömungsvorgänge, die mit einer Periodizität ablaufen und nicht mit der Zeit abklingen, können die Feldgrößen in einen stationären und instationären Anteil aufgespaltet werden.

$$\vec{c} = \overline{\vec{c}} + \widetilde{\vec{c}} \quad \text{und} \quad h_{tot} = \overline{h}_{tot} + \widetilde{h}_{tot}$$

Die mit dem Symbol ⁻ überstrichenen Größen hängen nur von den Ortskoordinaten, nicht aber von der Zeit ab. Die mit dem Symbol ~ gekennzeichneten Größen sind dagegen Funktionen von den Ortskoordinaten und von der Zeit. Der zeitliche Mittelwert dieser Größen, am festgehaltenen Ort bestimmt, muss null ergeben:

$$\int_{0}^{\Delta t} \widetilde{\vec{c}} \, dt = 0 \quad \text{bzw.} \quad \int_{0}^{\Delta t} \widetilde{h}_{tot} dt = 0 \quad \text{für } \Delta t \rightarrow \infty$$

Damit ergibt sich für die Bewegungsgleichung:

$$\underbrace{\text{grad } \overline{h}_{tot} - \overline{\vec{c}} \times \text{rot } \overline{\vec{c}}}_{= \, 0} + \underbrace{\frac{\partial \widetilde{\vec{c}}}{\partial t} + \text{grad } \widetilde{h}_{tot} - \widetilde{\vec{c}} \times \text{rot}(\overline{\vec{c}} + \widetilde{\vec{c}}) - \overline{\vec{c}} \times \text{rot } \widetilde{\vec{c}}}_{= \, 0} = 0 \qquad (5.13)$$

Die ersten beiden Summanden dieser Gleichung enthalten nur Größen, die nicht von der Zeit abhängen. Nach einer bekannten Schlussweise muss dieser Teil der Gl. 5.13 für sich allein genommen null ergeben, d.h. es gilt:

$$\overline{\vec{c}} \times \text{rot } \overline{\vec{c}} = \text{grad } \overline{h}_{tot} \qquad (5.14)$$

Erfolgt z.B. durch Wärmezufuhr an das Strömungsmedium eine Enthalpie-Änderung, so kann für grad h_{tot} = T · grad s (s bedeutet in diesem Falle die Entropie) gesetzt werden und die Gl. 5.14 nimmt die Form des CROCCOschen Wirbelsatzes an. Wenn in einer als reibungsfrei angenommenen Strömung durch Zu- bzw. Abfuhr mechanischer Energie der zeitliche Mittelwert der Totalenthalpie h_{tot} örtlich verschiedene Werte annimmt, dann muss diese Strömung wirbelbehaftet sein. Sie ist dann keine Potentialströmung mehr!

Die Laufradströmung einer Turbomaschine unterscheidet sich aber gerade von vielen anderen Durchströmproblemen (z.B. auch von einer Leitradströmung) durch die Tatsache, dass infolge der Energieübertragung ein Gradient grad h_{tot} ungleich null vorhanden ist. Um den Effekt der Energieübertragung im Laufrad einer Turbomaschine besser erfassen zu können, ist es daher angebracht, von der als reibungsfrei angenommenen Strömung im Absolutsystem nicht noch zu fordern, dass sie wirbelfrei sein muss. Handelt es sich aber z.B. um ein stationäres Strömungsproblem ohne äußere Energiezufuhr, das man durch eine reibungsfreie Strömung näherungsweise berechnen will, so ist die Annahme einer Potentialströmung im Rahmen der klassischen Strömungsmechanik sinnvoll. In diesem Falle kann man meist davon ausgehen, dass im Eintrittsquerschnitt des betrachteten Strömungsraumes die Totalenthalpie für alle Stromlinien den gleichen Wert hat. Da keine Energie zu- oder abgeführt wird, ist h_{tot} im ganzen Strömungsgebiet gleich und die Strömung muss nach Gl. 5.14 wirbelfrei sein. Es gibt aber auch instationäre, als reibungsfrei idealisierte Strömungen, bei denen die Energie um einen im ganzen Raum konstanten Mittelwert schwankt. Für derartige instationäre Strömungen gilt grad h_{tot} = 0 und der instationäre Anteil von h_{tot} ist ungleich null. Derartige Strömungen lassen sich durch Potentialströmungen mit rot c = 0 beschreiben, ohne dass die Bewegungsgleichung Gl. 5.13 verletzt wird. Die Ausbreitung von Schallwellen ist hierfür ein typisches Beispiel.

Es besteht ein enger Zusammenhang zwischen der Energieübertragung und dem Vorhandensein eines Wirbelfeldes. Ohne ein Wirbelfeld ist eine Dralländerung $\Delta(r \cdot c_u)$ zwischen dem Ein- und Austrittsradius des Laufrades einer Strömungsmaschine für die Absolutströmung undenkbar. Damit ist nach der EULERschen Hauptgleichung der Turbomaschinen

$$L_u = c_{u2} \cdot u_2 - c_{u1} \cdot u_1$$

ohne ein Wirbelfeld auch keine Energieübertragung möglich.

144

Unsere bisherige Modellvorstellung geht davon aus, dass das Wirbelfeld im Bereich der eigentlichen Laufschaufeln durch gebundene Wirbel erzeugt wird. Durch diese Modellvorstellung bedingt, ergeben sich zwangsläufig niedrige Relativgeschwindigkeiten auf der Druckseite der Laufschaufeln, was im Folgenden näher erläutert werden soll.

Die klassischen Verfahren zur Berechnung der reibungsfreien Laufradströmung liefern insbesondere im Teillastbereich eine Geschwindigkeitsverteilung an den Schaufeloberflächen, die seit Jahren umstritten ist. Auf der Druckseite der Laufschaufel ist die Relativgeschwindigkeit viel kleiner als auf der Saugseite. Besonders bei kleinem Durchflussvolumen ergeben sich bei den Berechnungen auf der Druckseite der Laufschaufeln öfter Rückströmzonen. Dies konnte durch Messungen nicht bestätigt werden. Die niedrigen Relativgeschwindigkeiten auf der Druckseite der Laufschaufeln sind durch die Konzentration des Wirbelfeldes im Bereich der eigentlichen Laufschaufeln bei den Berechnungsmodellen bedingt.

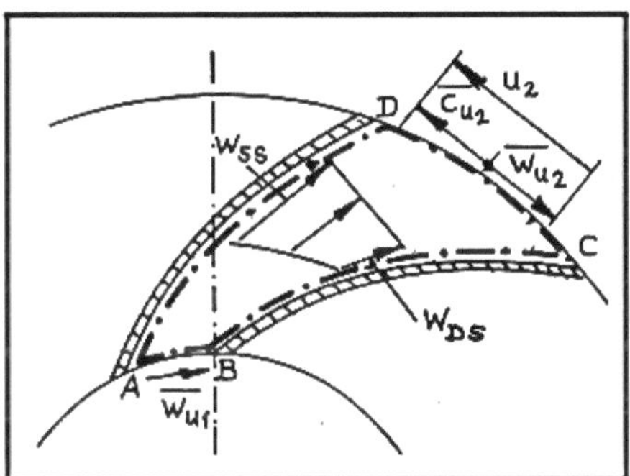

Abb. 5-3 Entstehung des Rückströmens auf der Schaufeldruckseite

In der Abb. 5-3 ist ein Kontrollgebiet A,B,C,D eingezeichnet. Wenn die Absolutströmung zwischen den Schaufeln wirbelfrei ist, dann gilt für die Relativströmung:

$$\text{rot } \vec{w} = -2 \cdot \vec{\omega}_{La} \quad \text{bzw.} \quad \Gamma_{rel} = \oint \vec{w}\, d\vec{s} = -2 \cdot \vec{\omega}_{La} \cdot A_{ABCD} = \text{konst.}$$

Das bedeutet, dass die Zirkulation längs der Randkurve ABCD für beliebige Durchflussvolumenströme immer den gleichen konstanten Wert annehmen muss. Bei Verringerung des Durchflussvolumens und rückwärts gekrümmten Schaufeln nimmt die Dralländerung im Laufrad zu (c_u wird größer). Dadurch wird w_u kleiner und damit auch der Anteil für die Zirkulation, der von der Integration längs der Kurve CD herrührt. Wenn die Zirkulation Γ_{rel} den gleichen Wert behalten soll, muss w_D im Verhältnis zu w_S entsprechend abnehmen. Bei großen Dralländerungen im Laufrad, wie sie bei Teillast auftreten, kann auf der Druckseite w_D sehr klein werden. Wird die Relativgeschwindigkeit w_D sogar negativ, kommt es zum Rückströmen auf der Druckseite. Dieser Effekt wird allein durch die Tatsache verursacht, dass die Zirkulation der Relativströmung längs der Randkurve A,B,C,D,A des schaufelfreien Kontrollgebietes für beliebige Durchflussvolumenströme des Laufrades immer den gleichen Wert haben muss. Die Zirkulation Γ_S um die eigentlichen Schaufeln

$$\Gamma_S = \frac{2\,\pi}{N}\left(r_2'\overline{c}_{u2} - r_1'\overline{c}_{u1}\right) = \frac{2\,\pi}{N\,\omega_{La}} \cdot L_u$$

die von der Energiezufuhr bzw. Dralländerung abhängt, ändert dagegen ihren Wert bei Änderung des Betriebszustandes des Laufrades durchaus.

Gehen wir nun zu einer anderen Modellvorstellung über. Wenn die Absolutströmung im schaufelfreien Kontrollgebiet A,B,C,D als wirbelbehaftet angenommen wird, dann würde sich bei Änderung des Durchflussvolumenstromes auch die Zirkulation der Relativströmung längs der Randkurve des Kontrollgebietes entsprechend ändern. Die zwingenden Gründe, die das Rückströmen auf der Druckseite bei Teillast und wirbelfreier Absolutströmung verursachen, treffen dann nicht mehr zu. Die hier aufgezeigte Problematik gilt für Leitradströmungen nicht. Hier ist die Konzentration der Wirbel-Singularitäten an den Stellen der eigentlichen Schaufeln sinnvoll. Da die Totalenthalpie der Strömung im Leitgitter nicht verändert wird, kann man durch eine Potentialströmung die reale Strömung annähern, wenn auch die einzelnen Stromlinien den gleichen Wert der Totalenthalpie wenigstens in guter Näherung aufweisen. Das gilt aber nur im Rahmen der klassischen Strömungsmechanik, d.h. unter Vernachlässigung der Drehbeschleunigung b!

5.2.2 *Aufgabenstellung*

Durch die Ausführungen des vorangegangenen Abschnitts 5.2.1 ist deutlich geworden, dass eine Überprüfung der bisherigen Modellvorstellung zur Berechnung der Laufradströmung ratsam erscheint. Die übliche Annahme für die als reibungsfrei angenommene Hauptströmung im Laufrad rot c = 0 kann wegen der Energieübertragung, die für die Laufradströmung eine sehr wesentliche Rolle spielt, nicht die geeignete Grundannahme sein. Es ist zu vermuten, dass durch den Übergang zu einem wirbelbehafteten Strömungsmodell mit rot c ungleich null sich andere Ergebnisse für die Strömung im radialen Laufrad einer Turbomaschine ergeben. Hieraus leitet sich zwangsläufig die folgende Aufgabenstellung ab:

1. Es ist zu untersuchen, ob für die Laufradströmung wirbelbehaftete Lösungen existieren und wie die entsprechende Differentialgleichung zur Ermittlung dieser Lösungen aussieht. Hierbei sollte vorrangig von einer Betrachtung der instationären Absolutströmung ausgegangen werden, wie es SCHIELE [24] schon gefordert hat.

2. Für die als reibungsfrei und inkompressibel angenommene Laufradströmung ist ein Berechnungsverfahren zu erarbeiten. Hierbei ist zunächst von einem radialen Laufrad mit parallelen Trag- und Deckscheiben auszugehen, sodass die Laufradströmung gut als ein zweidimensionales Problem idealisiert werden kann. Gegenüber den heute angewendeten Berechnungsverfahren stellt dies zunächst einen Rückschritt dar. Da hier aber ein neuer Weg beschritten wird, der doch wesentlich von allen bisher bekannten Berechnungsverfahren abweicht, erscheinen die getroffenen Vereinfachungen sinnvoll und gerechtfertigt.

3. Erstellung eines Rechenprogramms für die elektronische Datenverarbeitung und Durchführung von Beispielrechnungen.

5.2.3 *Mathematisches Modell der wirbelbehafteten Laufradströmung*

Da es sich im Folgenden um einen neuen Weg der Laufradberechnung handelt, mussten zunächst erst einmal bestimmte Annahmen und Vereinfachungen getroffen werden. Sie können später, wenn die grundsätzlichen Probleme gelöst sind, schrittweise abgebaut werden. Die getroffenen Vereinfachungen sind:

1. Es werden nur Laufräder betrachtet, die parallele Trag- und Deckscheiben und einfach gekrümmte Radialschaufeln haben. Dadurch ist die Strömung weitgehend zweidimensional und kann nur durch die beiden Ortskoordinaten R und Θ und durch die Zeit t beschrieben werden. Für die Axialkomponente c_z der Strömung gilt dann überall $c_z = 0$.

2. Die Dichteänderung wird vernachlässigt, sodass die Ergebnisse nur für Pumpen bzw. Ventilatoren Gültigkeit haben.

3. Das Strömungsmedium wird reibungsfrei angenommen.

4. Die Schwerkraft wird für die Laufradströmung als eine vernachlässigbare Feldkraft angesehen.

5. Die Winkelgeschwindigkeit des Laufrades ω_{La}. und der Durchflussvolumenstrom V sind konstant. Rotierendes Abreißen darf nicht auftreten.

6. Unmittelbar vor und hinter dem Laufrad sind keine feststehenden Bauteile, wie z.B. Leitschaufeln, angeordnet.

Es erweist sich als vorteilhaft, die Laufradströmung zunächst im ruhenden Koordinatensystem zu betrachten. Vom ruhenden Beobachter aus gesehen ist die Laufradströmung zwar instationär, hat aber die besondere Eigenschaft, dass alle momentanen Strömungsbilder durch Drehung zur Deckung gebracht werden können. Die Theorie muss also nur eine solche „Momentaufnahme" berechnen. Die Betrachtung im ruhenden Koordinatensystem hat den Vorteil, dass sie bezüglich der auftretenden Kräfte anschaulicher ist. Es müssen keine Scheinkräfte (CORIOLIS- und Zentrifugalkraft, hervorgerufen durch die Betrachtungen in einem rotierenden Koordinatensystem) eingeführt werden. Unter Beachtung der oben genannten Voraussetzungen vereinfacht sich die Bewegungsgleichung und kann durch zwei skalare Gleichungen ausgedrückt werden:

$$\frac{\partial c_r}{\partial t} + c_r \cdot \frac{\partial c_r}{\partial r} + \frac{c_u}{r} \cdot \frac{\partial c_r}{\partial \theta} - \frac{c_u^2}{r} = -\frac{1}{\varrho} \cdot \frac{\partial p}{\partial r} \qquad (5.15)$$

$$\frac{\partial c_u}{\partial t} + c_r \cdot \frac{\partial c_u}{\partial r} + \frac{c_u}{r} \cdot \frac{\partial c_u}{\partial \theta} + \frac{c_r \cdot c_u}{r} = -\frac{1}{\varrho r} \cdot \frac{\partial p}{\partial \theta} \qquad (5.16)$$

Nimmt man noch die Kontinuitätsbeziehung für ρ = konst.

$$\frac{\partial c_r}{\partial r} + \frac{c_r}{r} + \frac{1}{r} \cdot \frac{\partial c_u}{\partial \theta} = 0 \qquad (5.17)$$

hinzu, so stehen drei Gleichungen zur Bestimmung der drei unbekannten Größen c_r , c_u und p zur Verfugung.

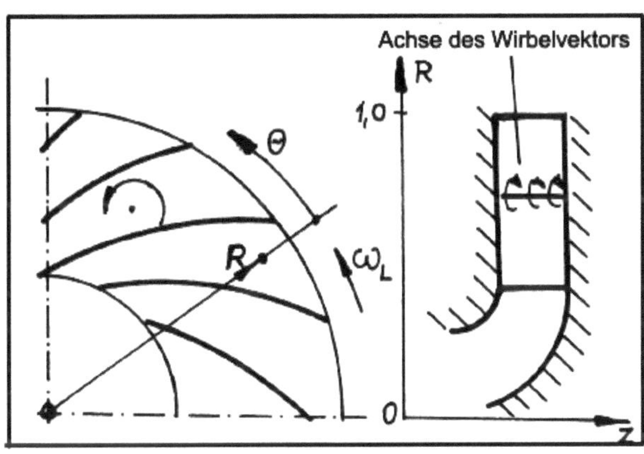

Abb. 5-4 Dimensionsloses Koordinatensystem

Es ist zweckmäßig, alle folgenden Betrachtungen mit dimensionslosen Größen durchzuführen. Alle Strömungsgeschwindigkeiten werden durch die Laufradumfangs-geschwindigkeit u_2 und alle geometrischen Größen durch den Laufradaußenradius r_2 dimensionslos gemacht. Die Zeit t wird nicht dimensionslos gemacht und tritt in den Gleichungen deshalb immer in Verbindung mit der Laufradwinkelgeschwindigkeit ω_{La} auf.

$$C = \frac{c}{u_2} \; ; \quad W = \frac{w}{u_2} \; ; \quad R = \frac{r}{r_2} = \frac{u}{u_2}$$

$$P = \frac{p}{\varrho u_2^2} \; ; \quad H = \frac{h}{u_2^2} \qquad (5.18)$$

Für die Laufradwinkelgeschwindigkeit gilt $\omega_{La} = u_2 / r_2$. Die drei Gleichungen 5.15 bis 5.17 bekommen damit die folgende dimensionslose Form:

$$\frac{1}{\omega_{La}} \cdot \frac{\partial C_r}{\partial t} + C_r \cdot \frac{\partial C_r}{\partial R} + \frac{C_u}{R} \frac{\partial C_r}{\partial \theta} - \frac{C_u^2}{R} = -\frac{\partial P}{\partial R} \qquad (5.19)$$

$$\frac{1}{\omega_{La}} \cdot \frac{\partial C_u}{\partial t} + C_r \cdot \frac{\partial C_u}{\partial R} + \frac{C_u}{R} \frac{\partial C_u}{\partial \theta} + \frac{C_u \cdot C_r}{R} = -\frac{1}{R} \cdot \frac{\partial P}{\partial \theta} \qquad (5.20)$$

$$\frac{\partial C_r}{\partial R} + \frac{C_r}{R} + \frac{1}{R} \cdot \frac{\partial C_u}{\partial \theta} = 0 \qquad (5.21)$$

Diese drei Gleichungen stellen die Ausgangsgleichungen zur Berechnung der wirbelbehafteten Laufradströmung dar. Die Energieübertragung von der Laufschaufel an die Strömung erfolgt bei einer reibungsfreien Strömung durch die Druckkräfte. Wie sich dieses Druckfeld im Laufrad aufbaut, hängt wesentlich von der Schaufelgeometrie ab.

5.2.4 *Die Differentialgleichung für die wirbelbehaftete Laufradströmung*

<u>Betrachtung im Absolutsystem</u>

Aus den drei Ausgangsgleichungen 5.19 bis 5.21 soll nun eine Differentialgleichung für die instationäre Absolutströmung hergeleitet werden. Zur Erfüllung der Kontinuitätsgleichung 5.21 wird die dimensionslose Stromfunktion Ψ_{abs} eingeführt:

$$C_r = \frac{1}{R} \cdot \frac{\partial \Psi_{abs}}{\partial \theta} \qquad (5.22)$$

$$C_u = -\frac{\partial \Psi_{abs}}{\partial R} \qquad (5.23)$$

Differenziert man die Gl. 5.19 nach Θ und Gl. 5.20 nach R, so kann durch Subtraktion der beiden Gleichungen der statische Druck P eliminiert werden. Diese Rechenoperation ist gleichbedeutend mit der Anwendung des Operators rot auf die Bewegungsgleichung in der Vektorform. Ersetzt man außerdem die Geschwindigkeitskomponenten mit Hilfe der Gleichungen 5.22 und 5.23 durch die Stromfunktion, so erhält man:

$$\frac{R}{\omega_{La}} \cdot \frac{\partial(\Delta\Psi_{abs})}{\partial t} - \frac{\partial\Psi_{abs}}{\partial R} \cdot \frac{\partial(\Delta\Psi_{abs})}{\partial\theta} + \frac{\partial\Psi_{abs}}{\partial\theta} \cdot \frac{\partial(\Delta\Psi_{abs})}{\partial R} = 0 \qquad (5.24)$$

$$\text{mit:} \qquad \Delta\Psi_{abs} = \frac{1}{R^2} \cdot \frac{\partial^2\Psi_{abs}}{\partial\theta^2} + \frac{1}{R} \cdot \frac{\partial\Psi_{abs}}{\partial R} + \frac{\partial^2\Psi_{abs}}{\partial R^2} \qquad (5.25)$$

Wenn man in die Gl. 5.25 anstelle der Stromfunktion wieder die Geschwindigkeitskomponenten einführt, erkennt man sofort den Zusammenhang zwischen dem Ausdruck $\Delta\Psi_{abs}$ und dem Wirbelvektor rot C :

$$\Delta\Psi_{abs} = \frac{1}{R}\left(\frac{\partial C_r}{\partial\theta} - C_u - R\frac{\partial C_u}{\partial R}\right) = \frac{1}{R}\left(\frac{\partial C_r}{\partial\theta} - \frac{\partial(R\,C_u)}{\partial R}\right) = \text{rot } \vec{C}\cdot\vec{i_z}$$

$$\text{mit:} \quad \text{rot } \vec{C} = -\frac{1}{R}\left(\frac{\partial C_r}{\partial\theta} - \frac{\partial(R\,C_u)}{\partial R}\right)\cdot\vec{i_z}$$

Da das Strömungsproblem nur zweidimensional betrachtet wird, hat der Wirbelvektor nur eine Komponente, die in Richtung der Laufradachse (z-Koordinate) weist (siehe auch Abb. 5-4). Es kann außerdem festgestellt werden, dass der LAPLACE-Ausdruck $\Delta\Psi_{abs}$ ein Maß für den Betrag des Wirbelvektors darstellt.

Alle bisher bekannten Berechnungsverfahren für die Laufradströmung setzen voraus, dass die reibungsfreie Kernströmung im Absolutsystem drehungsfrei ist, d.h. es gilt $\Delta\Psi_{abs} = 0$. Es ist offensichtlich, dass durch die Annahme $\Delta\Psi_{abs} = 0$ die nichtlineare, partielle Differentialgleichung 5.24 erfüllt ist. Die Lösungen der LAPLACEschen Differentialgleichung $\Delta\Psi_{abs} = 0$, die als harmonische Funktionen bezeichnet werden, erfüllen damit auch die Differentialgleichung 5.24.

Es ist leicht zu erkennen, dass durch den Ansatz $\Delta\Psi_{abs} = $ konst. für den Wirbelvektor die nichtlineare Differentialgleichung 5.24 auch erfüllt wird. Die Lösungsmannigfaltigkeit der Differentialgleichung 5.24 ist offensichtlich größer. Nicht nur die wirbelfreien Lösungen mit $\Delta\Psi_{abs} = 0$ erfüllen die Differentialgleichung. Es wird sich zeigen, dass die Lösungsmannigfaltigkeit der Differentialgleichung 5.24 mit der Annahme einer konstanten Wirbelstärke $\Delta\Psi_{abs} = $ konst. noch nicht erschöpft ist.

<u>Übergang zum Relativsystem</u>

Bei der Berechnung der Laufradströmung muss u.a. die wesentliche Randbedingung erfüllt werden, wonach die Relativgeschwindigkeit in jedem Zeitpunkt unmittelbar an den Schaufeloberflächen keine Normalkomponente zur Schaufelkontur besitzt. Diese Forderung lässt sich im Relativsystem einfacher formulieren. Der Übergang zum Relativsystem hat einen weiteren Vorteil. Wenn unmittelbar vor und hinter dem Laufrad kein Leitrad angeordnet ist, kann die Relativströmung als stationär angenommen werden.

Die Transformationsbeziehung zwischen den beiden Koordinatensystemen lautet:

$$\theta = \vartheta + \omega_{La} \cdot t \qquad (5.26)$$

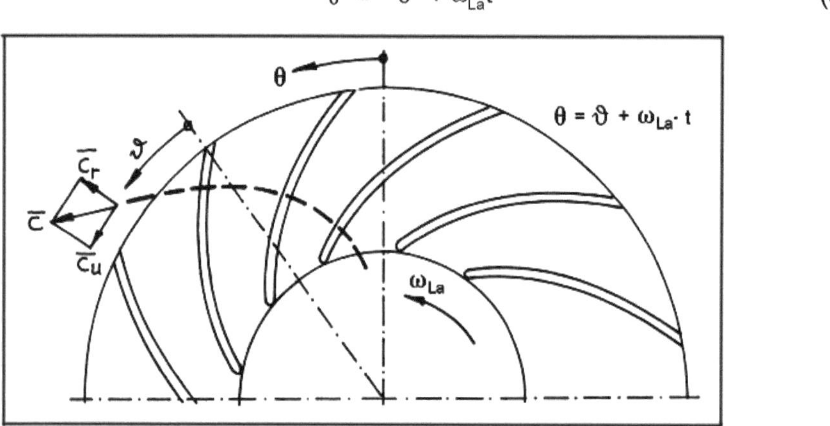

Abb. 5-5 Zusammenhang zwischen den beiden Koordinatensystemen

Um die skalare Gl. 5.24 für den Betrag des Wirbelvektors $\Delta\Psi_{abs}$ in das Relativsystem transformieren zu können, muss die folgende allgemeine Transformationsbeziehung für die zeitliche Änderung einer skalaren Größe A beachtet werden. Sie kann aus der Abb. 5-6 direkt abgeleitet werden.

$$\frac{\partial A}{\partial t_{abs}} = \frac{\partial A}{\partial t_{rel}} - (\vec{u} \cdot grad) A \qquad (5.27)$$

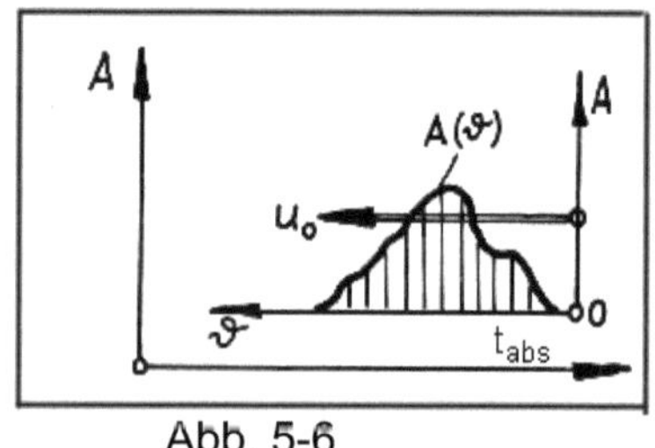

Abb. 5-6

Für das Problem der Laufradströmung kann für den Operator u·grad geschrieben werden:

$$\vec{u}\cdot\mathrm{grad} = r\cdot\omega_{La}\,\vec{i}_\vartheta\left(\frac{\partial}{\partial r}\cdot\vec{i}_r + \frac{1}{r}\frac{\partial}{\partial\vartheta}\cdot\vec{i}_\vartheta\right)$$

$$\vec{u}\cdot\mathrm{grad} = \omega_{La}\,\frac{\partial}{\partial\vartheta}$$

Für die lokale Ableitung der skalaren Größe A nach der Zeit t in beiden Koordinatensystemen gilt für die Laufradströmung der Zusammenhang:

$$\frac{\partial A}{\partial t_{abs}} = \frac{\partial A}{\partial t_{rel}} - \omega_{La}\,\frac{\partial A}{\partial\vartheta} \tag{5.28}$$

Hierbei versteht es sich, dass der Gang der Zeit in beiden Bezugssystemen der gleiche ist. Die Annahme einer absoluten Zeit ist eine wesentliche Grundlage für die Vorstellungen der klassischen Mechanik.

Für die Ableitungen der Ortsvektoren gilt:

$$\frac{\partial A}{\partial R_{abs}} = \frac{\partial A}{\partial R_{rel}} \quad\text{und}\quad \frac{\partial A}{\partial\theta} = \frac{\partial A}{\partial\vartheta} \tag{5.29}$$

Zwischen den Geschwindigkeitskomponenten im Absolutsystem und Relativsystem gelten die bekannten Umrechnungsformeln:

$$\begin{aligned}
\vec{C} &= \vec{U} + \vec{W} \\
C_u &= U + W_u = R + W_u \\
C_r &= W_r
\end{aligned} \tag{5.30}$$

Auch die folgenden Zusammenhänge zwischen der Stromfunktion im Absolutsystem Ψ_{abs} und im Relativsystem Ψ_{rel} sind leicht zu überblicken.

$$C_u = -\frac{\partial\Psi_{abs}}{\partial R} = R - \frac{\partial\Psi_{rel}}{\partial R} \tag{5.31}$$

$$R\,C_r = +\frac{\partial\Psi_{abs}}{\partial\theta} = +\frac{\partial\Psi_{rel}}{\partial\theta} \tag{5.32}$$

$$\Psi_{abs} = -\frac{1}{2}R^2 + \Psi_{rel} \tag{5.33}$$

$$\triangle\Psi_{abs} = -2 + \triangle\Psi_{rel} \tag{5.34}$$

Es soll nun die Differentialgleichung für die Stromfunktion abgeleitet werden. Mit Hilfe der Transformationsbeziehungen Gl. 5.28, 5.29 und 5.34 erhält man aus der Differentialgleichung Gl. 5.24 eine Differentialgleichung für die Stromfunktion im Relativsystem:

$$\frac{R}{\omega_{La}} \cdot \frac{\partial(\Delta\Psi_{rel})}{\partial t} - R \cdot \frac{\partial(\Delta\Psi_{rel})}{\partial\vartheta} - \left(-R + \frac{\partial\Psi_{rel}}{\partial R}\right) \cdot \frac{\partial(\Delta\Psi_{rel})}{\partial\vartheta} + \frac{\partial\Psi_{rel}}{\partial\vartheta} \cdot \frac{\partial(\Delta\Psi_{rel})}{\partial R} = 0$$

Damit ergibt sich die Differentialgleichung für die Stromfunktion Ψ_{rel} einer wirbelbehafteten, instationären Laufradströmung:

$$\frac{R}{\omega_{La}} \cdot \frac{\partial(\Delta\Psi_{rel})}{\partial t} - \frac{\partial\Psi_{rel}}{\partial R} \cdot \frac{\partial(\Delta\Psi_{rel})}{\partial\vartheta} + \frac{\partial\Psi_{rel}}{\partial\vartheta} \cdot \frac{\partial(\Delta\Psi_{rel})}{\partial R} = 0 \qquad (5.35)$$

Es wurde bereits erwähnt, dass die Relativströmung unter bestimmten Voraussetzungen als stationär angenommen werden kann. Das gilt, wenn vor und hinter dem Laufrad kein Leitrad angeordnet ist. Vom Absolutsystem aus betrachtet, ist die Laufradströmung zwar instationär, hat aber die besondere Eigenschaft, dass alle momentanen Strömungsbilder durch Drehung zur Deckung gebracht werden können. Für die Relativströmung ergibt sich damit ein stationäres Randwertproblem. Wenn die Relativgeschwindigkeit im Laufrad nicht von der Zeit abhängt, kann wegen

$$\Delta\Psi_{rel} = \frac{1}{R}\left(\frac{\partial W_r}{\partial\vartheta} - \frac{\partial(R \cdot W_u)}{\partial R}\right)$$

auch der Betrag des Wirbelvektors nicht von der Zeit abhängen. Die lokale (zeitliche) Ableitung in der Gl. 5.35 wird damit null.

Die Differentialgleichung für die Stromfunktion Ψ_{rel} einer wirbelbehafteten, stationären Laufradströmung lautet dann:

$$\boxed{-\frac{\partial\Psi_{rel}}{\partial R} \cdot \frac{\partial(\Delta\Psi_{rel})}{\partial\vartheta} + \frac{\partial\Psi_{rel}}{\partial\vartheta} \cdot \frac{\partial(\Delta\Psi_{rel})}{\partial R} = 0} \qquad (5.36)$$

Zum Vergleich ist hier noch einmal die Differentialgleichung 5.24 für die Stromfunktion Ψ_{abs} im Absolutsystem angeführt:

$$\frac{R}{\omega_{La}} \cdot \frac{\partial(\Delta\Psi_{abs})}{\partial t} - \frac{\partial\Psi_{abs}}{\partial R} \cdot \frac{\partial(\Delta\Psi_{abs})}{\partial\theta} + \frac{\partial\Psi_{abs}}{\partial\theta} \cdot \frac{\partial(\Delta\Psi_{abs})}{\partial R} = 0$$

Durch die Gegenüberstellung wird deutlich, dass sich an dem nichtlinearen Charakter der Differentialgleichung 5.24 durch den Übergang zum Relativsystem nichts geändert hat. Trotzdem ist die Differentialgleichung 5.36 im Aufbau etwas einfacher, da das von der Zeit abhängige Glied nicht mehr auftritt.

154

5.2.5 Lösungsmöglichkeiten für die Differentialgleichung der wirbelbehafteten Laufradströmung

Wie bereits im Abschnitt 5.2.4 erwähnt wurde, wird durch die Annahme $\Delta\Psi_{abs} = 0$ die Differentialgleichung 5.24 erfüllt. Diese Annahme bedeutet für die Relativströmung $\Delta\Psi_{rel} = +2$ und damit ist die Gl. 5.36 ebenfalls erfüllt. Lösungen, welche die Bedingung der Wirbelfreiheit im Absolutsystem erfüllen, sind auch Lösungen der nichtlinearen Differentialgleichung 5.36. Aber auch Lösungen, die von einem konstanten Wirbelvektor

$$\Delta\Psi_{abs} = k \quad \text{bzw.} \quad \Delta\Psi_{rel} = k + 2 \quad \text{mit } k = \text{konst.}$$

ausgehen, stellen mögliche Lösungen der beiden Differentialgleichungen 5.24 und 5.36 dar.

Im Zusammenhang mit der Bearbeitung dieser Forschungsaufgabe ist es gelungen, eine weitere Klasse von möglichen Lösungen zu finden. Jeder Ansatz für den Betrag des Wirbelvektors, der die Form

$$\Delta\Psi_{rel} = f(\Psi_{rel}) \tag{5.37}$$

hat, stellt eine Lösung der nichtlinearen Differentialgleichung 5.36 dar!

Differenziert man den Ausdruck Gl. 5.37 nach R bzw. nach ϑ

$$\frac{\partial(\Delta\Psi_{rel})}{\partial R} = \frac{d\,f}{d\Psi_{rel}}\cdot\frac{\partial\Psi_{rel}}{\partial R} \quad ; \quad \frac{\partial(\Delta\Psi_{rel})}{\partial\vartheta} = \frac{d\,f}{d\Psi_{rel}}\cdot\frac{\partial\Psi_{rel}}{\partial\vartheta}$$

und setzt die erhaltenen Ausdrücke in die Differentialgleichung 5.37 ein, erhält man:

$$\frac{d\,f}{d\Psi_{rel}}\cdot\left(-\frac{\partial\Psi_{rel}}{\partial R}\cdot\frac{\partial(\Delta\Psi_{rel})}{\partial\vartheta}+\frac{\partial\Psi_{rel}}{\partial\vartheta}\cdot\frac{\partial(\Delta\Psi_{rel})}{\partial R}\right) = 0$$

Die Differentialgleichung 5.37 wird damit für beliebige, stetige Funktionen $f(\Psi_{rel})$ erfüllt. Diese Erkenntnis ist außerordentlich wichtig! Für den Betrag des Wirbelvektors ist nur zu fordern, dass er längs einer Stromlinie konstant ist. Er kann aber von Stromlinie zu Stromlinie verschiedene Werte annehmen.

Es ist nahe liegend, für die Funktion $f(\Psi_{rel})$ des Wirbelvektors einen Potenzansatz zu machen:

$$\Delta\Psi_{rel} = \gamma_0 - \gamma_1\cdot\Psi_{rel} - \gamma_2\cdot\Psi_{rel}^2 - \cdots \qquad (5.38)$$

Dieser Ansatz erfüllt die nichtlineare Differentialgleichung 5.36. Wird er nach dem linearen Glied abgebrochen, erhält man für die Bestimmung der Stromfunktion der Relativströmung eine lineare, inhomogene Differentialgleichung:

$$\Delta\Psi_{rel} + \gamma_1\cdot\Psi_{rel} = \gamma_0 \qquad (5.39)$$

Man bleibt damit im Rahmen der Theorie der linearen, partiellen Differentialgleichungen, freilich unter Verzicht auf mögliche genauere Lösungen, die der Ansatz nach Gl. 5.38 eigentlich zulässt.

Die Differentialgleichung 5.39 ist vom elliptischen Typ und in der Literatur als HELMHOLTZsche Schwingungsdifferentialgleichung bekannt. Sie enthält für $\gamma_1 = 0$ die POISSONsche Differentialgleichung und für $\gamma_0 = \gamma_1 = 0$ die LAPLACEsche Differentialgleichung als Spezialfall. Die Differentialgleichung 5.39 ist umfassender. Ihre Lösungen haben sicher andere Eigenschaften als die der LAPLACEschen bzw. POISSONschen Differentialgleichung. Die bisher übliche Modellvorstellung für die Hauptströmung im rotierenden Laufrad (Absolutströmung wirbelfrei) wird mit $\gamma_0 = +2$ und $\gamma_1 = 0$ durch die Differentialgleichung 5.39 mit erfasst.

Sehr viele Probleme der mathematischen Physik, die mit erzwungenen Schwingungen (mechanischen, akustischen, elektromagnetischen Schwingungen usw.) zusammenhängen, führen auf die so genannte HELMHOLTZsche Schwingungsdifferentialgleichung. Die Untersuchung verschiedener stationärer physikalischer Prozesse (z.B. stationäre Strömungen) führt dagegen meist auf die LAPLACEsche bzw. POISSONsche Differentialgleichung. Die instationäre Absolutströmung im rotierenden Laufrad kann als ein erzwungener Schwingungsprozess aufgefasst werden, wobei die Strömungsgrößen Druck und Geschwindigkeit mit der Schaufelteilung schwanken. Es ist daher nicht überraschend, wenn die instationäre Laufradströmung durch die HELMHOLTZsche Schwingungsdifferentialgleichung besser beschrieben werden kann als durch die inhomogene LAPLACEsche Differentialgleichung.

Die Differentialgleichung 5.39 stellt die Grundlage für die Berechnung der wirbelbehafteten Laufradströmung dar.

Die hier dargelegten Erkenntnisse erschienen dem Bearbeiter von grundsätzlicher Art zu sein, sodass eine zusätzliche Überprüfung angeraten war. Es handelt sich hier durch den Übergang von der Potentialströmung zur wirbelbehafteten Strömung um eine echte Modellerweiterung für die Strömungstechnik. Mathematisch wird dieser Prozess durch den Übergang von der LAPLACEschen zur HELMHOLTZschen Differentialgleichung charakterisiert. An einfachen, überschaubaren Beispielen wurde daher diese Modellerweiterung zunächst getestet [36]. Der Ansatz Gl. 5.38 bzw. 5.39 kann auch zur Ermittlung von Lösungen für ebene, stationäre Durchströmungen bestimmter Bauteile, wie Düsen, Diffusoren, Krümmer usw. dienen. Wenn man eine stationäre Strömung voraussetzt, verschwindet in Gl. 5.24 der erste Summand. Die verbleibende Differentialgleichung für die Stromfunktion Ψ_{abs} hat den gleichen Aufbau wie die nichtlineare Differentialgleichung 5.36 für die stationäre Relativströmung Ψ_{rel}. Wie in [36] gezeigt wird, gilt für ebene, stationäre Strömungen zwischen dem Betrag des Wirbelvektors und dem Enthalpiegradienten der einfache Zusammenhang:

$$\triangle \Psi_{abs} \;=\; \frac{d\,H_{tot}}{d\,\Psi_{abs}} \tag{5.40}$$

Damit können bei einer bekannten Verteilung $H_{tot} = f(\Psi_{abs})$ im Eintrittsquerschnitt des zu untersuchenden Bauteils mit Hilfe der Gl. 5.40 die Koeffizienten γ_0 und γ_1 für die Wirbelverteilung bestimmt werden.

Es ist eine unbestrittene Tatsache, dass bei einer Strömung durch eine Rohrleitung mit plötzlicher Querschnittserweiterung und genügend hoher Reynolds-Zahl Totwassergebiete mit geschlossenen Stromlinien auftreten. Die Theorie der Potentialströmungen kann Strömungen mit geschlossenen Stromlinien prinzipiell nicht beschreiben. Berechnet man rot c mit Hilfe des Umlaufintegrals längs einer geschlossenen Stromlinie, so ergibt sich stets rot c ungleich null.

Für eine plötzliche Querschnittserweiterung nach Abb. 5-7 wurde das Stromlinienbild einer ebenen, wirbelfreien Durchströmung berechnet [36]. Im Falle der Potentialströmung treten keine geschlossenen Stromlinien auf. Wird jedoch mit einer wirbelbehafteten Zuströmung gerechnet, kommt es zur Trägheitsablösung. Im Ablösegebiet treten geschlossene Stromlinien auf. Die gewählte Wirbelverteilung mit $\gamma_0 = 0$ und $\gamma_1 = 0,5$ entspricht etwa einem ausgebildeten, turbulenten Geschwindig-

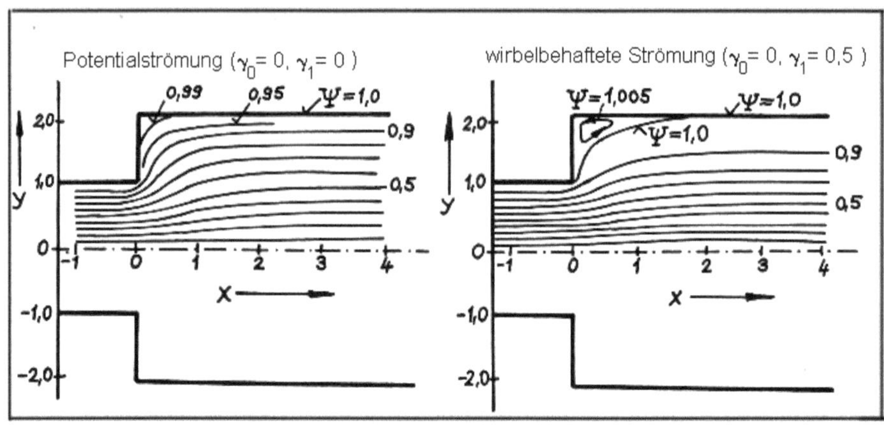

Abb. 5-7 Strömung mit plötzlicher Querschnitts-Erweiterung

keitsprofil, wie es durch eine vorgeschaltete Rohrleitung erzeugt wird. Bei der Untersuchung der Durchströmung ebener Diffusoren [36] zeigte es sich, dass ab einem bestimmten Erweiterungswinkel, der mit Erfahrungswerten gut übereinstimmt, Rückströmzonen auftreten. Hierbei wurde keine Grenzschichtrechnung im Diffusor durchgeführt! Es handelt sich auch hier um Trägheitsablösungen infolge der wirbelbehafteten Zuströmbedingungen. Es wurde wieder eine Geschwindigkeitsverteilung im Eintrittsquerschnitt des Diffusors angenommen, die einem turbulenten Geschwindigkeitsprofil einer vorgeschalteten, geraden Rohrleitung entspricht.

Bei diesen genannten, einfachen, stationären Durchströmproblemen konnten die Konstanten γ_0 und, γ_1 der Wirbelverteilung mit Hilfe der Beziehung Gl. 5.40 berechnet werden. Die Herleitung dieser Beziehung ist in [36] ausführlich dargelegt. Hierbei erfolgte die Ableitung der Gl. 5.40 auch mit Hilfe eines bekannten Variationsprinzips der Strömungsmechanik. Für die instationäre Laufradströmung gilt die Gl. 5.40 nicht. Die Bestimmung der Wirbelkonstanten γ_0 und γ_1 ist daher nicht so einfach möglich. Es ist aber zu vermuten, dass für die stationäre Relativströmung im Laufrad ein ähnlicher Zusammenhang zwischen dem Wirbelvektor und der Verteilung der Totalenthalpie besteht, wie er für stationäre Strömungen im Absolutsystem durch die Gl. 5.40 gegeben ist. Im folgenden Abschnitt wird auf diese Frage näher eingegangen.

5.2.6 *Die Berechnung der Totalenthalpie*

5.2.6.1 Die BERNOULLI-Gleichung für das Relativsystem

Alle Berechnungsverfahren für die Laufradströmung liefern als Ergebnis zunächst die Geschwindigkeitsverteilung an den Schaufeloberflächen oder im gesamten Schaufelkanal. Die Kenntnis des statischen Druckes ist zur Beurteilung der Laufradströmung (z.B. Kavitation) auch notwendig. Den Verlauf des statischen Druckes p erhält man aus der ermittelten Geschwindigkeitsverteilung mit Hilfe der BERNOULLI-Gleichung für das Relativsystem:

$$\frac{w^2}{2} + \frac{p}{\varrho} - \frac{u^2}{2} = \frac{w_0^2}{2} + \frac{p_0}{\varrho} - \frac{u_0^2}{2} = e_0 \qquad (5.41)$$

Die Größe e_0 bedeutet die BERNOULLI-Konstante und kann aus den Größen kurz vor dem Laufradeintritt berechnet werden. Die Gl. 5.41 ist den Fachleuten „in Fleisch und Blut" übergegangen. Die Gefahr ist daher groß, dass sie als eine physikalische Grundgleichung für die Relativströmung im Laufrad angesehen wird. Die Gleichung ist aber für die wirbelbehaftete Laufradströmung nicht anwendbar.

Sie gilt nur unter zwei wesentlichen Voraussetzungen:
1. Die Relativströmung muss stationär sein.
2. Der Wirbelvektor der Relativströmung muss den Betrag $2 \cdot \omega_{La}$ haben, d.h. die Absolutströmung muss wirbelfrei sein.

Dieser Zusammenhang soll hier noch einmal durch die Ableitung der Gl. 5.41 aus dem Kräftegleichgewicht für die Relativströmung deutlich gemacht werden.

$$\frac{\partial \vec{w}}{\partial t} + \frac{1}{2} \cdot \mathrm{grad}(w^2) - (\vec{w} \times \mathrm{rot}\,\vec{w}) = -\frac{1}{\varrho} \cdot \mathrm{grad}\,p - 2 \cdot (\vec{\omega}_{La} \times \vec{w}) - \vec{\omega}_{La} \times (\vec{\omega}_{La} \times \vec{r}) \qquad (5.42)$$

Für die Führungsbeschleunigung kann gesetzt werden:

$$\vec{\omega}_{La} \times (\vec{\omega}_{La} \times \vec{r}) = -\omega_{La}^2 \cdot r = -\mathrm{grad}\left(\frac{\omega_{La}^2 \cdot r^2}{2}\right) = -\mathrm{grad}\left(\frac{u^2}{2}\right)$$

Die Gl. 5.42 lautet dann, etwas zusammengefasst:

$$\frac{\partial \vec{w}}{\partial t} + \mathrm{grad}\left(\frac{w^2}{2} + \frac{p}{\varrho} - \frac{u^2}{2}\right) = (\vec{w} \times \mathrm{rot}\,\vec{w}) - 2 \cdot (\vec{\omega}_{La} \times \vec{w}) \qquad (5.43)$$

Nur unter den Voraussetzungen, dass

$$1. \quad \frac{\partial \vec{w}}{\partial t} = 0$$

$$2. \quad \text{rot } \vec{w} = -2 \cdot \vec{\omega}_{La}$$

gilt, folgt aus dem Kräftegleichgewicht Gl. 5.43 die Beziehung:

$$\text{grad}\left(\frac{w^2}{2} + \frac{p}{\varrho} - \frac{u^2}{2} \right) = 0 \qquad (5.44)$$

Durch Integration der Gl. 5.44 folgt dann unmittelbar die bekannte BERNOULLI-Gleichung Gl. 5.41 für das Relativsystem. Die Berechnung des statischen Druckes p aus der BERNOULLI-Gleichung für das Relativsystem ist daher nur für eine wirbelfreie Absolutströmung möglich.

5.2.6.2 Die Berechnung der Totalenthalpie bei wirbelbehafteter Laufradströmung

Der statische Druck kann mit Hilfe der beiden Bewegungsgleichungen 5.15 und 5.16 berechnet werden, wenn das Geschwindigkeitsfeld bekannt ist. Damit ist auch die Totalenthalpie überall bekannt. Diese Vorgehensweise ist aber für die numerische Genauigkeit nicht sehr günstig, da die einzelnen Summanden der Differential-gleichungen 5.15 bzw. 5.16 durch zweimaliges Differenzieren der Stromfunktion bestimmt werden müssen.

Durch die gesamten vorangegangenen Ausführungen kann man vermuten, dass zwischen dem Wirbelvektor und der Totalenthalpie ein Zusammenhang besteht.

Es soll zunächst von der Gl. 5.20 für den Druckgradienten in Umfangsrichtung ausgegangen werden:

$$\frac{1}{\omega_{La}} \cdot \frac{\partial C_u}{\partial t} + C_r \cdot \frac{\partial C_u}{\partial R} + \frac{C_u}{R} \frac{\partial C_u}{\partial \theta} + \frac{C_u \cdot C_r}{R} = -\frac{1}{R} \cdot \frac{\partial P}{\partial \theta}$$

Die lokale Ableitung nach der Zeit kann wegen der vorausgesetzten stationären Relativströmung mit Hilfe der Transformationsbeziehungen Gl. 5.28 und 5.29 umgeformt werden. Für einen Beobachter im Relativsystem ist nicht nur W_u, sondern wegen $C_u = W_u + U$ auch C_u von der Zeit unabhängig. Nach Gl. 5.28 gilt:

$$\frac{\partial C_u}{\partial t} = -\,\omega_{La}\,\frac{\partial C_u}{\partial \vartheta}$$

und für die Bewegungsgleichung in Umfangsrichtung erhält man:

$$\frac{\partial C_u}{\partial \vartheta} - C_r \cdot \frac{\partial C_u}{\partial R} - \frac{C_u}{R}\frac{\partial C_u}{\partial \vartheta} - \frac{C_u \cdot C_r}{R} = +\frac{1}{R}\cdot\frac{\partial P}{\partial \vartheta}$$

$$R \cdot \frac{\partial C_u}{\partial \vartheta} - C_u \cdot \frac{\partial C_u}{\partial \vartheta} - C_r \cdot \frac{\partial (R \cdot C_u)}{\partial R} = \frac{\partial P}{\partial \vartheta} \tag{5.45}$$

Für den Betrag des Wirbelvektors gilt:

$$\triangle \Psi_{abs} = \frac{1}{R}\left(\frac{\partial C_r}{\partial \vartheta} - \frac{\partial (R \cdot C_u)}{\partial R}\right)$$

Dieser Ausdruck kann umgeformt

$$\frac{\partial (R \cdot C_u)}{\partial R} = \frac{\partial C_r}{\partial \vartheta} - R \cdot \triangle \Psi_{abs}$$

und dann in die Gl. 5.45 eingesetzt werden:

$$\frac{\partial P}{\partial \vartheta} = (R - C_u)\cdot\frac{\partial C_u}{\partial \vartheta} - C_r \cdot \frac{\partial C_r}{\partial \vartheta} + R \cdot C_r \cdot \triangle \Psi_{abs}$$

Unter Beachtung von

$$R \cdot C_r = \frac{\partial \Psi_{abs}}{\partial \vartheta} = \frac{\partial \Psi_{rel}}{\partial \vartheta}$$

erhält man dann einen leicht zu integrierenden Ausdruck für die Totalenthalpie:

$$\frac{\partial}{\partial \vartheta}\left(P + \frac{C_u^2}{2} + \frac{C_r^2}{2}\right) = \frac{\partial (R \cdot C_u)}{\partial \vartheta} + \frac{\partial \Psi_{abs}}{\partial \vartheta}\cdot \triangle \Psi_{abs}$$

$$H_{tot} = R \cdot C_u + \int \triangle \Psi_{abs}\, d\Psi_{abs} + \text{konst.}$$

$$H_{tot} = R \cdot C_u + \int (-2 + \triangle \Psi_{rel})\, d\Psi_{rel} + \text{konst.} \tag{5.46}$$

Man kann die Gl. 5.46 aber auch aus der Gl. 5.19 für den radialen Druckgradienten herleiten:

$$\frac{1}{\omega_{La}}\cdot\frac{\partial C_r}{\partial t} + C_r \cdot \frac{\partial C_r}{\partial R} + \frac{C_u}{R}\frac{\partial C_r}{\partial \theta} - \frac{C_u^2}{R} = -\frac{\partial P}{\partial R}$$

$$\frac{\partial C_r}{\partial \vartheta} - C_r \cdot \frac{\partial C_r}{\partial R} - \frac{C_u}{R}\frac{\partial C_r}{\partial \theta} + \frac{C_u^2}{R} = +\frac{\partial P}{\partial R} \tag{5.47}$$

Mit Hilfe der Beziehung für den Betrag des Wirbelvektors

$$\Delta\Psi_{abs} = \frac{1}{R}\left(\frac{\partial C_r}{\partial\vartheta} - \frac{\partial(R\cdot C_u)}{\partial R}\right)$$

kann für

$$\frac{1}{R}\frac{\partial C_r}{\partial\vartheta} = \Delta\Psi_{abs} + \frac{1}{R}\cdot\frac{\partial(R\cdot C_u)}{\partial R}$$

geschrieben werden. Wird dieser Ausdruck in Gl. 5.47 eingesetzt, erhält man nach kurzer Umformung:

$$\frac{\partial H_{tot}}{\partial R} = \frac{\partial(R\cdot C_u)}{\partial R} + (R - C_u)\cdot\Delta\Psi_{abs}$$

Mit

$$R - C_u = -W_u = \frac{\partial\Psi_{rel}}{\partial R} \quad \text{und} \quad \Delta\Psi_{abs} = -2 + \Delta\Psi_{rel}$$

erhält man für die radiale Änderung der Totalenthalpie:

$$\frac{\partial H_{tot}}{\partial R} = \frac{\partial(R\cdot C_u)}{\partial R} + \frac{\partial\Psi_{rel}}{\partial R}(-2 + \Delta\Psi_{rel})$$

Nach der Integration ergibt sich der gleiche Zusammenhang, wie er durch die Gl. 5.46 ausgedrückt wird:

$$H_{tot} = R\cdot C_u + \int(-2 + \Delta\Psi_{rel})\,d\Psi_{rel} + \text{konst.}$$

Damit ist die Totalenthalpie bis auf eine Integrationskonstante bestimmt.

Zur Berechnung der Totalenthalpie H_{tot} bei wirbelbehafteter Laufradströmung ist daher von einer der beiden gleichwertigen Grundbeziehungen auszugehen:

$$H_{tot} = R\cdot C_u + \int(\Delta\Psi_{rel} - 2)\,d\Psi_{rel} + \text{konst.} \qquad (5.48)$$

$$H_{tot} = R\cdot C_u + \int\Delta\Psi_{abs}\,d\Psi_{abs} + \text{konst.} \qquad (5.49)$$

An dieser Stelle soll auf zwei wichtige Zusammenhänge hingewiesen werden.

1. Die bekannte BERNOULLI-Gleichung für das Relativsystem ergibt sich als Spezialfall aus den beiden Gln. 5.48 bzw. 5.49, wenn man für die Absolutströmung Wirbelfreiheit fordert. Mit $\Delta\Psi_{abs} = 0$ bzw. $\Delta\Psi_{rel} = 2$ erhält man aus Gl. 5.48 bzw. 5.49 für die Totalenthalpie:

$$H_{tot} = R\cdot C_u + \text{konst.}$$

Das ist eine Form der bekannten Hauptgleichung der Turbomaschinentheorie. Wird der Zusammenhang aus dem Geschwindigkeitsdreieck

$$W^2 = U^2 + C^2 - U \cdot C \cdot \cos \alpha$$

nach $U \cdot C \cdot \cos \alpha = U \cdot C_u$ aufgelöst und in die Gleichung für die Totalenthalpie eingesetzt, erhält man:

$$R \cdot C_u = U \cdot C_u = \tfrac{1}{2}(U^2 + C^2 - W^2)$$

$$H_{tot} = \tfrac{1}{2}U^2 - \tfrac{1}{2}W^2 + H_{tot} - P + \text{konst.}$$

Hieraus ergibt sich dann die BERNOULLI-Gleichung für das Relativsystem Gl. 5.41:

$$\tfrac{1}{2}W^2 + P - \tfrac{1}{2}U^2 = \tfrac{1}{2}W_o^2 + P_o - \tfrac{1}{2}U_o^2 = \text{konst.}$$

2. Im Abschnitt 5.2.5 wurde auf einen wichtigen Zusammenhang Gl. 5.40 zwischen dem Betrag des Wirbelvektors und der Totalenthalpie für eine stationäre Strömung hingewiesen:

$$\triangle \Psi_{abs} = \frac{d\,H_{tot}}{d\,\Psi_{abs}} \quad \text{bzw.} \quad H_{tot} = \int \triangle \Psi_{abs}\, d\,\Psi_{abs} + \text{konst.}$$

Auch für die Strömungsgrößen im Relativsystem des rotierenden Laufrades gilt eine ähnliche Beziehung. Für die stationäre Strömung im Relativsystem kann formal eine Totalenthalpie definiert werden:

$$E_{tot} \overset{def}{=} P + \tfrac{1}{2}W^2 - \tfrac{1}{2}U^2 + E_{tot\,o} \tag{5.50}$$

Die Integrationskonstante $E_{tot\,o}$ kann mit der Totalenthalpie der Relativströmung vor dem Laufrad gleich gesetzt werden. Wird die Gleichung für die Totalenthalpie im Absolutsystem

$$H_{tot} = P + \tfrac{1}{2}C^2 + H_{tot\,o}$$

nach P aufgelöst und dieser Ausdruck in die Gl. 5.50 eingesetzt, erhält man unter Beachtung der Beziehung

$$R \cdot C_u = U \cdot C_u = \tfrac{1}{2}(U^2 + C^2 - W^2)$$

folgenden Zusammenhang:

$$H_{tot} = R \cdot C_u + E_{tot} + (H_{tot\,o} - E_{tot\,o}) \tag{5.51}$$

Mit Hilfe dieser Beziehung und der Gl. 5.48 ergibt sich sofort:

$$\frac{d\,E_{tot}}{d\,\Psi_{rel}} = \Delta\Psi_{rel} - 2 \qquad (5.52)$$

Damit gilt für die stationäre Relativströmung, wenn man von der Konstanten 2 einmal absieht, der gleiche Zusammenhang wie für eine stationäre Absolutströmung. Die Richtigkeit der beiden Gln. 5.48 und 5.49 ist damit noch einmal indirekt bestätigt.

Für das hier angewendete Modell der Laufradströmung wird für den Betrag des Wirbelvektors ein spezieller Ansatz gemacht:

$$\Delta\Psi_{rel} = \gamma_0 - \gamma_1 \cdot \Psi_{rel}$$

Für die Totalenthalpie H_{tot} der Absolutströmung und E_{tot} für die Relativströmung ergibt sich in diesem Fall:

$$H_{tot} = R \cdot C_u + (\gamma_0 - 2) \cdot \Psi_{rel} - \frac{\gamma_1}{2} \cdot \Psi_{rel}^2 + konst. \qquad (5.53)$$

$$E_{tot} = (\gamma_0 - 2) \cdot \Psi_{rel} - \frac{\gamma_1}{2} \cdot \Psi_{rel}^2 + konst. \qquad (5.54)$$

Die Gl. 5.53 wurde zur Bestimmung der Totalenthalpie für die Beispielrechnungen, die im Rahmen dieser Forschungsarbeit durchgeführt wurden, angewendet. Der statische Druck ließ sich dann aus Totalenthalpie und kinetischer Energie leicht berechnen. Für den Fall der Potentialströmung im Absolutsystem ($\gamma_0 = 2$; $\gamma_1 = 0$) ergeben sich aus der Gl. 5.53 natürlich die gleichen Werte, die sich bei Anwendung der Hauptgleichung der Turbomaschinentheorie ergeben würden.

Die abgeleiteten Beziehungen Gl. 5.48 bis 5.54 sind für das Verständnis von Einzelheiten der hier vorgestellten Modellvorstellung sehr wichtig. Als im Abschnitt 5.2.5 anstelle des allgemeinen Ansatzes für den Wirbelvektor $\Delta\Psi_{rel} = f(\Psi_{rel})$ der lineare Ansatz nach Gl. 5.39 $\Delta\Psi_{rel} = \gamma_0 - \gamma_1 \cdot \Psi_{rel}$ eingeführt wurde, war bereits klar, dass hiermit auf mögliche genauere Lösungen verzichtet werden muss. Es war zunächst nicht zu erkennen, welche Einschränkungen durch diesen speziellen Ansatz sich ergeben würden.

Bei genauer Betrachtung der Gl. 5.53 muss man feststellen, dass am Ein- und Austrittsradius des Laufrades der lineare Ansatz für den Wirbelvektor die Strömung nicht exakt beschreiben kann. Die Stetigkeit, die an diesen Stellen in Umfangsrichtung zu fordern ist, lässt sich nicht für alle Strömungsgrößen erfüllen. Wenn der Verlauf von

C_u stetig ist, so muss z.B. unmittelbar an der Schaufeleintrittskante für γ_0 ungleich null der Verlauf der Totalenthalpie einen Sprung aufweisen. Auf diese Problematik wird im Abschnitt 5.2.7 noch einmal eingegangen. Aus der Gl. 5.51 ergeben sich auch für den Zuströmbereich zum Laufrad interessante Schlussfolgerungen. Wir gehen davon aus, dass vor dem Laufrad die Absolutströmung wirbelfrei ist. Mit $\Delta\Psi_{rel} = 2$, was bedeutet, dass die Absolutströmung eine Potentialströmung ist, ergibt sich aus Gl. 5.52 sofort, dass E_{tot} vor dem Laufrad überall den gleichen Wert haben muss. In einem Bereich kurz vor dem Laufradeintritt wird die C_u-Komponente in Umfangsrichtung bei einem festgehaltenen Zeitpunkt bereits gewisse Schwankungen aufweisen. Das hängt mit der Umströmung der bewegten Schaufeleintrittskante zusammen, wobei das Kräftegleichgewicht innerhalb der Strömung zu beachten ist. Mit E_{tot} = konst. folgt dann aus Gl. 5.51, dass die Totalenthalpie der Absolutströmung bereits vor dem Laufrad nicht mehr konstant sein kann. Sie wird hier um einen zeitlichen Mittelwert $H_{tot,}$ der mit der Totalenthalpie der Zuströmung weit vor dem Laufrad übereinstimmt, schwanken. Diese Erscheinung sollte z.B. bei Kavitationsuntersuchungen bei Kreiselpumpen stärker beachtet werden.

Weiterhin ist aus Gl. 5.51 abzuleiten, dass vor dem Laufrad eine Änderung des mittleren Vordralls $R \cdot C_u$ nicht möglich ist, solange die mittlere Totalenthalpie H_{tot} sich nicht ändern kann. Hierbei ist natürlich wieder Wirbelfreiheit der Zuströmung vorausgesetzt. Wenn z.B. eine drallfreie Zuströmung angenommen wird, so muss bis zum Laufradeintrittsradius der zeitliche Mittelwert der C_u-Komponente eigentlich null sein. Bei Kreiselpumpen, die im Teillastgebiet arbeiten, ist festgestellt worden, dass in der Saugleitung eine Vorrotation der Strömung auftritt. Bei starker Teillast tritt das rotierende Abreißen auf. Hierbei werden einige Schaufelkanäle von außen nach innen durchströmt. Energiereichere Fluidelemente gelangen damit wieder in den Saugbereich und bewirken hier eine Änderung der mittleren Totalenthalpie. Auf Grund der Gl. 5.51 ist bei Änderung der mittleren Totalenthalpie H_{tot} auch mit einer Änderung des mittleren Vordralls $R \cdot C_u$ zu rechnen. Die Entstehung der Vorrotation bei Kreiselpumpen kann daher als sichtbares Zeichen für das Auftreten des rotierenden Abreißens gedeutet werden. Die Rotation der Strömung in der Saugleitung von Kreiselpumpen, die von vielen Forschern bei experimentellen Untersuchungen immer wieder festgestellt wurde, hat bei BAADE bereits in den 70er Jahren des vergangenen Jahrhunderts Zweifel an der Theorie der Potentialströmung aufkommen lassen.

5.2.7 *Die Modellvorstellung zur Berechnung der wirbelbehafteten Laufradströmung*

5.2.7.1 Zuströmbereich

Im Folgenden kommt es darauf an, unter Beachtung bestimmter Randbedingungen für die Laufradströmung die Differentialgleichung 5.39 zu lösen. Die Strömung nur im eigentlichen Laufradbereich zu berechnen hat wenig Sinn, da die Randbedingungen unmittelbar am Ein- und Austrittsradius des Laufrades kompliziert sind und auch durch bestimmte Annahmen nicht richtig erfasst werden können. Eindeutige Aussagen über die Randbedingungen sind nur für die Strömungsquerschnitte weit vor bzw. hinter dem Laufrad möglich.

Nach Abb. 5-8 wird der gesamte Bereich in drei Teile aufgeteilt. Im eigentlichen Laufradbereich II wird die Relativströmung durch die HELMHOLTZsche Schwingungsdifferentialgleichung $\Delta\Psi_{rel}+\gamma_1\cdot\Psi_{rel} = \gamma_0$ beschrieben. Im Zuströmbereich I ist die Absolutströmung wirbelfrei, d.h. hier gilt für die Relativströmung die Differentialgleichung $\Delta\Psi_{rel} = 2$. Diese Differentialgleichung kann als Spezialfall der Gl. 5.39 angesehen werden, wenn man $\gamma_0 = 2$ und $\gamma_1 = 0$ setzt. Obwohl die Relativströmung stationär ist, gilt dies für die Absolutströmung im Zuströmbereich unmittelbar vor dem Laufradeintritt nicht mehr. Weit vor dem Laufradeintritt ist die Absolutströmung natürlich von der Zeit unabhängig und streng rotationssymmetrisch. Kurz vor dem Laufradeintritt beginnt jedoch die Absolutströmung instationär zu werden. Ein Beobachter, der einen festen Punkt im Absolutsystem vor dem Laufrad betrachtet, stellt fest, dass die Strömungsgrößen C_r, C_u und P zeitlich periodisch mit der Schaufelteilung schwanken. Je näher der Beobachtungspunkt sich vor dem Eintrittsradius des Laufrades befindet, um so größer werden die Amplituden der Schwankungen. So schwankt z.B. die Umfangskomponente C_u an einem festgehaltenen Ort zeitlich um einen Mittelwert. Der zeitliche Mittelwert des Vordralls $R\cdot C_u$ kann sich im gesamten Bereich I bis zum Laufradeintritt nicht verändern, da dies mit einer Energieübertragung verbunden wäre. Das bedeutet aber nicht, dass die Totalenthalpie H_{tot} für alle Stromlinien in diesem Bereich gleich ist. Infolge der instationären Strömung schwankt auch die Totalenthalpie zeitlich um einen Mittelwert, der mit der Totalenthalpie weit vor dem Laufrad übereinstimmt.

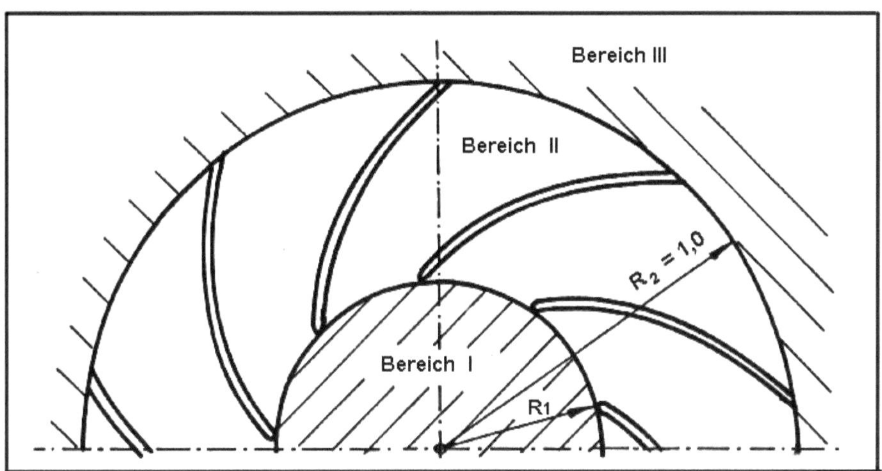

Abb. 5-8 Einteilung der Bereiche für die numerische Lösung

Die Totalenthalpie E_{tot} im Relativsystem ist im gesamten Zuströmbereich I für alle Relativstromlinien bis zum Laufradeintritt gleich. Das dies möglich ist, obwohl H_{tot} sich verändert, folgt aus Gl. 5.51; wobei zu beachten ist, dass C_u sich verändert. Im Zuströmbereich I haben alle Strömungsgrößen einen stetigen zeitlichen Verlauf, d.h. Sprünge treten nicht auf. Für den eigentlichen Laufradbereich II gilt dies nicht mehr.

5.2.7.2 Laufradbereich

Tritt die Strömung in den eigentlichen Laufradbereich II ein, ändern sich die Verhältnisse infolge der kinematischen Zwangsbedingungen bei der Umströmung der sich bewegenden Schaufeln.

Die Abb. 5-9 auf der Seite 169 zeigt zwei mögliche Fälle der Schaufelumströmung. In jedem der beiden Fälle ist davon ausgegangen worden, dass die Zuströmung zum Laufrad ohne Vordrall erfolgt. Die mittlere Umfangskomponente der

Absolutgeschwindigkeit ist damit auch unmittelbar vor dem Laufradeintritt gleich null. Im Fall a) sind die Geschwindigkeitsdreiecke für die beiden Punkte A und B der Schaufeleintrittskante so gezeichnet, dass im Punkt A eine negative Radialkomponente C_{rDS} auftritt. Die beiden Tangenten in den Punkten A und B der Schaufelkontur sind mit DS und SS gekennzeichnet und müssen mit der Richtung der Relativgeschwindigkeit in diesen Punkten übereinstimmen. Die Schaufeleintrittskante wird im Fall a) von der Druck- zur Saugseite umströmt. Der Staupunkt liegt auf der Druckseite der Schaufel. Im Punkt S hat die Relativgeschwindigkeit den Betrag $W = W_u < U - C_u$. Die Umfangskomponente C_u ist bei der Schaufelumströmung stets kleiner als U ! Die Schwankung der C_u -Komponente für den Eintrittsradius über eine Schaufelteilung ist schematisch auch in der Abb. 5-9 dargestellt. Da im zeitlichen Mittel $C_u=0$ sein muss, tritt in der Mitte zwischen zwei Schaufeln für den Laufradeintrittsradius R_1 eine C_u-Komponente entgegen der Laufradumfangsgeschwindigkeit u_1 auf (Gegendrall).

Der Fall b) zeigt eine andere mögliche Variante der Schaufelumströmung. In diesem Falle liegt der Staupunkt auf der Saugseite der Laufschaufel. Die Schaufeleintrittskante wird von der Saug- zur Druckseite umströmt. Im Punkt B auf der Saugseite tritt eine negative Radialkomponente $C_{r\,SS}$ auf. Die Umfangskomponente C_u muss bei der Schaufelumströmung zwangsläufig größer als U sein. Die Schwankungen der C_u-Komponente über eine Schaufelteilung müssen daher insgesamt größer als im Fall a) sein. Nur so kann die zeitlich gemittelte C_u-Komponente über eine Schaufelteilung null sein!

Da die Strömung mit möglichst geringen Schwankungen des Geschwindigkeitsvektors C in das Laufrad eintreten wird, ist der Fall a) der wahrscheinlichere. Die Schwankungen der Stromlinienkrümmungen sind im Falle a) auch geringer. Da die Strömung mit möglichst geringen Schwankungen des Geschwindigkeitsvektors C in das Laufrad eintreten wird, ist der Fall a) der wahrscheinlichere.

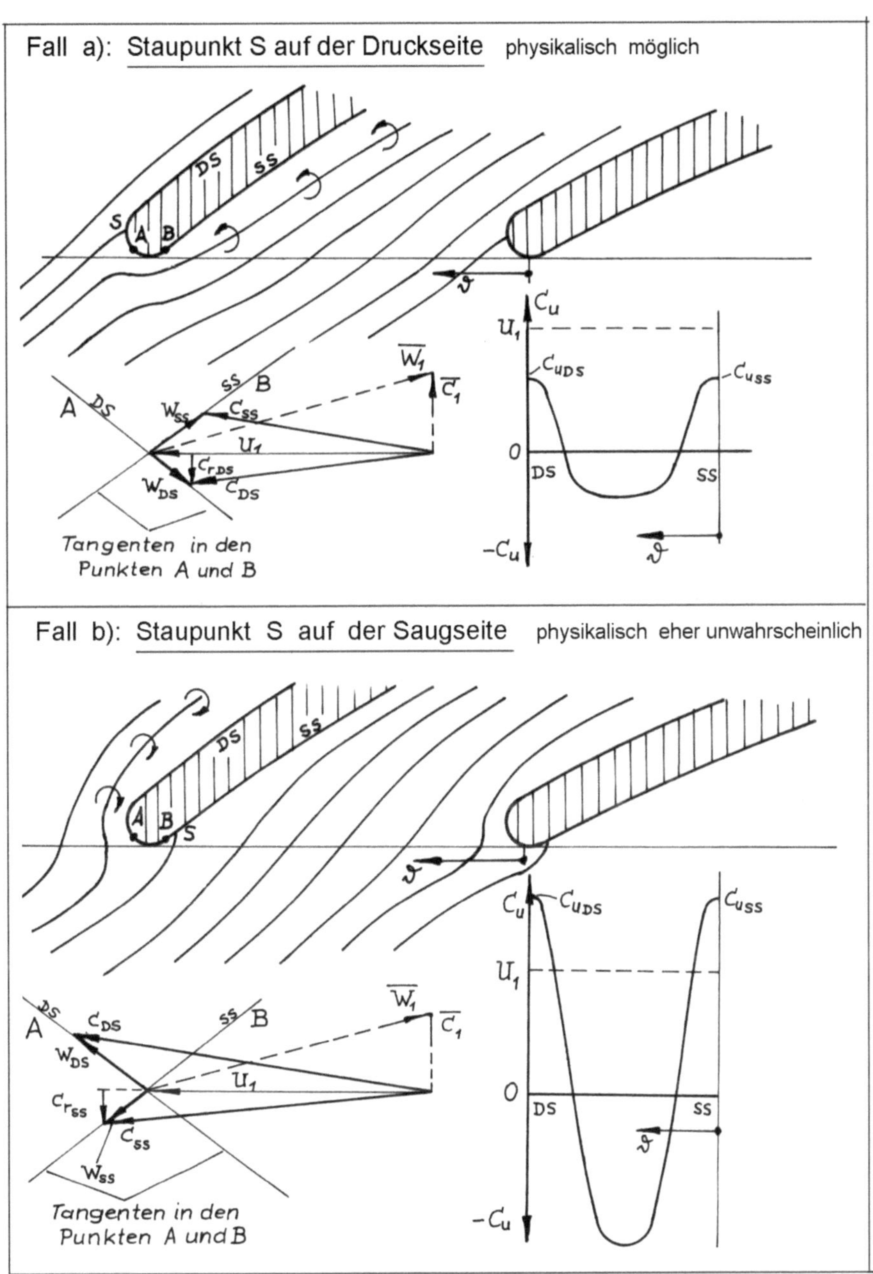

Abb. 5-9 Umströmung der Schaufeleintrittskante

Die Erkenntnisse, die BAADE aus der Problematik der Umströmung der Schaufeleintrittskanten anhand der Abb. 5-9 gewonnen hat, haben dazu geführt, dass er sich mit dem Problem der Krümmungsänderungen der Stromlinien beschäftigt hat. Dies war der eigentliche fachliche Grund sich mit der Bewegung von Massenpunkten auf Bahnkurven mit veränderlicher Krümmung zu beschäftigen. Grundkenntnisse aus der Differentialgeometrie waren hierfür eine notwendige Voraussetzung. Der Zusammenhang zwischen dem Wirbelvektor und dem Gradienten der Totalenthalpie war für BAADE allerdings seit Jahren eine unbestrittene Tatsache.

Wie die Beispielrechnungen gezeigt haben, liegt bei der Umströmung der Schaufeleintrittskante der Staupunkt immer auf der Druckseite der Schaufel in der Nähe des Punktes A. Auch für Volumenströme, die größer als der Auslegungsvolumenstrom sind, wird die Schaufeleintrittskante immer von der Druck- zur Saugseite umströmt. Das folgt aus der kinematischen Strömungsbedingung der Schaufeleintrittskante mit ihrem endlichen Nasenradius und der Tatsache, dass die Schwankungen der Absolutgeschwindigkeit beim Eintritt in das Laufrad möglichst gering sein sollen.

Oft wird die Ansicht geäußert, dass für Volumenströme, die größer als der Auslegungsvolumenstrom sind (Überlast), der Staupunkt auf der Saugseite der Laufschaufel liegen muss. Die oben erläuterten Einzelheiten der Schaufelumströmung werden hierbei aber nicht beachtet. Man geht davon aus, dass die mittlere Zuströmrichtung der Relativgeschwindigkeit β_1 am Eintrittsradius R_1 über eine Schaufelteilung konstant ist. Bei Überlast ist der mittlere Winkel β_1 groß und lässt auf den ersten Blick eine Schaufelumströmung von der Saug- zur Druckseite vermuten. Die bei Überlast beobachtete Kavitation bei Kreiselpumpen ist auch kein Beweis für eine Schaufelumströmung von der Saug- zur Druckseite. Wie im Abschnitt 5.3.9 anhand der Berechnungsbeispiele gezeigt wird, kommt es gerade bei großen Volumenströmen auf der Druckseite kurz nach dem Staupunkt zu einer starken Druckabsenkung. Sie wird durch die starke Beschleunigung der Relativgeschwindigkeit und der noch nicht genügend großen Energiezufuhr durch die Laufschaufel an dieser Stelle verursacht.

Bei der Umströmung der Schaufeln einer Turbomaschine mit endlicher Dicke von der Druck- zur Saugseite kommt es infolge des kleinen Krümmungsradius der Schaufeleintrittskante zu einem großen Druckgradienten. Durch die damit verbundene

Ablösung der Strömung bildet sich ein Wirbelfeld auf der Saugseite der Laufschaufel heraus (siehe Abb. 5-10).

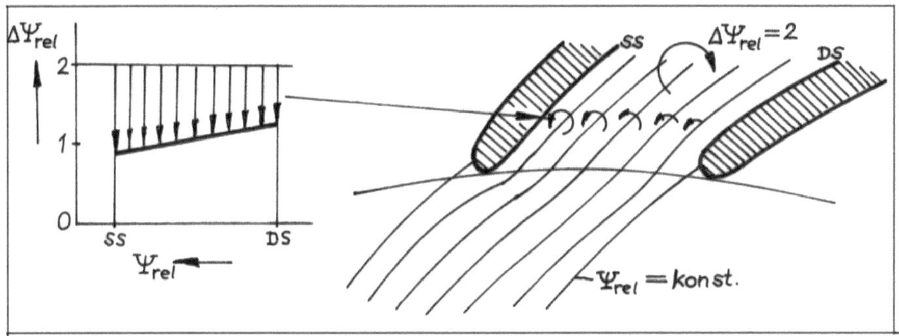

Abb. 5-10 Verteilung der Wirbelstärke am Eintritt in den Laufradkanal

Da die ständige Erzeugung der Wirbel - die Energie und Impuls mit sich führen - eine Arbeit erfordert, gilt allgemein, dass der Widerstand eines umströmten Körpers entscheidend durch die Wirbel auf seiner Rückseite beeinflusst wird. Dieser Anteil des Strömungswiderstandes wird oft als Formwiderstand bezeichnet.

Das am Laufradeintritt bei der Schaufelumströmung entstandene Wirbelfeld nimmt in der Stärke von der Saug- zur Druckseite zwischen den Schaufeln ab. Es überlagert sich dem konstanten, scheinbar im Relativsystem vorhandenen Wirbelfeld $\Delta\Psi_{rel} = 2$.

Mit dem Aufbau des zusätzlichen Wirbelfeldes ist ein Absinken der Totalenthalpie im Relativsystem E_{tot} in der Nähe der Saugseite der Laufschaufel verbunden. Unmittelbar nach dem Laufradeintritt ist E_{tot} für die Relativstromlinien in der Nähe der Saugseite kleiner als auf der Druckseite.

Das beim Umströmen der Schaufeleintrittskante entstandene zusätzliche Wirbelfeld, wird näherungsweise durch den linearen Zusammenhang

$$\Delta\Psi_{rel,zusätzl.} = (\gamma_0 - 2) - \gamma_1 \cdot \Psi_{rel}$$

erfasst. Für den Enthalpieverlust ergibt sich dann nach Gl. 5.54 ein quadratischer Zusammenhang:

$$\Delta E_{tot} = (\gamma_0 - 2) \cdot \Psi_{rel} - \frac{\gamma_1}{2} \cdot \Psi_{rel}^2$$

Wie die Beispielrechnungen gezeigt haben, ist die Wirbelkonstante $\gamma_0 < 2$. Sie wird durch die spezifische Laufradarbeit bestimmt. Sinkt die spezifische Laufradarbeit L_u

(z.B. beim Anwachsen des Volumenstromes und rückwärts gekrümmte Laufschaufeln), so wird γ_0 größer und nähert sich für $L_u = 0$ dem Wert 2. Das Absinken der
Totalenthalpie für das Relativsystem $\Delta\,E_{tot}$ von der Druck- zur Saugseite auf jeweils
konstanten Radien wird auch durch Messungen bestätigt.

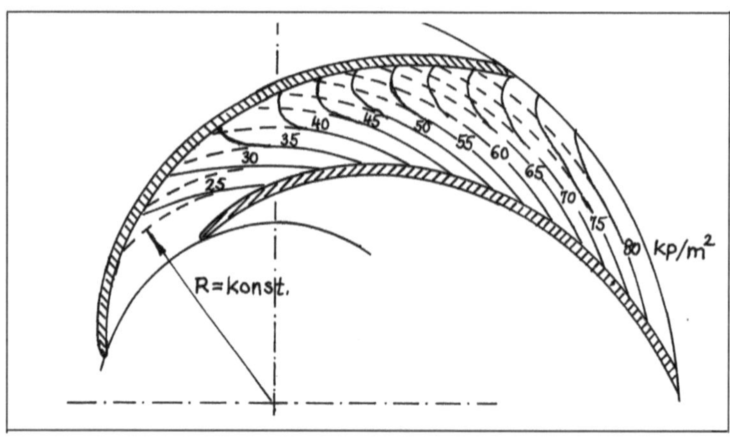

Abb. 5-11 Gesamtdruckverteilung bei logarithmisch-spiraligen
Schaufeln (nach DOMM [39])

Messungen von DOMM [39] über die Energieverteilung in drei radialen luftbe-
triebenen Pumpenlaufrädern verschiedener Breite beweisen, dass die Totalenthalpie
des Relativsystems gemäß Abb. 5-11 stark zur Saugseite hin auf einem Kreisbogen
mit r = konst. abnimmt. Hierbei wurde der Gesamtdruck der Relativströmung mittels
Staugerät elektrisch kapazitiv gemessen. Dieser gemessene Effekt kann durch die
hier vorgestellte Modellvorstellung richtig erfasst werden!

Das Wirbelfeld, das bei der Umströmung der Schaufeleintrittskante aufgebaut wird,
verändert dann im Laufradbereich II längs einer Relativstromlinie seine Stärke nicht.

Typisch für den Laufradbereich II ist, dass alle Strömungsgrößen, wenn man sie an
einem festgehaltenen Punkt im Absolutsystem betrachtet, in ihrem zeitlichen Verlauf
jeweils beim Passieren der Schaufeln einen Sprung aufweisen.

5.2.7.3 Abströmbereich

Im Abströmbereich III müssen alle Strömungsgrößen wieder einen stetigen zeitlichen Verlauf haben, wenn man sie im Absolutsystem betrachtet. Sie weisen einen mit der Schaufelteilung des umlaufenden Laufrades gekoppelten periodisch schwankenden Anteil auf.

Da hier keine Energie mehr an das Strömungsmedium übertragen wird, muss der Betrag des Wirbelvektors $\Delta\Psi_{rel} = 2$ betragen. Die Änderung des Betrages für den Wirbelvektor von $\Delta\Psi_{rel} < 2$ im Laufradbereich auf $\Delta\Psi_{rel} = 2$ im Abströmbereich III erfolgt kurz hinter dem Laufradaustritt in einem schmalen Übergangsbereich und ist mit der Umströmung der Schaufelaustrittskante verbunden. Am Austritt des Laufrades liegt der Staupunkt immer auf der Saugseite der Laufschaufel. Dies folgt aus einer ähnlichen Betrachtung der instationären Strömung, wie sie für den Laufradeintritt dargestellt wurde. Kurz vor dem Laufradaustritt ist die Totalenthalpie für das Relativsystem auf der Druckseite der Laufschaufel noch größer als auf der Saugseite. Beim Umströmen der Schaufelaustrittskante wird der Unterschied dann abgebaut.

Längs der Trennungslinien zwischen den drei Bereichen, die konzentrische Kreise darstellen, müssen die Stromlinien stetig von einem Bereich in den anderen übergehen. Diese Bedingung wird im Folgenden als natürliche Randbedingung bezeichnet, so wie es bei der Behandlung von Variationsaufgaben üblich ist. Der Begriff „natürliche Randbedingung" ist ein bekannter Fachbegriff aus der Funktionalanalysis und hat nichts mit dem Begriff „natürliches Koordinatensystem" zu tun.

5.2.8 *Numerische Lösung*

5.2.8.1 Allgemeine Bemerkungen zum Berechnungsverfahren

Es ist bekannt, dass ein enger Zusammenhang besteht zwischen vielen Differentialgleichungen und entsprechenden Variationsproblemen und deren Lösungen. Wie in [26] gezeigt wird, gilt für die Strömungsmechanik das folgende Variationsprinzip:

> Eine stationäre, reibungsfreie Strömung ist dadurch bestimmt, dass das über das Strömungsvolumen V erstreckte Integral

$$\mathcal{J} = \int_V (\varrho \cdot c^2 + p) \, dV \qquad (5.55)$$

> einen Extremwert (Minimum) annimmt.

Durch dieses Variationsprinzip werden nicht nur die Potentialströmungen, sondern auch die wirbelbehafteten Strömungen erfasst.

Wenn wir das Variationsprinzip auf die stationäre Relativströmung im Laufradbereich anwenden und den statischen Druck durch die Totalenthalpie des Relativsystems ausdrücken, lautet die Variationsaufgabe:

$$\mathcal{J} = \int_V \varrho \cdot (E_{tot} + \tfrac{1}{2} w^2) \, dV \longrightarrow \text{Min.}$$

Die Relativgeschwindigkeit kann durch die Stromfunktion ausgedrückt werden und für das Volumenelement gilt $dV = b \cdot R \cdot d\vartheta \cdot dR$. In diesem Falle erhält das Variationsproblem die Form:

$$\mathcal{J}(\Psi_{rel}) = b \int_{\mathcal{B}} \varrho \cdot \left\{ E_{tot}(\Psi_{rel}) + \frac{1}{2} \left[\left(\frac{\partial \Psi_{rel}}{\partial R} \right)^2 + \frac{1}{R^2} \left(\frac{\partial \Psi_{rel}}{\partial \vartheta} \right)^2 \right] \right\} \cdot R \cdot d\vartheta \cdot dR \longrightarrow \text{Min.} \qquad (5.56)$$

Es handelt sich hier um ein zweidimensionales Variationsproblem für eine unbekannte Argumentfunktion Ψ_{rel} und ihre ersten partiellen Ableitungen im betrachteten Bereich.

Wenn der Ansatz nach Gl. 5.54 für E_{tot} in das Variationsproblem eingesetzt wird, erkennt man, dass das Funktional auch von den beiden Wirbelkonstanten γ_0 und γ_1

abhängt. Es ist daher der Gedanke nahe liegend, das allgemeine Variationsprinzip für die Ermittlung der Lösung der Laufradströmung auszunutzen. Das zusätzliche Wirbelfeld, das bei der Umströmung der Schaufeleintrittskante entsteht, bildet sich so heraus, dass die Durchströmung des Laufschaufelkanals mit der geringsten Impulsdichte erfolgt.

Wie in [26] gezeigt wird, ergibt sich als notwendige Bedingung für den Extremwert des Funktionals Gl. 5.56 als EULERsche Differentialgleichung des Variationsproblems die HELMHOLTZsche Schwingungsdifferentialgleichung.

$$\Delta \Psi_{rel} + \gamma_1 \cdot \Psi_{rel} = \gamma_0 \tag{5.57}$$

Bei der Herleitung der notwendigen Bedingung Gl. 5.57 für einen Extremwert des Funktionals Gl. 5.56 musste von der zu variierenden Funktion

$$\widehat{\Psi}_{rel} = \Psi_{rel} + \epsilon \cdot \eta$$

gefordert werden, dass sie die folgenden Randbedingungen erfüllt:

$$\Psi_{rel}\big|_{\mathcal{C}_{wes}} = \zeta_{wes}(s_\mathcal{C}) \tag{5.58}$$

$$\frac{\partial \Psi_{rel}}{\partial n_\mathcal{C}}\bigg|_{\mathcal{C}_{nat}} = \zeta_{nat}(s_\mathcal{C}) \tag{5.59}$$

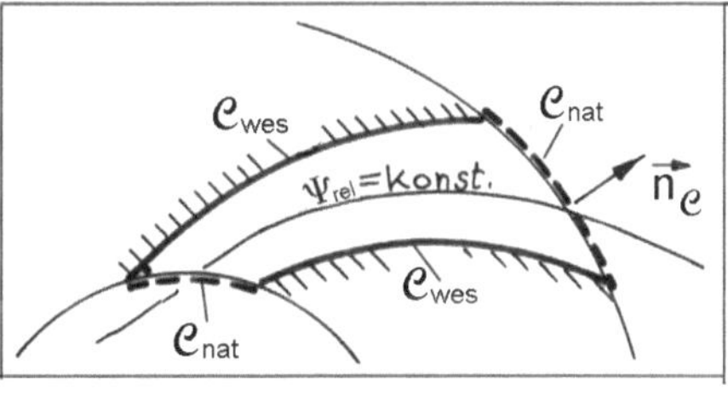

Abb. 5-12

Die wesentliche Randbedingung Gl. 5.58 muss für den Teil der Randkurve C des Laufradbereiches B erfüllt sein, der von der Saug- und Druckseite der Laufschaufel gebildet wird. Am Ein- und Austrittsradius des Laufrades zwischen den beiden, den Bereich abgrenzenden Schaufeln muss die natürliche Randbedingung Gl. 5.59 erfüllt werden.

Da jede Lösung des Variationsproblems Gl. 5.56 notwendig die Bedingungs-
gleichungen 5.58 und 5.59 erfüllen muss, kann man behaupten, dass das
Variationsproblem dem Randwertproblem der Laufradströmung äquivalent ist.

Die Methoden zur direkten Lösung eines Variationsproblems lassen sich grundsätzlich
in zwei sehr unterschiedliche Gruppen einteilen.

Sehr oft werden die so genannten Gebietsmethoden angewendet (z.B. das Verfahren
von RITZ oder GALERKIN). Die zu bestimmende Lösung wird in Form einer
Funktionenreihe angesetzt. Jede einzelne Funktion dieser Reihe erfüllt alle Randbedingungen des Problems, nicht aber die EULERsche Differentialgleichung der
Variationsrechnung. Um die noch unbekannten Koeffizienten der Funktionenreihe
bestimmen zu können, müssen Gebietsintegrale berechnet werden, damit die
Differentialgleichung des Randwertproblems näherungsweise mit einem möglichst
geringen Fehler im gesamten Gebiet erfüllt wird.

Die zur zweiten Gruppe der direkten Lösungsmethoden gehörenden Verfahren werden
als Randmethoden bezeichnet (z.B. das Verfahren von TREFFTZ). Auch hier wird die
zu bestimmende Lösung durch eine Funktionenreihe dargestellt. Die einzelnen
Funktionen dieser Reihe sind jetzt aber exakte Lösungen der EULERschen
Differentialgleichung des Variationsproblems. Sie erfüllen die Randbedingungen aber
noch nicht. Die Koeffizienten der Funktionenreihe werden nun so bestimmt, dass die
vorgegebenen Randbedingungen mit einem möglichst geringen Fehler approximiert
werden.

Im Folgenden wird zur Bestimmung der wirbelbehafteten Laufradströmung von einer
Randmethode zur direkten Lösung des Variationsproblems ausgegangen. Das für die
Berechnung der wirbelbehafteten Laufradströmung erarbeitete Verfahren ist den so
genannten Kanalverfahren zuzuordnen. Es löst die 2. Hauptaufgabe der Gittertheorie
(Nachrechnungsaufgabe). Die Geometrie des Laufradkanals und die
Zuströmbedingungen müssen vorgegeben werden.

Für alle drei Bereiche wird von einem Reihenansatz für die Stromfunktion
ausgegangen:

$$\Psi_{rel} = \Psi_{inh} + \sum_{\nu=0}^{\nu_m} a_\nu \cdot \Psi_\nu \qquad\qquad (5.58)$$

Hierbei stellen die Funktionen Ψ_{inh} und Ψ_ν Lösungen der Differentialgleichung des jeweiligen Bereiches dar. Die Koeffizienten a_ν der Funktionenreihe nach Gl. 5.58 werden so bestimmt, dass die Randbedingungen, des jeweiligen Bereiches einschließlich der Übergangsbedingungen von einem Bereich zum anderen erfüllt werden. Da die Funktionenreihe nach einer endlichen Zahl von Gliedern abgebrochen werden muss, wird es nicht möglich sein, die vorgegebenen Randbedingungen exakt zu erfüllen. Sind die Koeffizienten a_ν aber bestimmt, können die sich einstellenden Randbedingungen berechnet und mit den vorgegebenen Randbedingungen verglichen werden. Wenn durch Erhöhung der Zahl der Ansatzfunktionen die Abweichungen zwischen der vorgegebenen und der sich durch die Rechnung ergebenen Schaufelgeometrie geringer werden, kann die Konvergenz abgeschätzt werden. Hierin liegt ein Vorteil des hier angewendeten Berechnungsverfahrens.

Die richtige Erfassung der Umströmung der Schaufelein- und Schaufelaustrittskante bereitet allen bekannten Verfahren zur Laufradberechnung Schwierigkeiten. Durch die hier gewählte Lösungsmethode ist es möglich, die Übergangsbedingungen zwischen den drei Bereichen unter Ausnutzung der Orthogonalität der Ansatzfunktionen analytisch zu erfassen. Das ist ein weiterer wichtiger Vorteil des hier vorgestellten Verfahrens.

Solange noch keine genauen Kenntnisse über die Verteilung und die Stärke des Wirbelvektors im Laufradbereich bei verschiedenen Schaufelgeometrien und Zuströmbedingungen vorliegen, erscheint das hier angewendete Berechnungsverfahren gerechtfertigt zu sein. Es sollen aber auch die Nachteile der angewendeten Methode zur Lösung der Differentialgleichung nicht unerwähnt bleiben. Das Verfahren steht und fällt mit der richtigen Auswahl der Ansatzfunktionen. Es reicht nicht aus, wenn die Ansatzfunktionen partikuläre Lösungen der Differentialgleichung sind. Sie müssen bestimmte zusätzliche Bedingungen erfüllen, die von dem speziellen Randwertproblem abhängen. Sie werden im Folgenden Abschnitt 5.2.8.2 für das hier behandelte Randwertproblem der Laufradströmung erläutert.

5.2.8.2 Die Ansatzfunktionen

Z u s t r ö m b e r e i c h

Die Zuströmung zum Laufrad ist für die Absolutströmung als eine Potentialströmung aufzufassen. Wenn wir für die Absolutströmung im Zuströmbereich Wirbelfreiheit voraussetzen, wird die Relativströmung durch die inhomogene LAPLACEsche Differentialgleichung beschrieben.

$$\Delta\Psi_{rel} = \frac{\partial^2\Psi_{rel}}{\partial R^2} + \frac{1}{R}\cdot\frac{\partial\Psi_{rel}}{\partial R} + \frac{1}{R^2}\cdot\frac{\partial^2\Psi_{rel}}{\partial\vartheta^2} = 2 \qquad (5.59)$$

Die Lösung der inhomogenen Differentialgleichung lautet:

$$\Psi_{inh} = \frac{1}{2}R^2$$

Die Ansatzfunktionen, welche die homogene Differentialgleichung erfüllen, sind harmonische Funktionen. Sie sind Lösungen der LAPLACEschen-Differentialgleichung. Hier sollen zunächst die Ansatzfunktionen 0. Ordnung angegeben werden, die den rotationssymmetrischen Teil der Lösung erfassen:

$$\Psi_{01} = \varphi_2\left(\vartheta - \vartheta_{M1}\right) \qquad \text{hieraus ergibt sich} \qquad \overline{C_r} = \varphi_2\cdot\frac{1}{R}$$

$$\Psi_{02} = -\overline{C_{u1}}R_1\cdot\ln R \qquad \text{hieraus ergibt sich} \qquad \overline{C_u} = \overline{C_{u1}}R_1\cdot\frac{1}{R}$$

$$\Psi_{03} = a_{03} = \text{konst.}$$

Die Funktion Ψ_{03}. die eine Konstante darstellt, hat nur eine untergeordnete Bedeutung (dient nur zur Festlegung des Wertes der Stromfunktion an einer bestimmten Stelle).

Um weitere Ansatzfunktionen bestimmen zu können, die den in Umfangsrichtung schwankenden Anteil der Stromfunktion erfassen können, wird ein Produktansatz $\Psi\nu = G(\vartheta)\cdot F(R)$ gemacht. Wird er in Gl. 5.59 eingesetzt, zerfällt die partielle Differentialgleichung in zwei gewöhnliche Differentialgleichungen. Die Ansatzfunktionen müssen nach den vorangegangenen Ausführungen im Zuströmbereich Stetigkeit und Periodizität mit der Schaufelteilung in Umfangsrichtung garantieren. Für die Funktionen $G(\vartheta)$ eignen sich deshalb nur trigonometrische Funktionen.

Die folgenden Lösungen der Differentialgleichung Gl. 5.59 erfassen den in Umfangsrichtung veränderlichen Anteil der Stromfunktion:

$$\Psi_{\nu 1} = \sin\left(k_\nu(\vartheta - \vartheta_{M1})\right) \cdot R^{+k_\nu}$$

$$\Psi_{\nu 2} = \cos\left(k_\nu(\vartheta - \vartheta_{M1})\right) \cdot R^{+k_\nu}$$

Die beiden noch möglichen Lösungen

$$\Psi_{\nu 3} = \sin\left(k_\nu(\vartheta - \vartheta_{M1})\right) \cdot R^{-k_\nu} \quad \text{bzw.} \quad \Psi_{\nu 4} = \cos\left(k_\nu(\vartheta - \vartheta_{M1})\right) \cdot R^{-k_\nu}$$

sind für den Bereich vor dem Laufrad uninteressant. Sie ergeben Geschwindigkeitsschwankungen, die mit kleiner werdendem Radius R unbegrenzt anwachsen, was physikalisch nicht möglich ist. Die Koppelkonstante k_ν ergibt sich auf Grund der Periodizität mit der Schaufelteilung

$$\vartheta_t = \frac{2\,\pi}{N} \quad (\text{N = Schaufelzahl})$$

$$k_\nu = N \cdot \nu \quad (\nu = 1, 2, 3, \cdots) \tag{5.60}$$

Zusammenfassend kann für den Zuströmbereich festgestellt werden, dass die Relativströmung durch den folgenden Ansatz beschrieben wird:

$$\Psi_{rel} = \frac{1}{2}R^2 - \overline{C_{u1}}R_1 \cdot \ln R + \varphi_2(\vartheta - \vartheta_{M1}) + a_{03} +$$

$$+ \sum_{\nu=1}^{\nu_m}\left\{ a_{\nu 1} \sin\left(N \cdot \nu \cdot (\vartheta - \vartheta_{M1})\right) \cdot R^{+N \cdot \nu} + a_{\nu 2} \cos\left(N \cdot \nu \cdot (\vartheta - \vartheta_{M1})\right) \cdot R^{+N \cdot \nu} \right\} \tag{5.61}$$

Dieser Ansatz garantiert für den Zuströmbereich für alle Strömungsgrößen, wie Geschwindigkeit, statischer Druck und Totalenthalpie, überall einen stetigen Verlauf.

Der Betriebspunkt des Laufrades wird durch die Vorgabe der Lieferziffer φ_2 und des Vordralls $R_1 \cdot C_{u1}$ festgelegt. Die Koeffizienten $a_{\nu 1}$ bzw. $a_{\nu 2}$ werden nur durch die Übergangsbedingungen zum Laufradbereich bestimmt. Wesentliche Randbedingungen sind im Zuströmbereich nicht zu erfüllen. Für die Lösungen des Zuströmbereiches ist charakteristisch, dass die periodischen Lösungsanteile und damit auch die Geschwindigkeitsschwankungen bei den üblichen Schaufelzahlen N mit kleiner werdendem Radius sehr schnell wie R^{+N} kleiner werden. Das ist eine Eigenschaft der instationären Potentialströmung vor dem Laufrad. Es kommt vor dem Laufrad, hervorgerufen durch die hier schon vorhandenen zeitlichen Druckschwankungen, zu zeitlichen Schwankungen der Totalenthalpie. Der zeitliche Mittelwert der Totalenthalpie ändert sich dagegen nicht.

Laufradbereich

Durch die Umströmung der Schaufeleintrittskante ist die Strömung im Laufradbereich wirbelbehaftet. Die Wirbelstärke hängt linear von der Stromfunktion Ψ_{rel} ab. Die Relativströmung wird durch die HELMHOLTZsche Schwingungsdifferentialgleichung beschrieben:

$$\Delta\Psi_{rel} + \gamma_1 \cdot \Psi_{rel} = \frac{\partial^2\Psi_{rel}}{\partial R^2} + \frac{1}{R} \cdot \frac{\partial\Psi_{rel}}{\partial R} + \frac{1}{R^2} \cdot \frac{\partial^2\Psi_{rel}}{\partial\vartheta^2} + \gamma_1 \cdot \Psi_{rel} = \gamma_0 \qquad (5.62)$$

Zunächst sollen Lösungen für die homogene Differentialgleichung ermittelt werden ($\gamma_0 = 0$). Für die Lösungsfunktionen wird der Produktansatz gemacht:

$$\Psi_\nu = e^{i \cdot k \cdot \vartheta} \cdot F(R) \qquad (5.63)$$

Die Größe k wird sich als ein komplexer Koppelparameter erweisen. Wird dieser Ansatz in die homogene Differentialgleichung 5.62 eingesetzt, erhält man eine gewöhnliche Differentialgleichung für die nur vom Radius abhängige Funktion F:

$$\frac{d^2 F}{d R^2} + \frac{1}{R}\frac{d F}{d R} + \left(\gamma_1 - \frac{k^2}{R^2}\right) \cdot F = 0 \qquad (5.64)$$

Das ist die BESSELsche Differentialgleichung und die beiden linear unabhängigen Lösungsfunktionen sind die bekannten Zylinderfunktionen:

$$F_1 = \mathcal{J}_k(\sqrt{\gamma_1} \cdot R) \quad ; \quad F_2 = \mathcal{N}_k(\sqrt{\gamma_1} \cdot R)$$

Wenn γ_1 negativ ist, ergeben sich die entsprechenden modifizierten Zylinderfunktionen (könnten für die Berechnung von Radialturbinen von Interesse sein):

$$F_1 = I_k(i \cdot \sqrt{\gamma_1} \cdot R) \; ; \quad F_2 = K_k(i \cdot \sqrt{\gamma_1} \cdot R)$$

Für $\gamma_1 = 0$ ergeben sich die beiden Lösungen:

$$F_1 = e^{i \cdot k \cdot \ln R} \quad ; \quad F_2 = e^{-i \cdot k \cdot \ln R}$$

Da die Lösungen der Differentialgleichung 5.62 stetig von den beiden in der Gleichung auftretenden Parametern γ_0 und γ_1 abhängen, wurden die Ansatzfunktionen so aufgebaut, dass sie für $\gamma_0 = 2$ und $\gamma_1 = 0$ in die entsprechenden Lösungsfunktionen des Zuströmbereiches übergehen.

Wenden wir uns zunächst wieder den rotationssymmetrischen Lösungen zu. Man erhält sie für k = 0. Die BESSELsche Funktion

$$\mathcal{J}_0(\sqrt{\gamma_1}\cdot R)$$

unterscheidet sich für $\gamma_1 \longrightarrow 0$ immer weniger von der Konstanten $a_{03} = 1$ und die NEUMANNsche Funktion

$$\mathcal{N}_0(\sqrt{\gamma_1}\cdot R)$$

nähert sich für sehr kleine Werte γ_1 dem Verlauf von ln(R) an. Damit ergeben sich als Ansatzfunktionen für die rotationssymmetrische Lösung:

$$\Psi_{02} = b_2\cdot\mathcal{N}_0(\sqrt{\gamma_1}\cdot R) \qquad \text{mit} \qquad b_2 = \frac{-1}{\sqrt{\gamma_1}\cdot\mathcal{N}_1(\sqrt{\gamma_1}\cdot R_1)} \qquad (5.65)$$

$$\Psi_{03} = \mathcal{J}_0(\sqrt{\gamma_1}\cdot R) + b_3\cdot\mathcal{N}_0(\sqrt{\gamma_1}\cdot R) \qquad \text{mit} \qquad b_2 = \frac{-\mathcal{J}_1(\sqrt{\gamma_1}\cdot R_1)}{\mathcal{N}_1(\sqrt{\gamma_1}\cdot R_1)} \qquad (5.66)$$

Die Funktion Ψ_{03} wurde so definiert, dass für den Eintrittsradius R_1 gilt:

$$\left.\frac{\partial\Psi_{03}}{\partial R}\right|_{R_1} = 0$$

Sie liefert damit am Eintrittsradius keinen Beitrag für die stationäre Umfangskomponente W_u bzw. C_u.

Die Konstante b_2 der Funktion Ψ_{02} wurde so bestimmt, dass Ψ_{02} allein durch die mittlere W_u-Komponente bzw. durch den Vordrall $R_1\cdot Cu1$ am Laufradeintritt bestimmt wird.

Im Zusammenhang mit den eben erläuterten rotationssymmetrischen Lösungen für die Umfangskomponente W_u bzw. C_u ist noch folgender Hinweis interessant. Die HELMHOLTZsche Schwingungsdifferentialgleichung Gl. 5.62 liefert zur Beschreibung des zeitlichen Mittelwertes der Drallkomponente zwei linear unabhängige Lösungen. Damit ist es prinzipiell möglich, eine Dralländerung und damit auch eine Energieänderung der Strömung zu beschreiben. Das trifft für die LAPLACEsche Differentialgleichung nicht zu. Hier gibt es nur eine Lösung für den stationären Anteil der Umfangskomponente C_u. Sie beschreibt den Potentialwirbel. Eine Dralländerung ist mit der Lösung für den Potentialwirbel allein nicht zu erfassen.

Es ist nun die Funktion anzugeben, die am Ein- und Austrittsradius des Laufrades den zeitlichen Mittelwert bzw. den rotationssymmetrischen Teil der Radialkomponente C_r beschreiben kann. Für die Potentialströmung vor dem Laufrad ist es die Funktion $\Psi_{01}=\varphi_2 \cdot \vartheta$. Wie man durch Einsetzen schnell überprüfen kann, sind auch die Funktionen:

$$\vartheta \cdot \mathcal{J}_0(\sqrt{\gamma_1}\cdot R) \quad \text{und} \quad \vartheta \cdot \mathcal{N}_0(\sqrt{\gamma_1}\cdot R)$$

spezielle Lösungen der homogenen Differentialgleichung Gl. 5.62 . Damit wird für den Laufradbereich folgende Ansatzfunktion definiert:

$$\Psi_{01} = \varphi_2 \left(\vartheta - \vartheta_{M1} \right) \cdot Z_0(\sqrt{\gamma_1}\cdot R)$$

$$\text{mit} \quad Z_0(\sqrt{\gamma_1}\cdot R) = b_{11}\left[\mathcal{J}_0(\sqrt{\gamma_1}\cdot R) + b_{12} \cdot \mathcal{N}_0(\sqrt{\gamma_1}\cdot R) \right] \tag{5.67}$$

Die Konstanten b_{11} und b_{12} der Linearkombination Z_0 müssen noch bestimmt werden. Am Ein- und Austrittsradius des Laufrades mit konstanter Breite gilt $R \cdot C_r = \varphi_2$. Das ist gleichbedeutend mit

$$Z_0(\sqrt{\gamma_1}\cdot R_1) = Z_0(\sqrt{\gamma_1}\cdot 1,0)$$

und damit ergibt sich für

$$b_{12} = \frac{\mathcal{J}_0(\sqrt{\gamma_1}\cdot R_1) - \mathcal{J}_0(\sqrt{\gamma_1})}{\mathcal{N}_0(\sqrt{\gamma_1}) - \mathcal{N}_0(\sqrt{\gamma_1}\cdot R_1)} \tag{5.68}$$

Die Normierungskonstante b_{11} wird aus der Forderung

$$\left. \frac{\partial \Psi_{01}}{\partial \vartheta} \right|_{R=1} = \varphi_2 \quad \text{bzw.} \quad Z_0(\sqrt{\gamma_1}\cdot 1,0) = 1,0$$

bestimmt und beträgt:

$$b_{11} = \frac{1}{\mathcal{J}_0(\sqrt{\gamma_1}) + b_{12} \cdot \mathcal{N}_0(\sqrt{\gamma_1})} \tag{5.69}$$

Bevor die Ansatzfunktionen ermittelt werden, welche die instationären Anteile der Geschwindigkeit beschreiben, soll die Lösung der inhomogenen Differentialgleichung erläutert werden. Für die Relativströmung vor dem Laufrad ist es die Funktion $\Psi_{inh}=1/2 \cdot R^2$, die den Anteil der örtlichen Umfangsgeschwindigkeit des rotierenden Koordinatensystems an der Relativströmung erfasst. Es soll nun für die inhomogene HELMHOLTZsche Schwingungsdifferentialgleichung die entsprechende Lösung bestimmt werden.

182

Wie man durch Einsetzen in Gl. 5.62 sofort erkennen kann, ist die Funktion $\Psi_{inh}=\gamma_0/\gamma_1$ eine Lösung der inhomogenen Differentialgleichung. Auf den ersten Blick ist dieses Ergebnis überraschend. Für eine Potentialströmung ist eine Funktion $\Psi_{inh}=$konst. beinahe bedeutungslos, da sie nur zur Festlegung des Wertes der Stromfunktion an einer bestimmten Stelle dient. Auch im Falle der wirbelbehafteten Strömung kann die Funktion $\Psi_{inh} = \gamma_0 / \gamma_1$ keinen Beitrag zum Geschwindigkeitsfeld liefern. Im Gegensatz zur Potentialströmung kann aber für die wirbelbehaftete Strömung nicht ohne weiteres über die Festlegung des Wertes der Stromfunktion - z.B. an der Druckseite der Laufschaufel - verfügt werden. Das ist durch den Ansatz für den Betrag des Wirbelvektors $\Delta\Psi_{rel} = \gamma_0 - \gamma_1 \cdot \Psi_{rel}$ bedingt, der schließlich auf die HELMHOLTZsche Schwingungsdifferentialgleichung geführt hat. So kann der Wert der Stromfunktion im Laufradkanal z.B. sich von der Druckseite von

$$\Psi_{rel\,DS}= 0 \quad \text{bis zur Saugseite auf} \quad \Psi_{rel\,SS} = \varphi_2 \cdot \vartheta_t \quad \text{mit} \left(\vartheta_t = \frac{2\,\pi}{N} \right)$$

$$\text{oder von} \quad \Psi_{rel\,DS}=-\frac{1}{2}\varphi_2 \cdot \vartheta_t \quad \text{bis} \quad \Psi_{rel\,DS}= \frac{1}{2}\varphi_2 \cdot \vartheta_t$$

ändern. In beiden Fällen ergeben sich für die gleiche Wirbelverteilung verschiedene Zahlenwerte für γ_0, und γ_1 . Beide Festlegungen für die Werte der Stromfunktion an den festen Rändern des Schaufelkanals sind möglich und ergeben auch identische Geschwindigkeitsfelder.

Hier wurde die zweite Variante angewendet, da sie einen kleinen formalen Vorteil bietet. Wie aus Abb. 5-13 zu entnehmen ist, ergibt sich für die mittlere Wirbelstärke im Laufradkanal für die zweite Variante der einfache Zusammenhang:

$$\overline{\Delta\Psi_{rel}} = \gamma_0$$

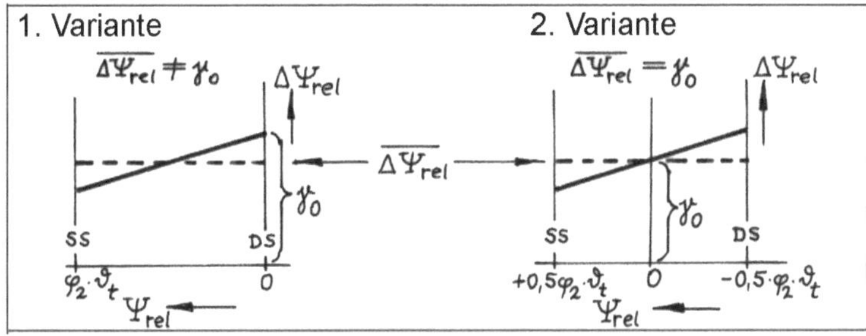

Abb. 5-13 Festlegung der Wirbelkonstanten

Da die inhomogene Lösung $\Psi_{inh} = \gamma_0 / \gamma_1$ nur eine Konstante darstellt und damit keinen Beitrag zum Geschwindigkeitsfeld liefern kann, wurde nach einer weiteren Lösung gesucht. In einem Forschungsbericht aus dem Jahr 1981 ist die genaue Ableitung dieser Funktion durch Potenzreihenentwicklung ausführlich dargelegt. Die dort ermittelte Funktion Ψ_{inh} liefert tatsächlich für die Umfangskomponente einen Beitrag und hat außerdem den Vorteil, dass sie für kleiner werdende Werte von $\gamma_1 \longrightarrow 0$ und $\gamma_0 = 2.$ gegen die inhomogene Lösung der Relativströmung im Zuströmbereich konvergiert. Bei genauer Betrachtung der dort durch Potenzreihenentwicklung gewonnenen Lösung stellt man aber fest, dass sie nur eine Linearkombination der bereits bekannten Funktion $\Psi_{inh} = \gamma_0 / \gamma_1$ und der Lösung $\mathcal{J}_0(\sqrt{\gamma_1}\cdot R)$ der homogenen Differentialgleichung darstellt. Wegen der genannten Vorteile (stetiger Übergang zur Lösung für die Potentialströmung im Zuströmbereich) wird für das Berechnungsverfahren diese Linearkombination als Lösungsfunktion angewendet:

$$\Psi_{inh} = \frac{\gamma_0}{\gamma_1} \left[1 - \mathcal{J}_0(\sqrt{\gamma_1}\cdot R) \right] \tag{5.70}$$

Die Lösung Ψ_{inh} nach Gl. 5.70 geht für $\gamma_1 \longrightarrow 0$ in die Lösung

$$\Psi_{inh}(\gamma_1 = 0) = \gamma_0 \cdot \frac{1}{4} \cdot R^2$$

und für $\gamma_0 = 2$ in die bekannte Lösung für die Relativströmung

$$\Psi_{inh} = \frac{1}{2} \cdot R^2$$

über, die sich bei einer wirbelfreien Absolutströmung ausbildet. Nachdem nun alle Lösungen ermittelt wurden, die am Ein- und Austrittsradius den rotationssymmetrischen Anteil der Radial- bzw. Umfangskomponente der Strömungsgeschwindigkeit beschreiben, müssen wir uns noch um die eigentlichen instationären Lösungsfunktionen bemühen. Zu Beginn dieses Abschnittes wurde bereits die allgemeine Lösungsfunktion für die homogene Differentialgleichung Gl. 5.62 angegeben:

$$\Psi_{\nu} = e^{i \cdot k \cdot \vartheta} \left[\mathcal{J}_k(\sqrt{\gamma_1}\cdot R) + b_{\nu} \cdot \mathcal{N}_k(\sqrt{\gamma_1}\cdot R) \right] \tag{5.71}$$

Es müssen nun geeignete Zusatzbedingungen gefunden werden, um die Koppelkonstante k und die Konstanten b_{ν}- zu bestimmen. Hier waren bei der Erarbeitung des Berechnungsverfahrens umfangreiche Untersuchungen notwendig. So ist es auf den ersten Blick nahe liegend, die Koppelkonstante k mit der Schaufelzahl N und der Ordnungszahl ν nach der Beziehung $k = N \cdot \nu$ ($\nu = 1,2,3 \cdots$) zu verknüpfen. Damit würde sich für die Veränderung der Ψ_{ν} und damit auch für die beiden durch Ableitung aus Ψ_{ν} zu bestimmenden Geschwindigkeitskomponenten C_r und W_u in Umfangsrichtung nach Gl. 5.71 trigonometrische Funktionen ergeben. Testrechnungen, die mit diesen Funktionen durchgeführt wurden, ergaben aber keine Lösung. Hierfür sind drei Gründe zu nennen:

1. Wenn die Koppelkonstante wie oben angegeben definiert wird, haben die durch Ableitung aus Ψ_ν gewonnenen Anteile der W_u-Komponente für jeden Radius im Laufradbereich die Eigenschaft, dass sie im zeitlichen Mittel verschwinden. Damit stehen zur Beschreibung der Veränderung des stationären Anteils von W = f(R) vom Eintritt bis zum Austritt des Laufrades nur die beiden Ansatzfunktionen Ψ_{02} und Ψ_{03} zur Verfügung. Der Verlauf W = f(R) hängt aber mit Sicherheit von der Schaufelgeometrie des Laufrades ab und kann sehr unterschiedliche Verläufe zeigen. Die beiden verbleibenden Ansatzfunktionen können nur an zwei Stellen (z.B. am Ein- und Austritt) den W-Verlauf richtig wiedergeben, nicht aber die mögliche Vielfalt zwischen den beiden Radien R_1 und R_2.

2. Für die üblichen Schaufelzahlen N>10 und Werte des Argumentes

$$\sqrt{\gamma_1}\cdot R \;\leqq\; 2$$

sind die Zylinderfunktionen in ihrem Verlauf sehr ähnlich den folgenden Potenzfunktionen:

$$\mathcal{J}_N(\sqrt{\gamma_1}\cdot R) \approx \text{konst.}\cdot R^{+N}$$
$$\mathcal{N}_N(\sqrt{\gamma_1}\cdot R) \approx \text{konst.}\cdot R^{-N}$$

Diese Potenzfunktionen könnten bei sich einstellenden realen Schwankungen der Geschwindigkeiten nur in der Nähe des Ein- und Austrittsradius das Strömungsfeld beschreiben. Da sie sich in radialer Richtung sehr stark verändern (abklingen bzw. anwachsen), sind sie dann nicht in der Lage die Schwankungen der Geschwindigkeit für einen mittleren Radius zu beschreiben. Stellt man dennoch ein Gleichungssystem zur Erfüllung nur der wesentlichen Randbedingungen (Schaufelkonturen müssen Stromlinien sein!) mit diesen Ansatzfunktionen auf, so erweist sich das System als unlösbar, obwohl die einzelnen Funktionen linear unabhängig sind.

3. Wie bereits erläutert wurde, ist für die Laufradströmung ein unstetiger Druck- und Geschwindigkeitsverlauf in Umfangsrichtung jeweils an den Schaufeloberflächen beim Übergang von der Druck- zur Saugseite charakteristisch. Trigonometrische Funktionen für den von ϑ abhängenden Teil der $\Psi\nu$ können dies aber nicht beschreiben. Wegen ihres stetigen Verlaufs in Umfangsrichtung widersprechen sie der hier angewendeten Modellvorstellung.

Der vom Radius abhängende Anteil F der Ansatzfunktionen wird durch die gewöhnliche Differentialgleichung Gl. 5.64 bestimmt:

$$\frac{d^2 F}{d R^2} + \frac{1}{R}\frac{d F}{d R} + \left(\gamma_1 - \frac{k^2}{R^2}\right)\cdot F = 0$$

Die Werte der Wirbelkonstante γ_1 liegen in der Größenordnung $\gamma_1 \leqq 10$, der Radius im Intervall $0,5 \leqq R \leqq 1,0$. Mit steigendem Betrag von k verliert die Wirbelkonstante γ_1 an Bedeutung für den Verlauf der Funktion F, sodass für große Werte von k die Lösungsfunktion sich von der Funktion

$$F = e^{\pm k\cdot \ln R} = R^{\pm k}$$

nur wenig unterscheidet. Die Ansatzfunktionen $\Psi\nu$ können für große Ordnungszahlen ν durch die Funktionen

$$\Psi_{\nu 1} \approx e^{\pm i k_i(\vartheta + i\cdot \ln R)} \quad \text{für} \ |k_\nu| \gg 1$$

angenähert werden.

Die Ansatzfunktionen müssen bestimmte zusätzliche Bedingungen erfüllen. Jeweils für den Eintritts- und Austrittsradius des Laufrades muss gelten:

$$\int_{\vartheta_{DS}}^{\vartheta_{SS}} \widetilde{W}_u \, d\vartheta = -\int_{\vartheta_{DS}}^{\vartheta_{SS}} \frac{\partial \Psi_\nu}{\partial R} \, d\vartheta = 0 \quad \text{für } R=R_1 \text{ und } R = 1,0 \tag{5.72}$$

Das Integral des instationären Anteils der W_u-Komponente muss über eine Schaufelteilung für jede Ansatzfunktion $\Psi\nu$ ($\nu > 0$) null ergeben. Damit leisten die Funktionen $\Psi\nu$ keinen Beitrag für die stationäre Umfangskomponente für diese beiden Radien am Ein- und Austritt des Laufrades. Die stationären Anteile der Umfangskomponente werden nur durch die Ansatzfunktionen Ψ_{inh}, Ψ_{01}, Ψ_{02}, und Ψ_{03} bestimmt.

Die Ansatzfunktionen müssen eine weitere Bedingung bezüglich des instationären Anteils der Radialkomponente erfüllen:

$$\int\limits_{\vartheta_{DS}}^{\vartheta_{SS}} R\cdot\widetilde{C_r}\,d\vartheta = \int\limits_{\vartheta_{DS}}^{\vartheta_{SS}} \frac{\partial\Psi_\nu}{\partial\vartheta}\,d\vartheta = 0 \quad \text{für } R=R_1 \text{ und } R = 1{,}0 \tag{5.73}$$

Durch die beiden Forderungen Gl. 5.72 und Gl. 5.73 ist die Koppelkonstante $k\nu$ und die Konstante $b\nu$ bestimmt. Das soll hier nur am Beispiel der Näherungslösung

$$\Psi_\nu = e^{ik_\nu(\vartheta+i\cdot\ln R)} + b_\nu\cdot e^{-ik_\nu(\vartheta+i\cdot\ln R)}$$

gezeigt werden. Wird die Konstante $b\nu = 1$ gesetzt und die Funktion mit einer entsprechenden Konstanten multipliziert, erhält man:

$$\Psi_\nu = \cos\left[k_\nu(\vartheta - \vartheta_{M2} + i\cdot\ln R)\right] \tag{5.74}$$

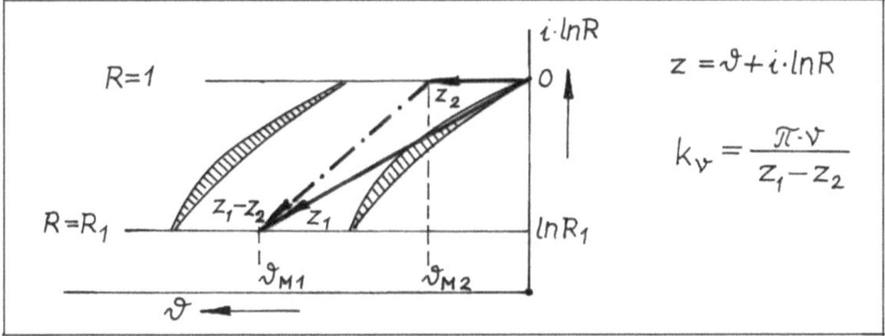

Abb. 5-14 Zur Bestimmung der Koppelkonstanten

Für

$$k_\nu = \frac{\pi\cdot\nu}{\vartheta - \vartheta_{M2} + i\cdot\ln R} \tag{5.75}$$

erhalten wir zwei linear unabhängige Funktionen, welche die beiden Forderungen Gl. 5.72 und Gl. 5.73 erfüllen. Mit $z = \vartheta - \vartheta_{M2} + i\cdot\ln(R)$ lauten sie:

$$\Psi_{\nu 1}= \mathrm{Re}\{\cos(k_\nu\cdot z)\} = \cos(\mathrm{Re}\{k_\nu\cdot z\})\cdot\cosh(\mathrm{Im}\{k_\nu\cdot z\})$$

$$\Psi_{\nu 2}= \mathrm{Im}\{\cos(k_\nu\cdot z)\} = \sin(\mathrm{Re}\{k_\nu\cdot z\})\cdot\sinh(\mathrm{Im}\{k_\nu\cdot z\}) \tag{5.76}$$

Für die Funktionenreihe im Laufradbereich kann damit geschrieben werden:

$$\Psi_{rel} = \Psi_{inh} + \varphi_2\cdot\Psi_{01} + \overline{W_{u1}}\cdot\Psi_{02} + a_{03}\cdot\Psi_{03} + \sum_{\nu=1}^{\nu_m}\left(a_{\nu 1}\mathrm{Re}\{\Psi_\nu\} + a_{\nu 2}\,\mathrm{Im}\{\Psi_\nu\}\right) \tag{5.77}$$

Die Lieferziffer φ_2 und die Umfangskomponente $W_{u1} = C_{u1} - R_1$ sind durch die Vorgabe der Zuströmbedingungen als bekannte Größen anzusehen. Die Funktion Ψ_{inh} enthält die Wirbelkonstante γ_0 als Faktor. Die Wirbelkonstante γ_0 wird damit genau wie die Koeffizienten a_ν als eine unbekannte Größe aufgefasst. Sie werden durch Lösung eines linearen Gleichungssystems bestimmt. Zusammen mit γ_0 und a_{03} sind damit über die Erfüllung der Randbedingungen $2\nu + 2$ unbekannte Koeffizienten zu bestimmen.

Die Wirbelkonstante γ_1 ist leider in den Ansatzfunktionen selbst enthalten und kann nicht durch die Lösung des linearen Gleichungssystems mit bestimmt werden. Sie wird daher zunächst als eine bekannte Größe vor Beginn der Rechnung eingegeben. Es müssen mehrere Rechnungen mit verschiedenen Werten von γ_1 durchgeführt werden. Der richtige Wert von γ_1 wird dann durch einen Vergleich der Abweichungen der vorgegebenen Schaufelkontur von der sich nach Abschluss der Rechnungen einstellenden Schaufelkontur ermittelt. Der mittlere Fehler dieser Abweichungen nimmt für einen bestimmten Wert von γ_1 einen minimalen Wert an (siehe hierzu die Ausführungen im Abschnitt 5.3.9.1).

Abströmbereich

Das instationäre Druckfeld wird unmittelbar nach dem Laufrad noch vorhanden sein. Allerdings werden die für den Laufradbereich typischen Unstetigkeiten im Druckverlauf hinter dem Laufrad durch stetige Verläufe abgelöst. Auch die im Laufrad entstandene Wirbelverteilung wird im Abströmbereich noch erhalten bleiben. Eine Energieübertragung mit einem stationären Anteil ist hier allerdings nicht mehr möglich. Der konstante Anteil für den Betrag des Wirbelvektors kann daher nur $\gamma_0 = 2$ betragen.

Da im Laufradbereich die Wirbelkonstante γ_1 ungleich null ist, schwankt die Wirbelverteilung am Laufradaustritt ebenfalls periodisch mit der Schaufelteilung. Man muss davon ausgehen, dass die Schwankungen sich in den Bereich des schaufellosen Ringraumes fortsetzen. Im Gegensatz zum Laufradbereich müssen diese Wirbelverteilungen aber stetige Verläufe aufweisen. Der für den Laufradbereich

188

angewendete Potenzansatz für den Betrag des Wirbelvektors $\Delta\Psi_{rel} = \gamma_0 - \gamma_1 \cdot \Psi_{rel}$ kann diese Bedingung nicht erfüllen. Da im Rahmen dieser Forschungsaufgabe nicht auch noch die instationäre Strömung im schaufellosen Ringraum berechnet werden sollte, wurde von einer Näherung ausgegangen. Die Kenntnis der Strömung im schaufellosen Ringraum wird nur zur Erfassung der Übergangsbedingungen am Laufradaustritt benötigt. Es kann davon ausgegangen werden, dass der Anteil der Schwankungsgrößen nur etwa 20 % von dem stationären Anteil erreicht. Zur Erfassung der Übergangsbedingungen wird angenommen, dass hinter dem Laufrad eine instationäre Potentialströmung vorhanden ist, die durch den Ansatz:

$$\Psi_{rel} = \frac{1}{2}R^2 - \overline{C_{u2}}\cdot\ln R \;\; + \varphi_2\left(\vartheta - \vartheta_{M2}\right) + a_{03} \; +$$

$$+ \sum_{\nu=1}^{\nu_m}\left\{a_{\nu 1}\sin\left(N\cdot\nu\cdot(\vartheta - \vartheta_{M2})\right)\cdot R^{-N\cdot\nu} + a_{\nu 2}\cos\left(N\cdot\nu\cdot(\vartheta - \vartheta_{M2})\right)\cdot R^{-N\cdot\nu}\right\} \qquad (5.78)$$

beschrieben wird. Die tatsächliche Übergangsbedingung muss natürlich von einer wirbelbehafteten Strömung im schaufellosen Ringraum ausgehen. Diese wird sich von der Potentialströmung vor allem durch den vom Radius abhängenden Teil F der Ansatzfunktion unterscheiden. Die instationären, wirbelbehafteten Anteile der Strömung werden nicht so schnell wie $F = R^{-N\cdot\nu}$ abklingen. Dies hat BAADE [35] durch Hitzdrahtmessungen ermittelt.

5.2.8.4 Erfassung der Randbedingungen

Die Erfassung der wesentlichen Randbedingungen im Laufradbereich bereitet im Relativsystem keine Schwierigkeiten. Die beiden durch die Schaufelkonturen gebildeten festen Begrenzungen des Schaufelkanals müssen mit je einer Stromlinie zusammenfallen. Diese beiden Randstromlinien müssen sich um folgenden Wert unterscheiden:

$$\Psi_{rel\,SS} - \Psi_{rel\,DS} = \frac{2\cdot\pi}{N}\cdot\varphi_2 = \vartheta_t\cdot\varphi_2 \qquad (5.79)$$

Welchen Wert die Stromfunktion an der Druckseite der Laufschaufel hat, ist nicht von grundsätzlicher Bedeutung. Oft wird an dieser Stelle $\Psi_{rel\,DS} = 0$ gesetzt. Für das hier angewendete Berechnungsverfahren wird wegen des Ansatzes für den Wirbelvektor $\Delta\Psi_{rel} = \gamma_0 - \gamma_1 \cdot \Psi_{rel}$ der Wert der Stromfunktion an der Schaufeldruckseite anders festgelegt, wie bereits erläutert wurde. Damit γ_0 allein den mittleren Betrag des Wirbelvektors repräsentiert, wird hier für die Stromfunktion an der Saug- und Druckseite

$$\Psi_{rel\,SS} = \frac{1}{2}\,\vartheta_t\cdot\varphi_2 \;\; ; \;\;\; \Psi_{rel\,DS} = -\frac{1}{2}\,\vartheta_t\cdot\varphi_2 \tag{5.80}$$

gesetzt. Die Konstante γ_1 kann jetzt die mittlere Wirbelstärke im Laufradkanal nicht mehr beeinflussen. Die Größe γ_1 erfasst nur die Schwankungen der Wirbelstärke von Stromlinie zu Stromlinie. Die Berechnung ist aber genauso für die zuerst genannte Variante mit $\Psi_{rel\,SS} = \vartheta_t \cdot \varphi_2$ und $\Psi_{rel\,DS} = 0$ möglich.

Die Werte der Stromfunktion für die Saug- und Druckseite bilden die rechte Seite eines linearen Gleichungssystems zur Bestimmung der Konstanten a_ν, a_{03} und γ_0. Die Elemente der Koeffizientendeterminante werden dadurch bestimmt, dass für die Koordinaten bestimmter vorgegebener Punkte jeweils für die Druck- und Saugseite des Schaufelkanals die Werte der einzelnen bekannten Ansatzfunktionen berechnet werden. Es hat sich als zweckmäßig erwiesen, mehr Punkte der Schaufelkontur zu erfassen als auf Grund der Zahl der Ansatzfunktionen Ψ_ν und damit der a_ν eigentlich erforderlich sind. Es stehen damit mehr Gleichungen als Unbekannte a_ν zur Verfügung. Die a_ν werden aus dem überbestimmten Gleichungssystem so bestimmt, dass alle Gleichungen möglichst gut erfüllt werden. Die Annäherung ist dabei im Sinne der Methode der kleinsten Fehlerquadrate zu verstehen. Damit ist die Willkür, die in der Wahl der Kollokationsstellen der vorgegebenen Schaufel liegt, weitgehend vermieden. Die Schaufel wird in ihrer Gesamtheit erfasst.

Es reicht nicht aus, die Konstanten a_ν für den Laufradbereich nur auf Grund der wesentlichen Randbedingungen zu bestimmen. Sowohl am Eintritts- als auch am Austrittsradius des Laufrades müssen zwischen den Schaufeln die natürlichen Randbedingungen erfüllt werden. Längs der konzentrischen Trennlinie zwischen dem Anströmbereich, dem Laufradbereich und dem Abströmbereich muss gelten:

$$\frac{\partial \Psi_{relI}}{\partial \vartheta} = \frac{\partial \Psi_{relII}}{\partial \vartheta} \quad \text{bzw.} \quad \frac{\partial \Psi_{relIII}}{\partial \vartheta} = \frac{\partial \Psi_{relII}}{\partial \vartheta} \qquad (5.81)$$

$$\frac{\partial \Psi_{relI}}{\partial R} = \frac{\partial \Psi_{relII}}{\partial R} \quad \text{bzw.} \quad \frac{\partial \Psi_{relIII}}{\partial R} = \frac{\partial \Psi_{relII}}{\partial R} \qquad (5.82)$$

Die richtige Erfassung der Übergangsbedingungen bereitet allen bekannten Berechnungsverfahren für die Laufradströmung große Schwierigkeiten. Unmittelbar am Eintrittsradius R_1 ist weder der Verlauf von

$$\frac{\partial \Psi_{relI}}{\partial \vartheta} \quad \text{noch der von} \quad \frac{\partial \Psi_{relI}}{\partial R}$$

in Abhängigkeit von ϑ bekannt. Nur weit vor und hinter dem Laufrad können für die Zuströmung bzw. Abströmung eindeutige Randbedingungen (strenge Rotationssymmetrie) formuliert werden. Alle bekannten Verfahren müssen daher für die Lage der Staupunktstromlinie im Zuströmbereich I (Entsprechendes gilt für den Abströmbereich III) bestimmte vereinfachende Annahmen machen.

Das hier vorgestellte Berechnungsverfahren gestattet es, die instationären Zuström- und Abströmbedingungen richtig und auf einfache Weise zu erfassen. Es wird die Orthogonalität der Ansatzfunktionen im Bereich I und III ausgenutzt. Der Begriff „Orthogonalität von Funktionen" gehört zu den Grundbegriffen der Funktionalanalysis (siehe z.B. [20]). Die Grundgedanken sollen nur für den Übergang vom Bereich I zum Bereich II dargelegt werden.

Die skalare Multiplikation zweier Funktionen bezüglich eines gegebenen Gebietes wird durchgeführt, indem das über dieses Gebiet erstreckte Integral über das Werteprodukt dieser Funktionen berechnet wird. Eine eindeutige Festlegung des Gebietes, das ein- oder mehrdimensional sein kann, ist zur Ermittlung des Skalarproduktes von Funktionen erforderlich. Für das Skalarprodukt zweier Funktionen u und v ist es in der Funktionalanalysis üblich, die folgende abgekürzte Schreibweise zu benutzen:

$$(u, v) = \int_{\mathcal{B}} u\, v\, d\mathcal{B}$$

Im Funktionenraum können Funktionen existieren, die nicht identisch null sind und deren Skalarprodukt trotzdem verschwindet. Zwei Funktionen heißen orthogonal im

Gebiet B, wenn ihr Skalarprodukt bezüglich dieses Gebietes gleich null ist. Eine endliche oder unendliche Folge von Funktionen wird ein Orthogonalsystem genannt, wenn die Funktionen dieses Systems paarweise orthogonal sind.

Die Ansatzfunktionen für den Zuströmbereich enthalten für den von der Umfangskoordinate ϑ abhängenden Teil trigonometrische Funktionen. Die trigonometrischen Funktionen stellen für den Eintrittsradius im Bereich einer Schaufelteilung ϑ_t ein orthogonales Funktionensystem dar. Die Übergangsbedingung Gl. 5.81, die einen stetigen Übergang der Radialkomponente C_r vom Bereich I zum Bereich II garantiert, lautet unter Verwendung der Funktionenreihen beider Bereiche:

$$\sum_{\nu=0}^{\nu_{m\mathrm{II}}} a_{\nu\mathrm{II}} \cdot \frac{\partial \Psi_{\nu\mathrm{II}}}{\partial \vartheta} = \varphi_2 + \sum_{\nu=1}^{\nu_{m\mathrm{I}}} a_{\nu\mathrm{I}} \cdot \frac{\partial \Psi_{\nu\mathrm{I}}}{\partial \vartheta} \tag{5.83}$$

Sowohl die Koeffizienten a_ν des Laufradbereiches als auch die Koeffizienten $a_{\nu\mathrm{I}}$ des Zuströmbereiches sind zunächst unbekannt. Da die Funktionen

$$\frac{\partial \Psi_{\nu\mathrm{I}}}{\partial \vartheta}$$

im Intervall einer Schaufelteilung ein orthogonales Funktionensystem darstellen, können die Koeffizienten $a_{\nu\mathrm{I}}$ durch skalare Multiplikation der Gl. 5.83 eliminiert werden. Das entspricht in der Vorgehensweise der FOURIERanalyse. Wenn man das Skalarprodukt einer Funktion u mit sich selbst als Normquadrat

$$\|u\|^2 = (\,u,\,u\,) = \int_{\mathcal{B}} u^2 \, d\mathcal{B}$$

bezeichnet, kann für den Koeffizienten $a_{\mu\mathrm{I}}$ geschrieben werden:

$$a_{\mu\mathrm{I}} = \frac{1}{\left\|\frac{\partial \Psi_{\mu\mathrm{I}}}{\partial \vartheta}\right\|^2} \left\{ -\left(\varphi_2, \frac{\partial \Psi_{\mu\mathrm{I}}}{\partial \vartheta}\right) + \sum_{\nu=0}^{\nu_{m\mathrm{II}}} a_{\nu\mathrm{II}} \cdot \left(\frac{\partial \Psi_{\nu\mathrm{II}}}{\partial \vartheta}, \frac{\partial \Psi_{\mu\mathrm{I}}}{\partial \vartheta}\right) \right\} \tag{5.84}$$

Wegen der Orthogonalität der Ansatzfunktionen im Zuströmbereich sind die nach Gl. 5.84 bestimmten Koeffizienten $a_{\mu\mathrm{I}}$ unabhängig von der Zahl der Ansatzfunktionen dieses Bereiches; sie sind endgültig.

Führt man für die Übergangsbedingung Gl. 5.82, die den stetigen Übergang der Umfangskomponente W_u garantiert, ebenfalls die FOURIERanalyse durch, erhält man für den Koeffizienten $a_{\mu\mathrm{I}}$ eine im Aufbau ganz ähnliche Beziehung:

$$a_{\mu I} = \frac{1}{\left\| \frac{\partial \Psi_{\mu I}}{\partial R} \right\|^2} \left\{ -\left((R - \overline{C_{u1}}) , \frac{\partial \Psi_{\mu I}}{\partial R} \right) + \left(\frac{\partial \Psi_{inh}}{\partial R} , \frac{\partial \Psi_{\mu I}}{\partial R} \right) + \sum_{\nu=0}^{\nu_{mII}} a_{\nu II} \cdot \left(\frac{\partial \Psi_{\nu II}}{\partial R} , \frac{\partial \Psi_{\mu I}}{\partial R} \right) \right\} \quad (5.85)$$

Der Koeffizient $a_{\mu I}$ der μ-ten Ansatzfunktion des Zuströmbereiches kann durch FOURIERanalyse des C_r-Verlaufes nach Gl. 5.84 oder aus dem W_u-Verlauf nach Gl.5.85 bestimmt werden. In jedem Fall muss sich aber der gleiche Wert ergeben. Das ist nur möglich, wenn die beiden Beziehungen Gl. 5.84 und Gl. 5.85 gleich gesetzt werden. Damit erhält man ein inhomogenes Gleichungssystem für die unbekannten Koeffizienten des Laufradbereiches $a_{\nu II}$:

$$\sum_{\nu=0}^{\nu_{mII}} a_{\nu II} \left[\left(\frac{\partial \Psi_{\nu II}}{\partial \vartheta} , \frac{\partial \Psi_{\mu I}}{\partial \vartheta} \right) - \left(\frac{\partial \Psi_{\nu II}}{\partial R} , \frac{\partial \Psi_{\mu I}}{\partial R} \right) \right] =$$

$$\left(\varphi_2 , \frac{\partial \Psi_{\mu I}}{\partial \vartheta} \right) + \left((R - \overline{C_{u1}}) , \frac{\partial \Psi_{\mu I}}{\partial R} \right) - \left(\frac{\partial \Psi_{inh}}{\partial R} , \frac{\partial \Psi_{\mu I}}{\partial R} \right) \quad (5.86)$$

Da alle Funktionen analytisch bekannt sind, können die Skalarprodukte berechnet werden. Durch das Gleichungssystem Gl. 5.86 ist es gelungen, die natürlichen Randbedingungen am Laufradeintritt und -austritt exakt zu erfassen!

Für den Zu- und für den Abströmbereich ist es ausreichend, wenn die Zahl der Ansatzfunktionen $\nu_{mI} = \nu_{mII} < 6$ gewählt wird. Die FOURIERanalyse wird damit bis zur 5. Harmonischen durchgeführt. Damit ergeben sich aus Gl. 5.86 insgesamt zehn lineare Gleichungen für die Übergangsbedingungen. Die Zahl der Koeffizienten muss im Laufradbereich dann wesentlich größer als 10 sein. Zusätzlich zu den Gleichungen der Übergangsbedingungen kommen ja noch die Gleichungen der wesentlichen Randbedingungen hinzu.

Durch die Lösung des gesamten Gleichungssystems für die Koeffizienten $a_{\nu II}$ des Laufradbereiches wird ein Stromlinienbild für die Laufradströmung gewonnen, das auch bezüglich der Schaufelumströmung eine Lösung im Sinne des Variationsprinzips nach Gl. 5.55 ergibt.

5.2.8.4 Bemerkungen zum Rechenprogramm

Die in dieser Arbeit vorgestellte Theorie wurde numerisch auf der Rechenanlage EC 1040 des Rechenzentrums der TH „Otto von Guericke" Magdeburg erprobt. Die verwendeten Programme wurden in FORTRAN IV geschrieben. An geometrischen Eingabedaten benötigt das Programm die Koordinaten der Druckseite der Laufschaufel, die Dickenverteilung der Schaufel und die Schaufelzahl N. Die geometrischen Daten werden für verschiedene Radien punktweise eingegeben. Es können Laufräder mit sehr unterschiedlicher Geometrie nachgerechnet werden. Weitere Eingabegrößen sind die Lieferzahl φ_2, die Vordrallkomponente C_{u1}, die Drehzahl des Laufrades, die Dichte des Fördermediums und der Gesamtdruck vor dem Laufrad. Neben einigen Steuerparametern ist dann noch die Zahl der Ansatzfunktionen für den Laufradbereich und der Wert der Wirbelkonstanten γ_1 einzugeben. Die Wirbelkonstante γ_0 wird vom Rechenverfahren bestimmt.

Die Wirbelkonstante γ_1 muss z.Zt. noch auf Grund von Erfahrungswerten eingegeben werden. Sie liegt in der Größenordnung von $0 \leqq \gamma_1 \leqq 10$. Sie hängt auch geringfügig vom Betriebspunkt (φ_2 und C_{u1}) ab.

Als Ergebnis liefert das Programm zunächst die mittlere Umfangskomponente C_{u2} am Laufradaustritt und damit auch die Druckziffer ψ_{th}. Es wird außerdem die so genannte Minderleistung berechnet. Der Fachmann auf dem Gebiet der Turbomaschinen versteht unter dem Begriff „Minderleistung" das Verhältnis der tatsächlichen Energieübertragung bei endlicher Schaufelzahl im Verhältnis zur Energieübertragung bei einer unendlich großen Schaufelzahl.

Für beliebig vorzugebende Radien erfolgt dann die eigentliche Auswertung des Strömungsfeldes. Es werden die Geschwindigkeiten C_u, C_r, C, W_u und W, die örtlichen Strömungswinkel β, der statische Druck und der Gesamtdruck für verschiedene Umfangswinkel ϑ zwischen Saug- und Druckseite ausgedruckt. Zum Schluss erfolgt dann die Berechnung des Laufraddrehmomentes. Einmal wird das Drehmoment durch Integration der Druckverteilung an den Schaufeloberflächen bestimmt. Dann wird es aber auch aus der Dralländerung der Strömung zwischen dem Ein- und Austrittsradius berechnet. Beide Werte werden zum Vergleich ausgedruckt. Wenn der Fehler bei der

Schaufelapproximation $f_m \leqq 1$ % beträgt, ist die Übereinstimmung der beiden Drehmomentwerte sehr gut. Ausgedruckt werden außerdem der statische Druck und die Relativgeschwindigkeit an den beiden Schaufeloberflächen in Abhängigkeit vom Radius, der sich hierbei in konstanten Abständen vom Eintritts- bis zum Austrittsradius verändert. Im Zusammenhang mit der Berechnung der eben genannten Größen an der Schaufeloberfläche wird auch ein mittlerer Fehler für die Schaufelapproximation ermittelt und ausgedruckt. Das ist für die Bestimmung der Wirbelkonstanten γ_1 wichtig.

5.2.9 *Ergebnisse der numerischen Berechnungen*

5.2.9.1 Der Einfluss der Wirbelkonstante γ_1

Die Wirbelkonstante γ_0, die den zeitlichen Mittelwert des Wirbelvektors erfasst, wird auf Grund der Laufradgeometrie und der Zuströmbedingungen durch das Rechenprogramm eindeutig bestimmt. Der mit der Stromfunktion im Laufradbereich schwankende Anteil des Wirbelvektors wird durch γ_1 erfasst. Genau wie γ_0 so wird auch γ_1 durch die Laufschaufelgeometrie und in geringem Maße durch die Zuströmbedingungen bestimmt. Da der Parameter γ_1 in den Ansatzfunktionen selbst enthalten ist, kann er nicht durch die Lösung des linearen Gleichungssystems bestimmt werden. Vielmehr muss für verschiedene, vorgegebene Werte γ_1 jeweils eine Laufradberechnung durchgeführt werden. Im Verlaufe dieser Rechnungen wird ein mittlerer Fehler aus den Abweichungen zwischen den sich einstellenden Werten der Stromfunktion auf der Saug- und Druckseite der Laufschaufel und den Sollwerten errechnet.

Diese Art der Fehlerabschätzung ist ein Vorteil der so genannten „Randmethoden zur direkten Lösung des Variationsproblems" (in unserem Beispiel ist das die Methode von TREFFTZ).

In der Abb. 5-15 ist der typische Verlauf dieses Fehlers in Abhängigkeit von γ_1 und von der Zahl der Ansatzfunktionen dargestellt. Es ist deutlich zu erkennen, dass für $\gamma_1 = 4$ die Schaufel am besten approximiert wird. Man muss ferner feststellen, dass für $\gamma_1 = 0$ erhebliche Fehler bei der Schaufelapproximation auftreten. Die Modellerweiterung durch den Übergang von der POISSONschen Differentialgleichung $\Delta\Psi_{rel} = \gamma_0$ zur HELMHOLTZschen Schwingungsdifferentialgleichung $\Delta\Psi_{rel}+\gamma_1\Psi_{rel}= \gamma_0$ ist daher unbedingt erforderlich, um eine gute Schaufelapproximation zu erreichen.

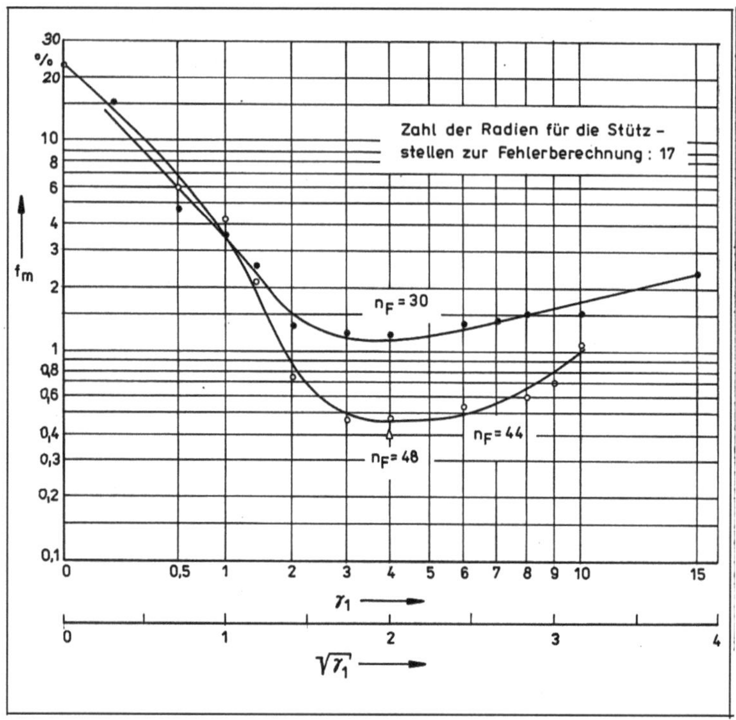

Abb. 5-15 Mittlerer relativer Fehler der Schaufelapproximation in Abhängigkeit von der Wirbelkonstanten γ_1 und der Zahl der Ansatzfunktionen n_F (Laufrad nach Abb. 5-16 und $\varphi_2 = 0{,}150$)

Die durchgeführten Testrechnungen haben gezeigt, dass bei Veränderung der Lieferziffer φ_2 der Wert von γ_1 für die Lage des Minimums für den Fehler der Schaufelapproximation sich nur unwesentlich ändert. Die Größe des Fehlers ist für Betriebspunkte in der Nähe des Auslegungspunktes des Schaufelgitters am geringsten. Sowohl bei Teillast als auch bei Überlast wird bei festgehaltener Zahl der Ansatzfunktionen der Betrag für das Fehlerminimum anwachsen. Es ist dies ein

Zeichen dafür, dass durch den einfachen linearen Ansatz $\Delta\Psi_{rel} = \gamma_0 - \gamma_1\Psi_{rel}$ nur in der Nähe des Auslegungspunktes die Strömungsverhältnisse gut wiedergegeben werden können.

Bei starker Teillast tritt das rotierende Abreißen auf, wobei einzelne Schaufelkanäle in umgekehrter Richtung durchströmt werden. Die Annahme der Periodizität für die Strömungsgrößen entsprechend der Schaufelteilung ist dann bereits im Zuström-bereich aber auch im Laufrad selbst nicht mehr gegeben. Die hier dargelegte Modellvorstellung ist dann nicht mehr in der Lage die Laufradströmung zu beschreiben.

5.2.9.2 Ventilatorlaufrad

Die dargestellte Modellvorstellung wurde am Beispiel eines Ventilator- und eines Pumpenlaufrades getestet. Wenden wir uns zunächst den Ergebnissen für das Ventilatorrad zu. Die Laufradgeometrie ist in der Abb. 5-16 dargestellt. Das Radienverhältnis für dieses Laufrad wurde mit $R_1 = 0,5$ festgelegt. Der Schaufel-eintrittswinkel beträgt $\beta_1 = 33°$, gemessen auf der Saugseite beim Radius $R = 0,504$. Der Schaufelaustrittswinkel, auf der Saugseite beim Radius $R = 0,99$ gemessen, kann mit $\beta_{2S} = 44°$ angegeben werden. Zwischen den Radien $R = 0,52$ und $R = 0,94$ ändern sich die Schaufelwinkel sowohl auf der Druckseite als auch auf der Saugseite von $\beta_S = 34°$ bis $44°$ linear in Abhängigkeit vom Radius. Zwischen diesen beiden Radien beträgt die Schaufeldicke in Umfangsrichtung als Winkel gemessen konstant $\vartheta_D = 2°$. Die Lieferziffer für den Auslegungspunkt des Laufrades beträgt $\varphi_2 = 0,150$. Die Zuströmung erfolgt drallfrei.

Das berechnete Stromlinienbild ist in der Abb. 5-16 dargestellt. Um einen Vergleich mit den Ergebnissen der Laufradberechnung nach den bekannten Methoden anstellen zu können, wurde für den gleichen Betriebspunkt das Laufrad auch nach dem Verfahren von WILL [25] für eine reibungsfreie Strömung berechnet. Die Abb. 5-17 zeigt das nach WILL berechnete Stromlinienbild. Aus der Abb. 5-17 ist zu entnehmen, dass

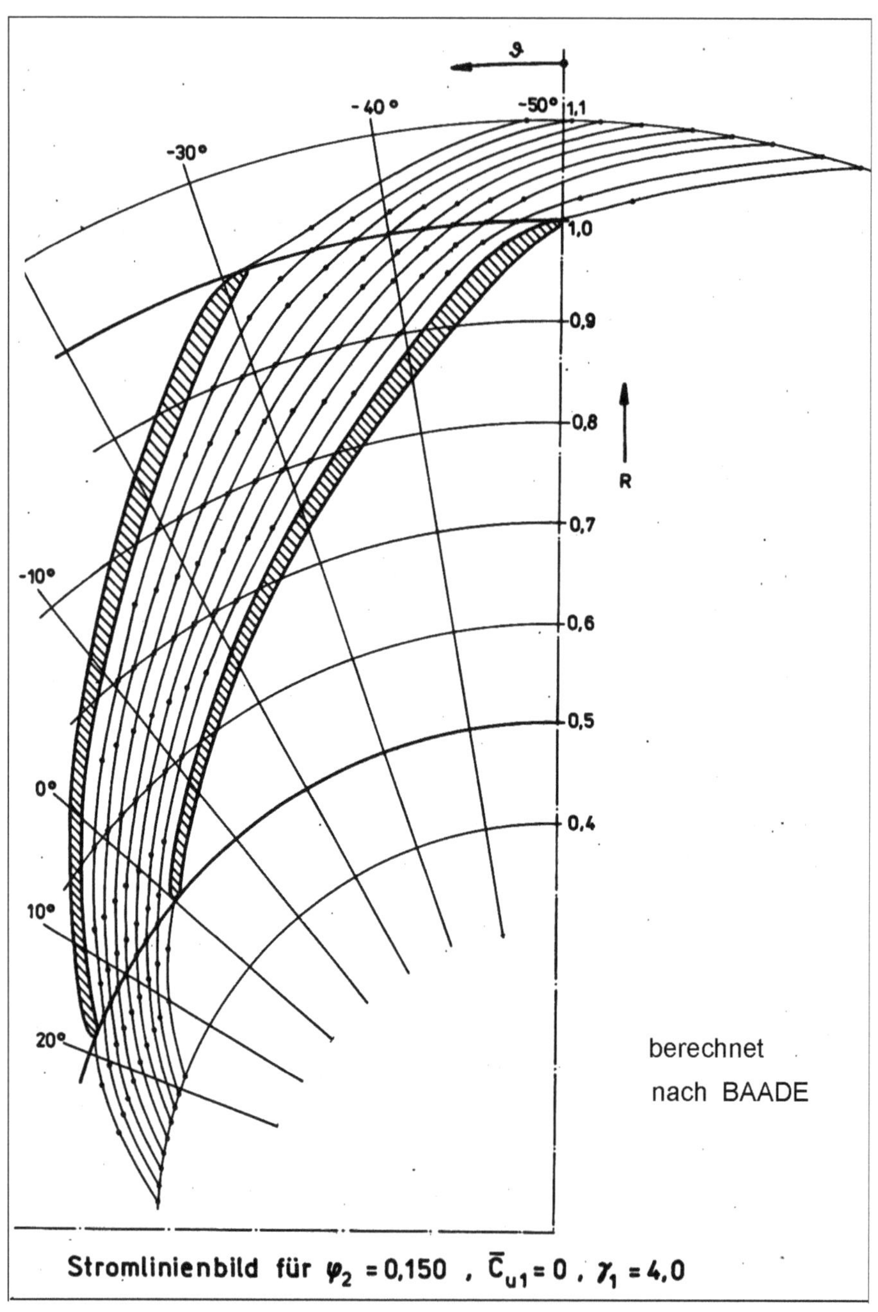

Abb. 5 16 Berechnete Stromlinien für die Relativströmung

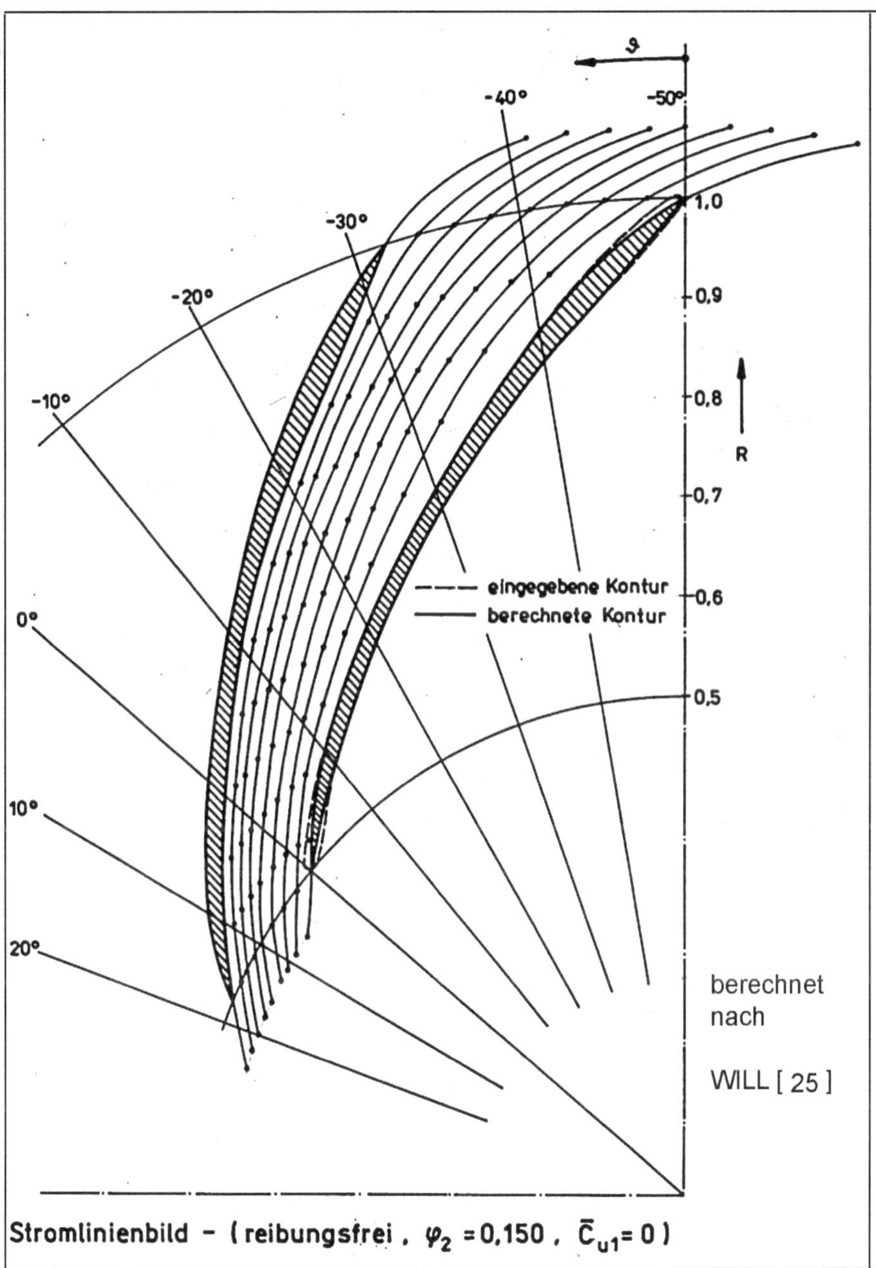

Abb. 5-17 Berechnete Stromlinien für die Relativströmung nach WILL [25]

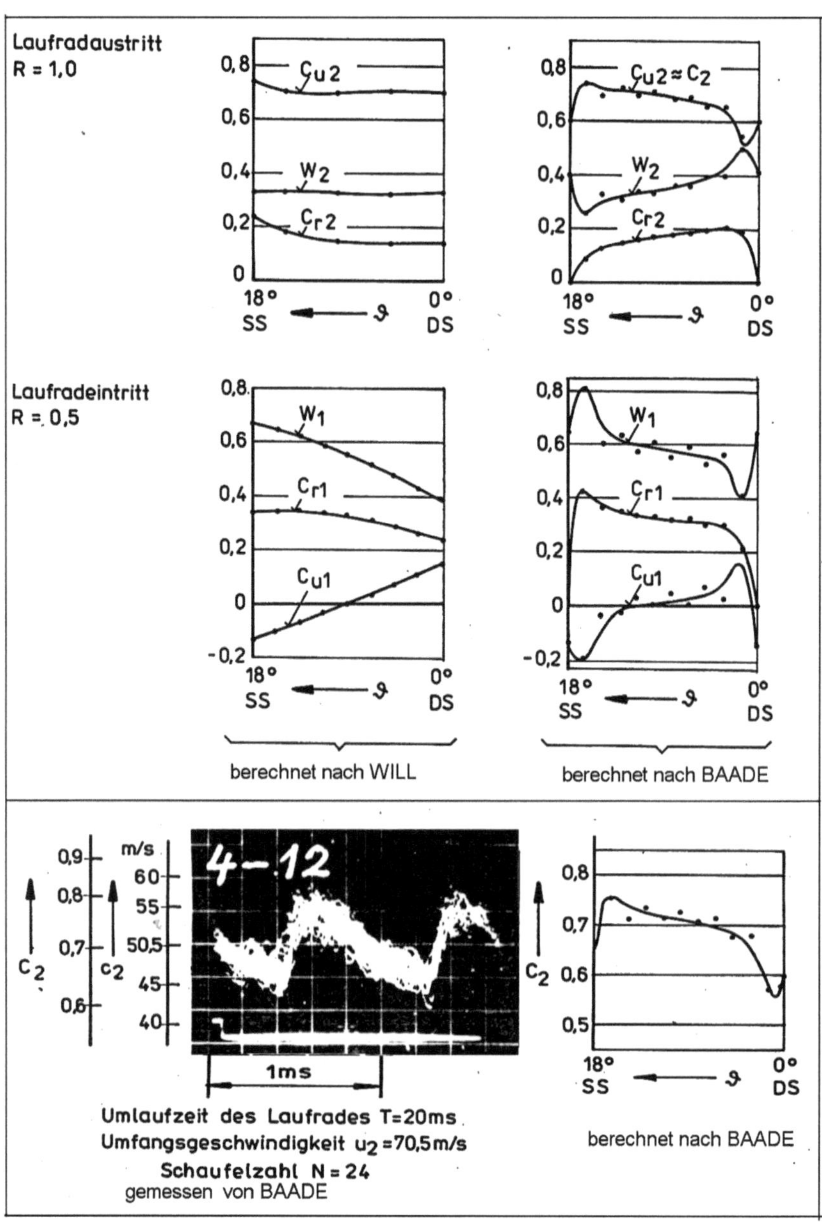

Abb. 5-18 Berechnete und gemessene Geschwindigkeitsverteilungen am Eintritt und Austritt des Laufrades

auf der Druckseite der Laufschaufel der Abstand zwischen zwei Stromlinien größer ist als auf der Saugseite. Das ist gleichbedeutend, mit einer geringeren Relativgeschwindigkeit auf der Druckseite im Vergleich mit der Saugseite für jeweils konstante Radien. Wie bereits im Abschnitt 5.2.1 erwähnt, kommt es bei Teillast dann zum Rückströmen auf der Druckseite (vergleiche auch TRAUPEL [23]).

Das Stromlinienbild nach Abb. 5-16 zeigt dagegen eine gleichmäßigere Verteilung der Stromlinien im Schaufelkanal. Nur in der Nähe des Laufradaustritts an der Saugseite der Schaufel ist ein Verzögerungsgebiet zu erkennen. Auch die durchgeführten Berechnungen für Betriebspunkte im Teillastgebiet weisen aus, dass auf der Druckseite der Laufschaufel kein Rückströmen auftritt. Damit ist die im Abschnitt 5.2.1 geäußerte Vermutung bestätigt, dass die in der Literatur im Zusammenhang mit Laufradberechnungen mehrfach erwähnte Erscheinung des Auftretens von Rückströmgebieten auf der Druckseite der Schaufeln durch die bisherige Modellvorstellung bedingt ist. Das durch theoretische Berechnungen bisher immer wieder sich zeigende Auftreten von Rückströmgebieten ist physikalisch gesehen sehr unwahrscheinlich und wird auch nicht durch experimentelle Untersuchungen bestätigt! Wenden wir uns nun den Geschwindigkeitsverteilungen unmittelbar am Ein- und Austrittsradius des Laufrades zu (Abb. 5-18). Es ist bekannt, dass bei der Erfassung der Umströmung der Schaufelspitzen bei allen Berechnungsverfahren besondere Probleme auftreten. Bei den Kanalverfahren (z.B. das von WILL) fällt auf, dass die Schaufelgeometrie am Ein- und Austritt nicht richtig erfasst wird. Die Schaufeln weisen zugespitzte Ein- und Austrittskanten auf (siehe z.B. Abb. 5-17). Das zeigt sich dann auch im Verlauf der Radial- bzw. Umfangskomponente. An den Stellen, wo die Schaufelspitzen den Ein- und Austrittskreis des Laufrades berühren, weisen die Geschwindigkeitsverläufe einen Sprung auf. Während die Geschwindigkeits-Schwankungen (W und C_u) am Eintritt beachtlich sind, ist am Austritt des Laufrades festzustellen, dass sowohl der W- als auch der C_u -Verlauf nur geringe Schwankungen aufweisen. Gerade am Laufradaustritt ist aber durch Hitzdrahtmessungen u.a. auch von BAADE [35] eine beachtliche Schwankungsbreite nachgewiesen worden. In der Abb. 5-18 ist eine dieser Messungen dargestellt.

Bei Anwendung des hier vorgestellten Berechnungsverfahrens werden die Umströmungsverhältnisse an diesen Stellen besser wiedergegeben. Zunächst sind die Geschwindigkeitsverläufe stetig. Die Radialkomponente C_r, ist an den Stellen, wo die Schaufel den Ein- bzw. Austrittskreis des Laufrades tangiert, tatsächlich null, wie es auf Grund der kinematischen Strömungsbedingung sein muss.

Die Geschwindigkeitsverläufe am Eintrittsradius, nach dem hier vorgestellten Berechnungsverfahren bestimmt, zeigen einen sehr ähnlichen Verlauf, wie die nach WILL [25] errechneten. Allerdings sind keine Unstetigkeiten an den Schaufelspitzen mehr vorhanden. Bei drallfreier Zuströmung $C_{u1} = 0$ stellt sich in der Nähe der Saugseite der Schaufel eine Gegendrallkomponente und in der Nähe der Druckseite eine Gleichdrallkomponente ein.

Am Laufradaustritt (Abb. 5-18) ist aber ein größerer Unterschied zwischen beiden Berechnungsverfahren festzustellen. Bei Anwendung des hier vorgestellten Verfahrens ergeben sich größere Schwankungen sowohl der Relativgeschwindigkeit W_2 als auch der Absolutgeschwindigkeit C_2, die sich nur unbedeutend von C_{u2} unterscheidet. Wie Abb. 5-18 zeigt, stimmt der berechnete Verlauf C_2 (ϑ) gut mit dem an einem Gebläselaufrad gemessenen Verlauf [35] überein. Bei allen bisher bekannt gewordenen Geschwindigkeitsmessungen hinter einem Radiallaufrad fällt auf, dass auf der Saugseite die Geschwindigkeit C_2 groß ist. Sie fällt dann bis zur Druckseite ab. Dieses Ergebnis beweist, dass die vorliegende Modellvorstellung in der Lage ist, die wahren Strömungsverhältnisse am Laufradaustritt besser zu beschreiben als viele der bisher bekannten Berechnungsverfahren.

Wenden wir uns nun der Energieübertragung des Laufrades zu. Die berechnete theoretische Druckziffer ψ_{th} in Abhängigkeit von der Lieferziffer φ_2 zeigt Abb. 5-19. Die Kennlinie liegt in der erwarteten Größenordnung. Für den Auslegungspunkt $\varphi_2=0{,}150$ ergibt sich z.B. $\psi_{th}=1{,}34$. Die mittlere Drallkomponente am Laufradaustritt beträgt $C_{u2}=0{,}67$. Bei einem angenommenen mittleren Schaufelwinkel am Laufradaustritt von $\beta_{2S} = 44°$ würde sich ein Minderleistungsfaktor $\mu=c_{u2}/c_{u2\,\infty}=0{,}793$ ergeben. Dieser Wert erscheint auf den ersten Blick etwas zu niedrig zu sein. Er ist aber durch die besondere Form der Schaufelhinterkante bedingt. Die Form der Schaufelhinterkante hat auf die Energieübertragung einen großen Einfluss, wie erste Testrechnungen ergeben haben.

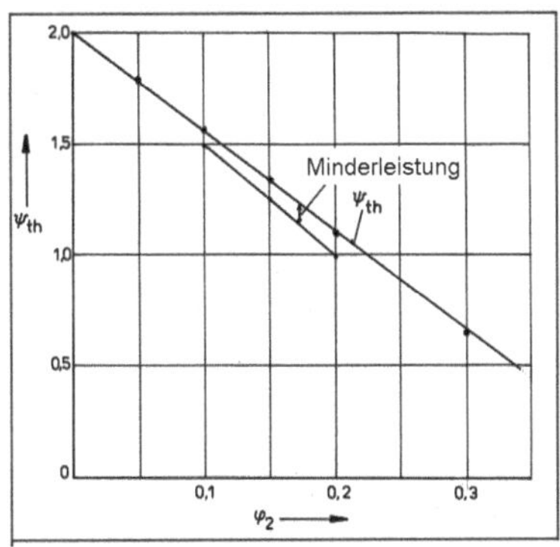

Abb. 5-19 Berechnete Kennlinie für das Test-Laufrad nach Abb. 5-16

Wie im Abschnitt 5.3.9.1 bereits erwähnt wurde, ist der Fehler bei der Schaufelapproximation im Auslegungspunkt bei $\varphi_2 = 0,15$ am geringsten. Sowohl bei $\varphi_2 = 0,10$ als auch bei $\varphi_2 = 0,20$ ist der Fehler noch in einer vertretbaren Größenordnung ($f_m \leqq 1,5\ \%$). Bei starker Teillast $\varphi_2 = 0,05$ bzw. Überlast $\varphi_2 = 0,30$ ergeben sich größere Fehler bei der Schaufelapproximation, die sich natürlich besonders beim Geschwindigkeitsfeld noch verstärken, das ja durch Differentiation aus der Stromfunktion gewonnen wird. Die berechneten Druckziffern ordnen sich noch stetig auf der Kennlinie $\psi_{th} = f(\varphi_2)$ ein. Trotzdem sollten diesen Werten keine große Bedeutung beigemessen werden. Bei einer Lieferziffer von $\varphi_2 = 0,05$ setzt, wie Hitzdraht-Messungen an einem dem Testlaufrad nach Abb. 5-16 ähnlichen Laufrad [35] ergeben haben, bereits rotierendes Abreißen ein. Damit sind wesentliche Voraussetzungen für das Berechnungsverfahren (alle Schaufeln des Laufrades weisen gleiche Strömungsverhältnisse auf) nicht mehr erfüllt.

Für drei Lieferziffern $\varphi_2 = 0.10;\ 0,15;\ 0,20$ sind in Abb. 5-20 die berechneten Geschwindigkeitsverteilungen im Laufrad für vier ausgewählte Radien dargestellt. Es fällt auf, dass die Geschwindigkeitsschwankungen für Radien im mittleren Teil des Laufradkanals für alle Betriebspunkte gering sind. In der Nähe des Ein- und Austrittsradius nehmen sie aber beachtliche Werte an.

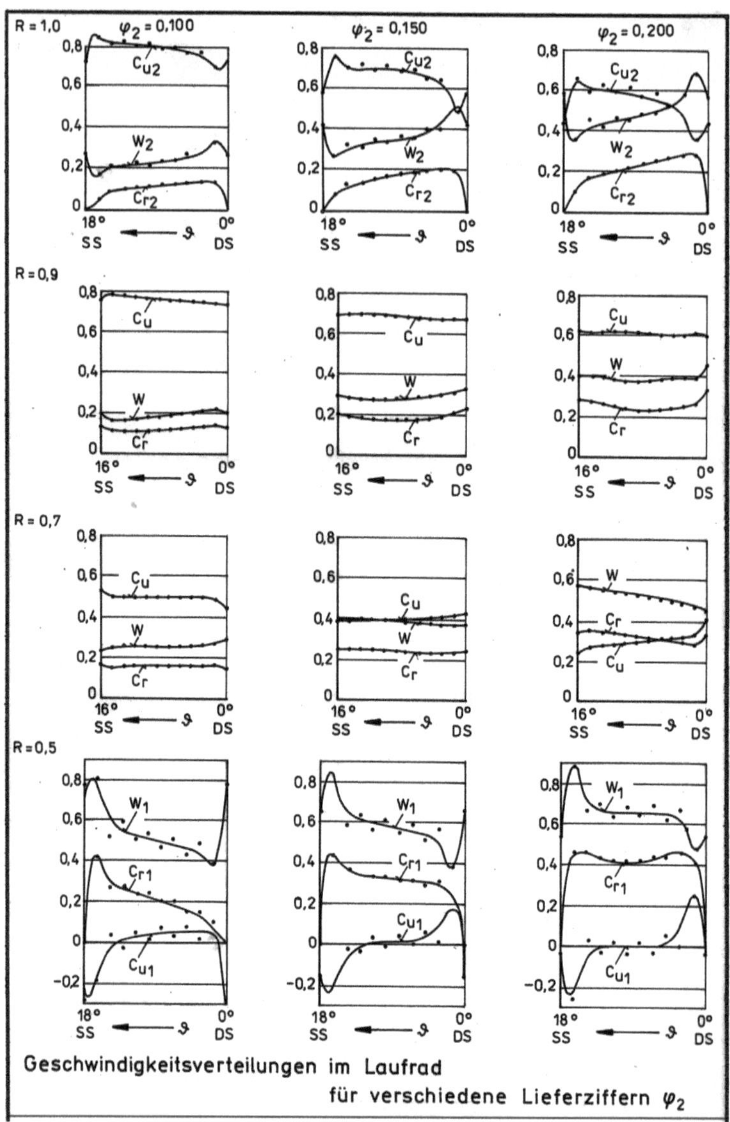

Abb. 5-20 Geschwindigkeitsverteilungen im Laufrad nach Abb. 5-16

In den Diagrammen wurden bewusst die berechneten Punkte der Geschwindigkeits-komponenten mit eingetragen. Besonders am Beispiel der Geschwindigkeitsverläufe für den Eintrittsradius R_1 wird deutlich, dass für höhere Anforderungen an die Genauigkeit die Zahl der Ansatzfunktionen noch etwas erhöht werden muss. Alle Rechnungen wurden so durchgeführt, dass im Zuström- und Abströmbereich die Geschwindigkeitsschwankungen bis zur 5. Harmonischen erfasst werden. Wenn es darum geht, den Einfluss der Umströmung der Ein- und Austrittskanten der Schaufeln noch genauer zu untersuchen, muss die Zahl bis zur 7. oder 8. Harmonischen erhöht werden.

Der wohl deutlichste Unterschied zwischen der hier vorgestellten und der bisher angewendeten Modellvorstellung ist aus der Abb. 5-21 zu entnehmen. Was bei einem Vergleich der beiden Stromlinienbilder nach Abb. 5-16 und Abb. 5-17 sich schon

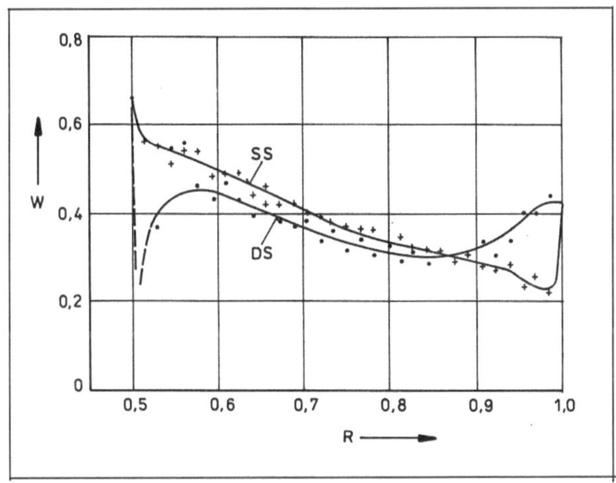

Abb. 5-21 Relativgeschwindigkeiten an den Schaufeloberflächen

andeutet, wird hier besonders deutlich. Der Verlauf der Relativgeschwindigkeit unmittelbar an den beiden Schaufeloberflächen weicht deutlich von unseren bisherigen Vorstellungen ab. Auf der Saugseite ist die Relativgeschwindigkeit in einem großen Bereich des Laufradkanals nur geringfügig größer als auf der Druckseite. Das ist ohne Zweifel durch die hier dargelegte Modellvorstellung begründet. In der Nähe des Ein- und Austrittsbereiches der Laufschaufel sind die Unterschiede der Relativgeschwindigkeiten zwischen Saug- und Druckseite größer. Die speziellen aus Abb. 5-21 zu entnehmenden Geschwindigkeitsverläufe lassen sich ohne

Schwierigkeiten durch die Lage der jeweiligen Staupunkte begründen. Neuere experimentelle Untersuchungen in rotierenden Laufrädern von Turbomaschinen, bei denen die Relativgeschwindigkeiten direkt durch Anwendung der Hitzdraht- oder Lasermesstechnik gemessen wurden, bestätigen die berechneten Geschwindigkeitsverteilungen nach Abb. 5-21 in ihrem tendenziellen Verlauf.

Veröffentlichte Geschwindigkeitsverteilungen, die aus gemessenen Druckverteilungen an der Schaufeloberfläche gewonnen wurden, sind für einen Vergleich mit der hier dargelegten Theorie nicht geeignet. Zur Umrechnung der gemessenen Druckverteilung $p = f(s)$ in eine Geschwindigkeitsverteilung $w = f(s)$ muss die BERNOULLI-Gleichung für das Relativsystem herangezogen werden. Die BERNOULLI-Konstante e_0 ist für die Saug- und Druckseite der Laufschaufel wegen des bei der Umströmung der Schaufeleintrittskante entstandenen Wirbelfeldes verschieden.

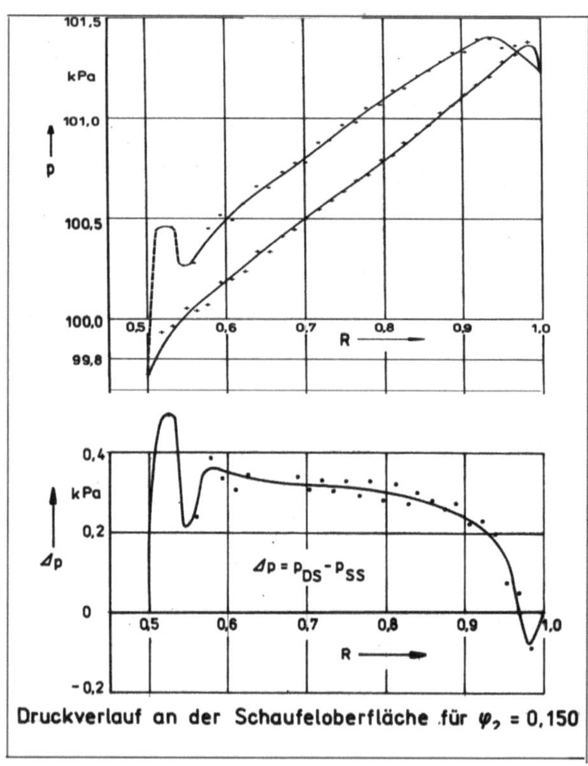

Abb. 5-22 Druckverlauf an der Schaufeloberfläche für $\varphi_2 = 0,15$

Die in Abb. 5-22 dargestellten Druckverläufe für die Schaufeloberfläche zeigen ebenfalls in der Nähe der Ein- und Austrittskanten der Laufschaufel einen Verlauf, der von den bisher bekannten Vorstellungen abweicht. Der hohe statische Druck auf der Druckseite der Laufschaufel unmittelbar nach dem Eintrittsradius ist durch die Lage des Staupunktes für die Relativströmung an dieser Stelle erklärbar. Kurz nach dem Staupunkt muss die Relativströmung auf der Druckseite der Laufschaufel von null beginnend stark beschleunigt werden, was trotz der einsetzenden Energieübertragung durch das Laufrad nur durch ein zeitweiliges Absinken des statischen Druckes möglich ist. Erst nachdem die Relativgeschwindigkeit genügend beschleunigt ist, steigt der statische Druck auf der Druckseite der Laufschaufel infolge der Energieübertragung stetig an. Am Laufschaufelaustritt muss dann die Relativgeschwindigkeit auf der Druckseite wieder stärker beschleunigt werden, weil die Laufschaufelaustrittskante umströmt wird. Notwendigerweise muss der statische Druck an dieser Stelle absinken. Der Staupunkt liegt auf der Saugseite der Laufschaufel. Diese Druckverteilung mag auf den ersten Blick ungewöhnlich erscheinen, wenn man von entsprechenden Kurven ausgeht, die mit Hilfe der Singularitätenverfahren theoretisch berechnet wurden. Sie wird aber durch Messungen bestätigt [37], [38]. Die Abb. 5-23 zeigt eine von SHIRAKURA [38] gemessene Druckverteilung für ein Pumpenlaufrad.

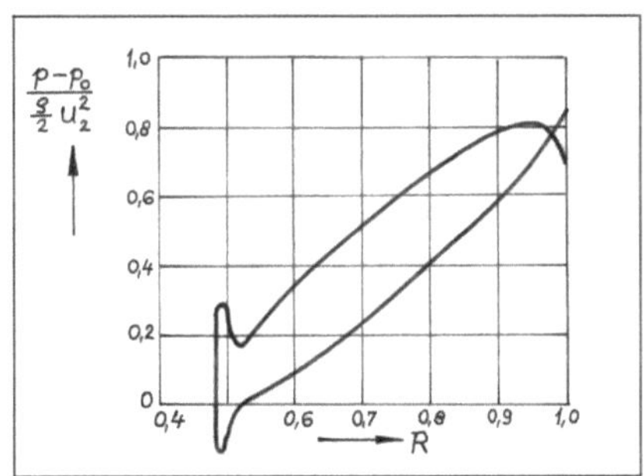

Abb. 5-23 Von SHIRAKURA [38] gemessene Druckverteilung

Die qualitative Übereinstimmung der gemessenen Druckverteilung mit der für unser Testlaufrad errechneten und in Abb. 5-22 dargestellten Druckverteilung ist gut. Auch dies ist eine Bestätigung für die Richtigkeit der hier dargelegten Modellvorstellung. Auf eine weitere Erscheinung im Zusammenhang mit der Druckverteilung vor dem Laufrad soll erst im folgenden Abschnitt hingewiesen werden, da sie für Pumpenlaufräder noch wichtiger ist.

5.2.9.3 Pumpenlaufrad

Das in dieser Arbeit dargestellte Berechnungsverfahren wurde auch am Beispiel eines Pumpenlaufrades getestet. Die vorgegebene Laufradgeometrie ist aus der Abb. 5-24 zu entnehmen. Die geometrischen Daten des Pumpenlaufrades wurden BAADE von Dr. Will (TU Dresden) zur Verfügung gestellt. WILL hat mit einer Kamera, die mit dem rotierenden Laufrad fest verbunden war, die Relativströmung fotografiert und damit sichtbar gemacht [25]. Auch die fotografische Aufnahme in Abb. 5-24 stellte er BAADE freundlicherweise zur Verfügung. Sie zeigt für einen Betriebspunkt des Laufrades im Teillastbereich ganz deutlich auf der Saugseite der Laufschaufel am Laufradaustritt ein großes Abreißgebiet der Relativströmung. Für das Versuchslaufrad nach WILL und den genannten Teillast-Betriebspunkt wurde von BAADE mit dem hier vorgestellten Verfahren eine Strömungsberechnung durchgeführt. In der oberen Hälfte der Abb. 5-24 ist das berechnete Stromlinienbild dargestellt.

Durch das Berechnungsverfahren wurde das Abreißgebiet sehr gut ermittelt. Es soll hier noch einmal ganz deutlich gesagt werden, dass die Berechnung ohne die Berücksichtigung von Reibungskräften innerhalb des Strömungsmediums durchgeführt wurden. Es wurde auch keine Grenzschichtrechnung durchgeführt. Bei dem berechneten Abreißgebiet handelt es sich eindeutig um Trägheitsablösung. Das von BAADE angewendete Variationsprinzip nach Gl. 5.55 für die Berechnung der Laufradströmung eignet sich gut zur richtigen Erfassung von Trägheitsablösungen.

Auch bei der Lösung anderer strömungstechnischer Aufgaben hat sich das Variationsprinzip im Zusammenhang mit der Ermittlung von Trägheitsablösungen bewährt, wie von BAADE [36] schon in den 70er Jahren des vergangenen Jahrhunderts festgestellt wurde.

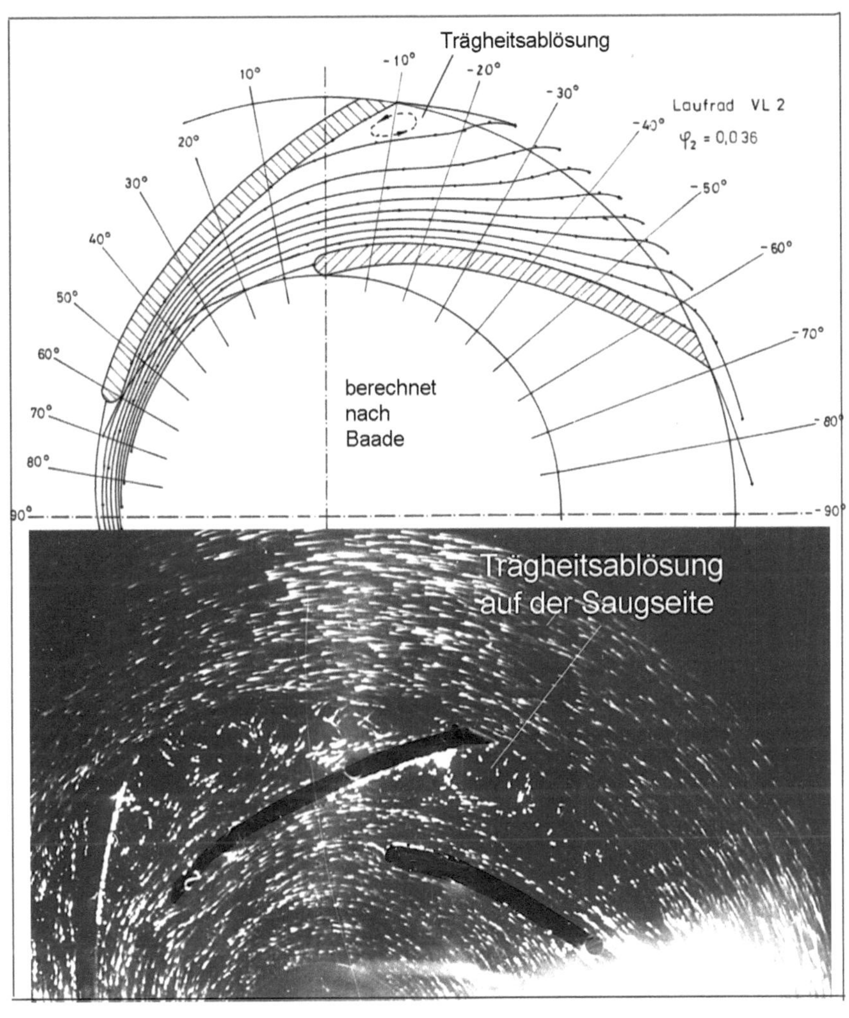

Abb. 5-24 Stromlinienbilder für ein Pumpenlaufrad

Die instationären Druckverläufe vor dem Pumpenlaufrad zeigen die Abb. 5-25. Sie sind wegen der Kavitationsgefahr gerade für Pumpenlaufräder von besonderem Interesse. Bei Ventilatorlaufrädern treten sie natürlich in ähnlicher Form auf. Betrachten wir zunächst die Verhältnisse unmittelbar am Laufradeintrittsradius $R_1 = 0,5$ (Abb. 5-25).

Der Verlauf der C_u-Komponente in Abhängigkeit vom Umfangswinkel ϑ und damit auch von der Zeit entspricht dem bereits vom Ventilatorrad her bekannten Bild. Der

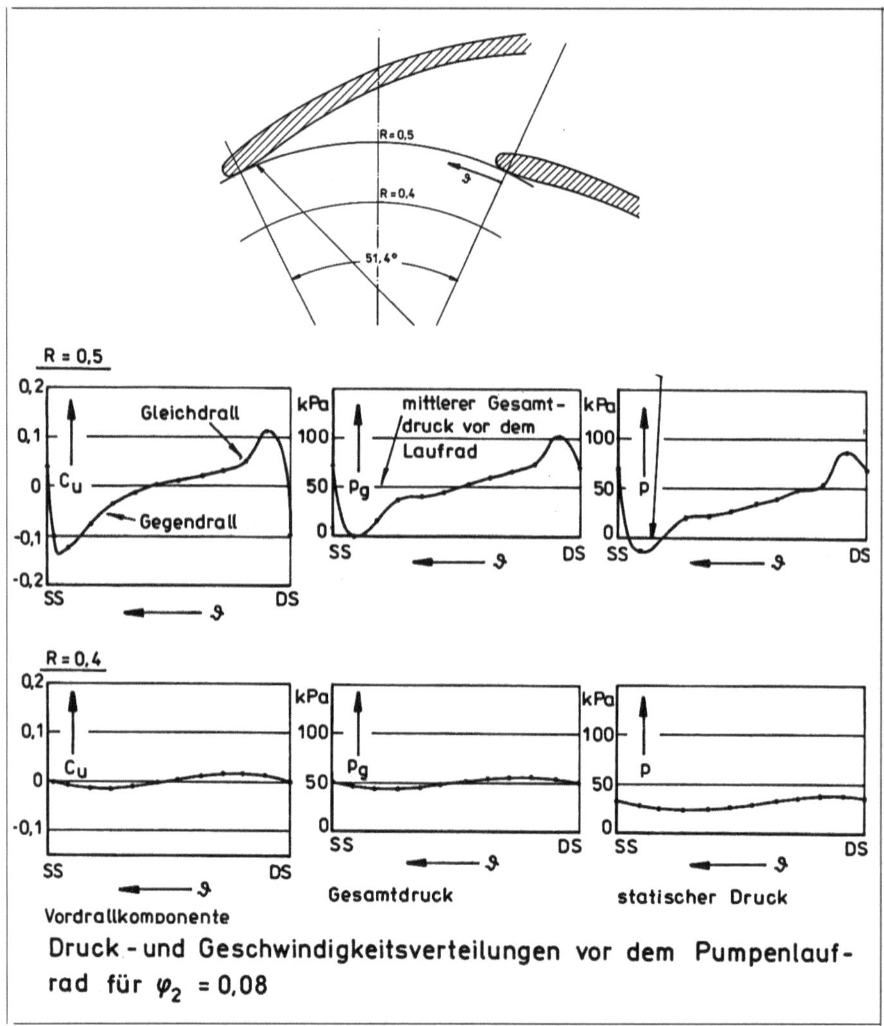

Abb. 5-25   Druck- und Geschwindigkeitsverteilung vor dem
Pumpenlaufrad nach Abb. 5-24 für $\varphi_2 = 0,08$

Verlauf ist durch die kinematische Strömungsbedingung bei der Umströmung der Schaufeleintrittskante bedingt. Durch die im Abschnitt 5.2.6.2 hergeleiteten Zusammenhänge zwischen den Änderungen der Umfangskomponente C_u und der Totalenthalpie ergibt sich für die Totalenthalpie der Strömung ein Schwankungsverlauf, der mit dem der C_u-Komponente qualitativ übereinstimmt. Die Totalenthalpie ist vor dem Laufrad daher keineswegs konstant, wie bisher bei allen Berechnungsverfahren angenommen wurde. Sie schwankt um einen zeitlichen Mittelwert. Der zeitliche Mittelwert ist bei angenommener reibungsfreier Zuströmung allerdings im Zuströmbereich konstant. Die Schwankungen der Totalenthalpie entstehen - genau wie die der C_u-Komponente - erst kurz vor dem Laufradeintritt. Wie aus Abb. 5-25 zu entnehmen ist, erfolgt dies für unser Pumpenlaufrad etwa zwischen den Radien R = 0,4 und R = 0,5. Verbunden mit diesen Schwankungen der Totalenthalpie ist eine entsprechende Veränderung des statischen Druckes in Umfangsrichtung über das erwartete Maß hinaus, wenn man von einer konstanten Totalenthalpie ausgeht und nur die Geschwindigkeitsschwankungen berücksichtigt. Gerade in der Nähe der Saugseite der Laufschaufel wird bereits am Eintrittsradius der statische Druck sehr klein. Er kann natürlich nicht geringer als Null bzw. als der Dampfdruck der Flüssigkeit werden. Wenn, wie in Abb. 5-25 zu sehen ist, dieser Wert unterschritten wird, ist der angenommene Gesamtdruck der Zuströmung bereits zu gering, um Kavitation zu vermeiden. Die Schwankungen der Totalenthalpie bzw. des statischen Druckes vor dem Laufrad sind bei den bisherigen Kavitations-untersuchungen von Pumpenlaufrädern zu wenig beachtet und schon gar nicht quantitativ erfasst worden. Sie werden hervorgerufen, das soll hier noch einmal betont werden, durch die instationären Zuströmbedingungen.

5.3 Der HELMHOLTZsche Wirbelsatz

Im 19. Jahrhundert wurden durch Ableitungen aus der Bewegungsgleichung für die Strömungsmechanik von HELMHOLTZ mehrere so genannte Wirbelsätze abgeleitet. Der wichtigste Wirbelsatz soll hier noch einmal genannt werden:

> Wird die Bewegung eines zähigkeitsfreien Mediums aus der Ruhe heraus lediglich durch Druckkräfte und/oder ein konservatives Kraftfeld erzeugt, so entsteht eine Potentialströmung.

In den Lehrbüchern der Strömungsmechanik werden die HELMHOLTZschen Wirbelsätze immer aus dem Kräftegleichgewicht für ein Fluidelement abgeleitet, so wie es HELMHOLTZ bereits in der zweiten Hälfte des 19. Jahrhunderts veröffentlicht hat. Das Momenten-Gleichgewicht wird bisher in der Strömungsmechanik nicht beachtet.

Die Gleichung für das Kräftegleichgewicht wird in der Strömungsmechanik auch als das „Bewegungsgesetz der Strömungsmechanik" bezeichnet. Das Bewegungsgesetz wird in der Strömungsmechanik immer in der Form „Beschleunigung = Kraft / Masse" ausgedrückt. Darin liegt der einzige Unterschied zum NEWTONschen Impulssatz nach Gl. 2.1 oder Gl. 2.27, der in dieser Form meistens in der Festkörper-Mechanik angewendet wird. Von der physikalischen Aussage her sind beide Grundgleichungen identisch. Die Gleichung für das „Kräftegleichgewicht" soll an dieser Stelle durch eine zusätzliche, auf die Masse bezogene Kraft f_b ergänzt werden. In der Literatur wird eine derartige zusätzliche Kraft bereits benutzt, um die Zähigkeitskräfte der realen Strömungsmedien in das Bewegungsgesetz aufzunehmen. In diesem Falle wird aus der Bewegungsgleichung für reibungsfreie Strömungsmedien die NAVIER-STOKES-Gleichung für reibungsbehaftete Fluids. Wir wollen hier die zusätzliche, auf die Masse bezogene Kraft als die Drehbeschleunigung b verstehen. Damit lautet die Gleichung für das Kräftegleichgewicht in der Strömungsmechanik:

$$\underbrace{\frac{\partial \vec{c}}{\partial t} + (\vec{c}\,\nabla)\vec{c}}_{=\frac{d\vec{c}}{dt}} + \frac{1}{\varrho}\cdot\operatorname{grad} p + f_b = 0 \qquad (5.87)$$

Die Totalenthalpie h ist in der Strömungsmechanik für inkompressible Medien definiert durch:

$$h \overset{def}{=} \frac{c^2}{2} + \frac{p}{\varrho} \qquad (5.88)$$

Für den Wirbelvektor rot(c) soll zur Vereinfachung der Schreibweise die Abkürzung

$$\operatorname{rot} \vec{c} = \vec{\Omega} \qquad (5.89)$$

eingeführt werden. Auf die Gl. 5.87 wird der Operator rot angewendet. Unter Beachtung der Vektorbeziehungen

$$\operatorname{rot} \frac{\partial \vec{c}}{\partial t} = \frac{\partial \operatorname{rot} \vec{c}}{\partial t} = \frac{\partial \vec{\Omega}}{\partial t} \quad \text{und} \quad \operatorname{rot} \operatorname{grad} h = 0$$

lautet das Ergebnis:

$$\frac{\partial \vec{\Omega}}{\partial t} - \mathrm{rot}(\vec{c} \times \vec{\Omega}) + \mathrm{rot}\, f_b = 0 \qquad (5.90)$$

Diese Vektorbeziehung kann mit Hilfe der bekannten Beziehungen aus der Vektor-Analysis

$$\mathrm{rot}(\vec{a} \times \vec{b}) = (\vec{b} \cdot \nabla)\vec{a} - (\vec{a} \cdot \nabla)\vec{b} + \vec{a} \cdot \mathrm{div}\, \vec{b} - \vec{b} \cdot \mathrm{div}\, \vec{a} \quad \text{und} \quad \mathrm{div}\, \vec{\Omega} = 0$$

umgeformt werden:

$$\frac{\partial \vec{\Omega}}{\partial t} - (\vec{\Omega} \cdot \nabla)\vec{c} + (\vec{c} \cdot \nabla)\vec{\Omega} - \vec{\Omega} \cdot \mathrm{div}\, \vec{c} + \mathrm{rot}\, f_b = 0 \qquad (5.91)$$

Für konstante Dichte ρ lautet der Kontinuitätssatz

$$\mathrm{div}\, \vec{c} = 0$$

und für ebene Strömungen muss gelten

$$(\vec{\Omega} \cdot \nabla)\vec{c} = 0$$

Damit reduziert sich die Gl. 5.91 auf:

$$\frac{\partial \vec{\Omega}}{\partial t} + (\vec{c} \cdot \nabla)\vec{\Omega} + \mathrm{rot}\, f_b = 0$$

$$\frac{d \vec{\Omega}}{d t} + \mathrm{rot}\, f_b = 0$$

Für die abgekürzte Schreibweise Ω für den Wirbelvektor setzen wir wieder rot c ein und erhalten den HELMHOLTZschen Wirbelsatz in einer verallgemeinerten Form:

$$\boxed{\frac{d\, \mathrm{rot}\, \vec{c}}{d t} + \mathrm{rot}\, f_b = 0} \qquad (5.92)$$

Wenn die zusätzlich auf das Fluidelement wirkende Kraft f_b (auf die Masse bezogen!) aus einem Potential abgeleitet werden kann (sog. konservative Kraft), lautet die Gl. 5.92:

$$\frac{d\, \mathrm{rot}\, \vec{c}}{d t} = 0 \qquad (5.93)$$

In diesem Falle besitzt der Wirbelvektor rot c Erhaltungseigenschaften. Deshalb werden Strömungen, die zu einem beliebigen früheren Zeitpunkt wirbelfrei waren, diese Eigenschaft auch später stets behalten, während die in einem beliebigen früheren Zeitpunkt wirbelbehafteten Strömungen stets wirbelbehaftet bleiben. Wenn aber $\mathrm{rot}(f_b)$ nicht verschwindet, so verliert dieses Theorem seine Gültigkeit. Das Entstehen und das Verschwinden von Wirbeln wird möglich.

Die unter Strömungstechnikern weit verbreitete Ansicht, wonach nur durch die Zähigkeitskräfte des Fluids Wirbel entstehen können, sollte sehr kritisch beurteilt werden. So hat z.B. TRAUPEL [22, S.80] nachgewiesen:

> „Ist die Strömung eines zähen Mediums eine Potentialströmung, so wird ihr wirbelfreier Charakter durch die Zähigkeitskräfte im Inneren nicht gestört; eine Störung kann nur von Begrenzungswänden oder von nicht konservativen Feldkräften her kommen."

Nach dieser Aussage können Wirbel nur in den Grenzschichten entstehen, wenn keine nichtkonservativen Feldkräfte vorhanden sind. Oft können aber die wirbelbehafteten Strömungen nicht durch Grenzschichteinflüsse erklärt werden. Die Entstehung und die Veränderung des Wirbelfeldes und damit auch des Energiegradienten hängt in diesen Fällen mit der Wirkung der Drehbeschleunigung b zusammen. Die Drehbeschleunigung b ist eine nichtkonservative Kraft pro Masseneinheit, da sie neben der Krümmungsänderung auch von der Strömungsgeschwindigkeit c abhängt.

Wirbelbehaftete Strömungen können nur anhand des Stromlinienbildes nicht immer erkannt werden. So kann z.B. eine ebene Strömung mit parallelen geraden Stromlinien durchaus wirbelbehaftet sein. Das Geschwindigkeitsfeld zeigt keine Rotationsbewegungen. Entscheidend für den wirbelbehafteten Charakter ist der Gradient der Totalenthalpie h. Im Abschnitt 5.2 wurde bereits auf den Zusammenhang zwischen dem Wirbelvektor rot c und dem Gradienten der Totalenthalpie h hingewiesen. Die Gleichung Gl. 5.40 aus diesem Abschnitt 5.2 gilt für dimensionslose Größen:

$$\triangle \Psi_{abs} = \frac{d\,H_{tot}}{d\,\Psi_{abs}} \tag{5.40}$$

Die entsprechende Gleichung für dimensionsbehaftete Größen lautet:

$$\vec{c} \times \mathrm{rot}\,\vec{c} = \mathrm{grad}\,h \tag{5.94}$$

Die Gleichung Gl. 5.94 gilt für eine stationäre Strömung und für eine Totalenthalpie h, wie sie durch Gl. 5.88 definiert ist.

Die physikalische Aussage der Gl. 5.94 ist:
> *Wenn der Gradient der Totalenthalpie h eine Komponente normal zur Stromlinie hat, dann ist diese stationäre Strömung wirbelbehaftet!*

An diese Aussage sollte man sich stets erinnern, wenn es um die Interpretation von Strömungsfeldern geht. Eng verbunden mit dieser Feststellung ist eine richtige Einschätzung des Begriffs der Trägheitsablösung. Die Erforschung der Trägheitsablösung ist ebenfalls eng mit der Forschung auf dem Gebiet der Turbomaschinen verbunden. Hier sollen in diesem Zusammenhang nur die Arbeiten von BAMMERT und STRESCHELETZKI genannt werden. Trägheitsablösung hat nichts mit den Zähigkeitskräften innerhalb des Fluids und auch nicht mit Grenzschicht-Effekten zu tun. Trägheitsablösungen werden hervorgerufen durch das Auftreten eines Energiegradienten grad h normal zur Stromlinie und damit auch durch das Vorhandensein eines Wirbelvektors. Trägheitsablösung tritt auch in Strömungsfeldern auf, die mit guter Näherung als eine reibungsfreie Strömung betrachtet werden können.

Abschließend sollen zwei Beispiele genannt werden, die anschaulich die Wirkung der Drehbeschleunigung b in der Strömungsmechanik zeigen. Wasser-Strömungen mit freier Oberfläche zeichnen sich dadurch aus, dass der Druckgradient an der Oberfläche überall den Wert Null haben muss. In der klassischen Bewegungsgleichung fehlt daher eine Kraft, die wirksam mit der Trägheitskraft des Strömungsmediums im Gleichgewicht stehen kann. Oft wird nur die Kraft aus der potentiellen Energie g·z der Erdanziehung als Gegenkraft zu den Trägheitskräften als Begründung genannt. Die Änderung der potentiellen Lageenergie folgt aus der Veränderung der geodätischen Höhenkote z beim Auftreten von Oberflächenwellen. Numerische Berechnungen zeigen aber oft, dass die Veränderungen der Höhenkote z die Geschwindigkeitsänderungen bei Strömungen mit freier Oberfläche nicht hervorrufen können.

Die Situation ändert sich aber bei Beachtung der Drehbeschleunigung b. Das Kräftegleichgewicht, durch die Bewegungsgleichung ausgedrückt, wird auch bei Strömungen mit freier Oberfläche und vernachlässigbaren Zähigkeitskräften mit Hilfe der Drehbeschleunigung b hergestellt. Bei der Umströmung von ruhenden oder bewegten festen Körpern ist eine Veränderung der Krümmung der Stromlinien festzustellen. Auch in reibungsfreien Strömungsmedien findet in diesem Falle ein Energieaustausch zwischen benachbarten Stromlinien statt, der normal zur Tangentenrichtung der Stromlinie gerichtet ist. Die Stromlinien müssen Arbeit leisten, um die benachbarten Stromlinien von ihrer ursprünglichen Bahn mit konstanter Krümmung „abdrängen zu können". Strömungen, die veränderliche Krümmungen der Stromlinien aufweisen, zeichnen sich deshalb nicht durch eine konstante Totalenthalpie h aus. Diese Strömungen sind deshalb auch immer wirbelbehaftet, auch wenn sie keine sichtbaren Drehbewegungen aufweisen! Sie sind keine Potentialströmungen mehr.

Die Wirkung der Drehbeschleunigung b kann z.B. bei der langsamen Fahrt eines Schiffes in einem Kanal beobachtet werden (siehe Abb. 5-26). Ein ruhender Beobachter beobachtet das Wasser an der Oberfläche des Kanals. Bevor das Schiff sich nähert, ruht das Wasser.   Jetzt nähert sich das Schiff mit langsamer Fahrt ohne

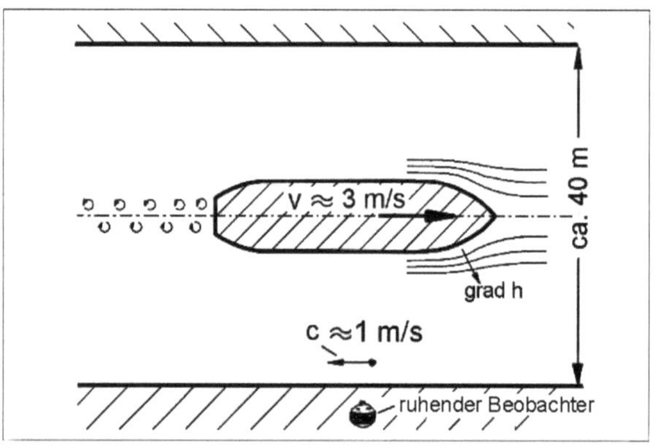

Abb. 5-26 Wirkung der Drehbeschleunigung bei Strömungen mit freier Oberfläche

merkliche Wellenbewegungen (Wellenhöhe z<0,2 m). Erreicht das Schiff die Position des am Ufer stehenden Beobachters, stellt dieser in Ufernähe eine Strömungsgeschwindigkeit c fest, die entgegen der Schiffsbewegung v gerichtet ist. Durch

216

Reibungskräfte innerhalb der Grenzschicht am Schiffskörper kann diese Bewegung nicht erklärt werden. Auch am Vorschiff ist eine zunehmende Strömungsgeschwindigkeit festzustellen, die durch die Energieübertragung beim Umströmen des bewegten Vorschiffes erzeugt wird. Die Energieübertragung wird verursacht durch die Krümmungsänderungen der Stromlinien. Eine denkbare Absenkung der geodätischen Höhe z im Bereich der Umströmung des Vorschiffes ist nicht zu beobachten; eher ein leichter Anstieg der Höhenkote (leichte Bugwelle). Die durch die Krümmungsänderungen der Stromlinien vom bewegten Schiff an das zunächst ruhende Kanalwasser übertragene kinetische Energie kann ohne Berücksichtigung der Drehbeschleunigung b weder erklärt noch theoretisch berechnet werden.

Ein weiteres Beispiel für die Wirkung der Drehbeschleunigung b in der Strömungsmechanik ist der so genannte Badewannenwirbel. Beim Abfließen des Wassers einer Badewanne durch eine Abflussöffnung am Boden der Wanne ist eine stärkere Wirbelströmung zu beobachten. Als Ursache für die Entstehung des Badewannenwirbels wird in der Literatur die CORIOLIS-Beschleunigung infolge der Erdrotation genannt. Eine einfache numerische Abschätzung zeigt, dass diese Beschleunigung sehr gering ist. Als Begründung für die Entstehung dieses Wirbels kann man die CORIOLIS-Beschleunigung infolge der Erdrotation nicht akzeptieren. Dieser Badewannenwirbel hat auch nicht immer eine eindeutige Drehrichtung. Wenn die CORIOLIS-Beschleunigung infolge der Erdrotation als Ursache gelten soll, müssen die

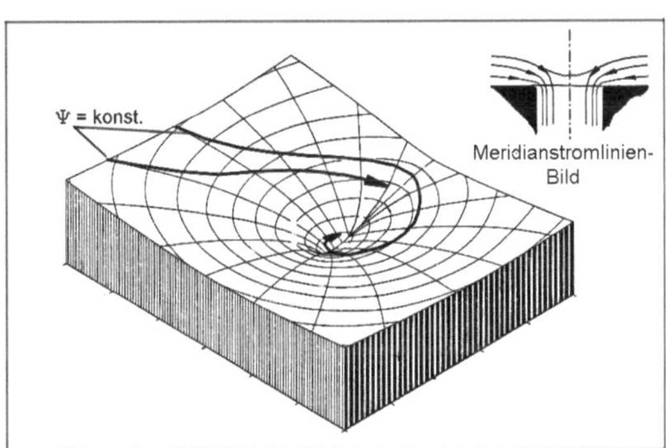

Abb. 5-27 Stromlinien des Badewannenwirbels

Badewannenwirbel auf der Nordhalbkugel unserer Erde eine Drehbewegung im mathematisch positiven Sinn aufweisen, so wie die Windbewegungen in der Nähe eines meteorologischen Tiefdruckgebietes. Man kann durch einfache Handbewegungen beim Beginn des Abflusses die Drehrichtung des Badewannenwirbels verändern. Auch diese Tatsache kann mit der Wirkung der CORIOLIS-Beschleunigung nicht erklärt werden. Die Abb. 5-27 zeigt zwei Stromlinien des Badewannenwirbels und rechts oben das Meridianstromlinienbild der Strömung durch die Abflussöffnung.

Das Meridianstromlinienbild zeigt, dass besonders die unteren Stromlinien beim Eintritt in die Abflussöffnung erhebliche Krümmungsänderungen aufweisen. Diese Stromlinien geben einen Teil ihrer kinetischen Energie an die benachbarten, darüber liegenden Stromlinien ab. Da an der freien Oberfläche des Abflusswirbels der statische Druck konstant ist, kann sich für die Stromlinien an der freien Oberfläche nur die kinetische Energie, nicht aber der statische Druck erhöhen. Hierbei wird aber nicht die Meridiankomponente der Strömungsgeschwindigkeit erhöht. Es entsteht eine Umfangskomponente, die in Strömungsrichtung mit steigender Energieübertragung anwächst. Durch die entstandene Wirbelbewegung wird die Krümmungsänderung der Stromlinien abgeschwächt. Die Stromlinien sind verwundene Bahnkurven mit räumlichen Krümmungsänderungen. Die wirbelbehaftete Strömung zu berechnen, setzt voraus, dass zunächst die Eigenschaften der Drehbeschleunigung b bei räumlich verwundenen Bahnkurven erforscht werden.

Analog zum Badewannenwirbel sind die Strömungsverhältnisse bei den Wirbelstürmen. Die hohen Energiekonzentrationen bei den Wirbelstürmen sind ebenfalls das Ergebnis des Energieaustausches normal zur Richtung der Stromlinien durch die Wirkung der Drehbeschleunigung b.

6 Schlussbemerkungen

Die Geschichte der Naturwissenschaften und der Technik kennt viele Beispiele, die zeigen, wie Wissenschaftler um die Anerkennung ihrer fortschrittlichen Ideen kämpfen mussten. Nicht selten konnten sich die bahnbrechenden Entdeckungen erst Jahrzehnte nach dem Tod des Wissenschaftlers durchsetzen. Durch die Veröffentlichung dieses Buches erwartet BAADE natürlich fachliche Angriffe von Wissenschaftlern, die aus den unterschiedlichsten Gründen mit den Ausführungen dieses Buches nicht einverstanden sind. Der Kampf um wissenschaftliche Ideen ist ein legitimer Vorgang, der auch notwendig ist. Dieser wissenschaftliche Kampf darf aber nur mit den Mitteln der jeweiligen Wissenschaft geführt werden. In der Physik und in den technischen Wissenschaften sind diese Mittel das Experiment, die sorgfältigen Beobachtungen der Naturerscheinungen und besonders die starken Werkzeuge, die uns die Mathematik bietet. Persönliche Interessen und Karrieredenken dürfen bei wissenschaftlichen Auseinandersetzungen keine Rolle spielen.

Ein wissenschaftlicher Meinungsstreit, der sich nur auf verbale Ausführungen beschränkt, ist im Falle der in diesem Buch behandelten Probleme nicht hilfreich. Der Verfasser dieses Buches wird daher auf mögliche Angriffe, die sich nur auf persönliche Ansichten und Vermutungen stützen, nicht reagieren. Um für dieses Verhalten ein gewisses Verständnis beim Leser zu erzeugen, hat sich der Verfasser entschieden, die Erfahrungen im wissenschaftlichen Meinungsstreit in den Jahren von 1982 bis 1989 an der Technischen Universität „Otto von Guericke" in Magdeburg im Anhang dieses Buches zu veröffentlichen.

Wenn jemand einen ordentlichen mathematischen Beweis vorweisen kann und das auch in der wissenschaftlichen Öffentlichkeit vertreten kann, ist der Verfasser des Buches jederzeit bereit, diesen Beweis sorgfältig zu prüfen und wenn er richtig ist, auch zu akzeptieren. Hinweise, die zur Verbesserung des Buches beitragen können, sind natürlich ausdrücklich erwünscht.

7 Literatur

1. *Truesdell, C.:* Die Entwicklung des Drallsatzes. ZAMM, Bd. 44 (1964) Nr. 4/5, S. 149-158

2. *Baade, K.-H.:* Zum Vorgang der Energieübertragung im Laufrad einer Strömungsmaschine. Forschung im Ingenieurwesen, Bd. 56 (1990) Nr. 4, S. 111-118

3. *Baade, K.-H.:* Die Ursachen und die Berechnung der Eigenrotation der Himmelskörper. Astronautik Heft 3 (1990), S.81-83, Heft 4 (1990), S.109-116, Heft 1   (1991), S.14-18

4. *Landau, L.D., Lifschitz,E.M.:* Lehrbuch der Theoretischen Physik. Mechanik. 10. Aufl. Akademie-Verlag Berlin 1981

5. *Budó, A.:* Theoretische Mechanik. 10. Aufl. VEB Deutscher Verlag der Wissenschaften, Berlin 1980.

6. *Macke, W.:* Mechanik der Teilchen Systeme und Kontinua, Ein Lehrbuch der Theoretischen Physik. Leipzig 1962: Akademische Verlagsgesellschaft Geest & Portig K.-G.

7. *Greiner, W.:* Theoretische Physik. Mechanik Bd. I u. II, 4. Aufl. Verlag Harri Deutsch, Thun und Frankfurt a. M., 1884.

8. *Weller, W., Winkler, H.:* Mechanik Teilchen und Systeme von Teilchen. Grundkurs Klassische Physik Bd. 1, Teubner Verlagsgesellschaft Leipzig 1974

9. *Lindström, G., Langkau, R.:* Physik kompakt: Mechanik. Vieweg & Sohn Verlagsgesellschaft mbH, Braunschweig/Wiesbaden, 1996

10. *Stumpff, K.:* Himmelsmechanik. Bd.1, 2, 3, VEB Deutscher Verlag der Wissenschaften, Berlin 1959, 1965.

11. *Hertz, H.:* Die Prinzipien der Mechanik. Ostwalds Klassiker der exakten Wissenschaften. Akademische Verlagsgesellschaft Geest & Portig K.-G. Leipzig 1984

12. *Fischer, U., Stephan, W.:* Prinzipien und Methoden der Dynamik VEB Fachbuchverlag Leipzig 1972

13. *Naue, G.:* Kontinuumsbegriff und Erhaltungssätze in der Mechanik seit Leonard Euler   - Technische Mechanik 5 (1984) Heft 4

14. *Szabó, I.:* Einführung in die Technische Mechanik, Springer-Verlag, Berlin/ Göttingen/Heidelberg 1954

15. *Szabó, I.:* Höhere Technische Mechanik, Springer-Verlag,
Berlin/Göttingen/Heidelberg 1960

16. *Jahnke, Emde:* Tafeln höherer Funktionen, B.G.Teubner Verlagsgesellschaft
Leipzig, 1960

17. *Montenbruck,O., Pfleger,T.:* Astronomie mit dem Personal-Computer.
Springer-Verlag Berlin Heidelberg New York 1989

18. *Herzog, W.:* Grundlegende Überlegungen zur Massenanziehung Astronautik,
Heft 4 1990, 27.Jahrgang, S. 112-113

19. *Smirnow, W. I.:* Lehrgang der höheren Mathematk. Teil II, 7. Aufl. Berlin: VEB
Deutscher Verlag der Wissenschaften 1966.

20. *Solomon G. Michlin:* Variationsmethoden der Mathematischen Physik.
Akademie-Verlag-Berlin 1962.

21. *Bronstein, Semendjajew:* Taschenbuch der Mathematik. 19. Aufl., BSB B. G.
Teubner Verlagsgesellschaft, Leipzig 1979.

22. *Traupel, W.:* Thermische Turbomaschinen. Bd. 1, 3.Aufl.
Berlin/Heidelberg/New-York, Springer-Verlag 1977

23. *Traupel, W.:* Die Theorie der Strömung durch Radialmaschinen. Karlsruhe:
Verlag G. Braun 1962.

24. *Schiele, O.:* Zur Energieübertragung in Strömungsmaschinen. KSB Techn.
Berichte 12, S. 3-9.

25. *Will, G.:* Modellvorstellungen zur Strömung in radialen Laufrädern.
Dissertation der TU Dresden 1970.

26. *Baade, K.-H.:* Beitrag zur Berechnung der Nabenumströmung meridian-
beschleunigter Ventilatoren. Dissertation der TH „Otto von Guericke"
Magdeburg, 1969.

27. *Schlichting, H.:* Berechnung der reibungsfreien, inkompressiblen Strömung
für ein vorgegebenes ebenes Schaufelgitter. VDI-Forschungsheft 447,
Düsseldorf (1955)

28. *Schreckenberg, H.:* Ein Beitrag zur Berechnung der quasi-dreidimensionalen
Relativströmung radialer Verdichterlaufräder. Dissertation der Ruhr-
Universität Bochum, 1974

29. *Imbach, H.E.:* Die Berechnung der kompressiblen, reibungsfreien
Unterschallströmung durch räumliche Gitter aus Schaufeln auch großer

Dicke und starker Wölbung. Dissertation der ETH Zürich 1964, Mitteilungen aus dem Institut für Thermische Turbomaschinen Nr. 8

30. *Krein, H.:* Beitrag zur Berechnung der quasi-dreidimensionalen Strömung in Radialverdichterlaufräder. Dissertation der Rheinisch- Westfälischen Technischen Hochschule Aachen, 1975

31. *Schilling, R.:* Berechnung von Radialgittern zur Förderung hochviskoser Medien. Dissertation der Universität (TH) Karlsruhe, 1976

32. *Bammert, Rautenberg:* Messung zeitlich veränderlicher Strömungsvorgänge im Radialverdichter. VDI-Berichte Nr. 193, 1973, S. 187-196

33. *Haß, Kassens, Knapp, Mabarak, Siegmann, Wittekindt:* Radialverdichter. Forschungs-Abschlußbericht der TU Hannover, Institut für Strömungsmaschinen, Zeitraum 1.1.1969 bis 31.12.1972

34. *Baade, K.-H:* Beitrag zur Berechnung des Widerstandes umströmter Körper. Schiffbauforsch. Bd. 26, Sonderheft Internationales Rostocker Schiffstechnisches Symposium 1987, Bd. 2, Schiffshydrodynamik

35. *Baade, K.-H.:* Die instationäre Strömung im schaufellosen Ringraum einer Radialverdichterstufe. Wissenschaftliche Zeitschrift der Technischen Hochschule Otto von Guericke Magdeburg 20 (1976) H. 3, S. 245-249

36. *Baade, K.-H.:* Wirbelbehaftete Strömungen - eine Modellerweiterung für die Strömungstechnik. Wiss. Z. der TH Otto von Guericke Magdeburg, Bd. 24 (1980) Nr. 4, S.105-110

37. *Altmann, D.:* Experimentelle Untersuchung der Strömungsverhältnisse in einer Radialpumpe bei unterschiedlichen Betriebsbedingungen. Pumpen- und Verdichterinformationen, Halle (1980) 1, S. 21-28

38. *Shirakura, M.:* An approximate method of determing the slipfactor of the radial outward-flow impellers. Bulletin of JSKA, Vol. 1, No. 2, 1958, S. 171-178

39. *Domm, U.:* Strömungsuntersuchungen an umlaufenden Radialrädern. KSB Technische Berichte 5 (1963), S. 3

40. *Kotschin, Kibel, Rose:* Theoretische Hydromechanik, Bd. 1, Akademie-Verlag, Berlin 1954

Anhang

BAADE hat 1962 sein Studium der Fachrichtung „Strömungsmaschinen" als bester Absolvent von über 100 Studenten der Fakultät für Maschinenbau mit der Auszeichnung des Fakultätspreises beendet. Leider hat er keine Möglichkeit gehabt, an einem international bekannten Institut unter der Leitung eines angesehenen Wissenschaftlers zu arbeiten. Auch die Bedingungen in der ehemaligen DDR waren im Zusammenhang mit Tagungsbesuchen und Veröffentlichungen für einige Wissenschaftler nicht günstig. Die Ausgangsposition war daher für den Verfasser dieses Buches nicht optimal.

Bei der theoretischen Untersuchung der Strömung in den Laufrädern der Turbomaschinen und durch zahlreiche Diskussionen mit den Fachleuten auf diesem Gebiet hatte BAADE schon in den 70er Jahren des vergangenen Jahrhunderts erkannt, dass nur unter Verwendung des Kräftegleichgewichtes die Übertragung mechanischer Energie von den rotierenden Laufschaufeln an das Strömungsmedium nicht zweifelsfrei zu erklären ist. Da BAADE sehr gute Erfahrungen mit der Anwendung der direkten Lösungsverfahren der Funktionalanalysis zur Lösung von Differentialgleichungen in der Strömungsmechanik (Variationsrechnung) gemacht hatte, hat er um 1978 den Entschluss gefasst, die Strömung in den rotierenden Laufrädern der Turbomaschinen durch Betrachtungen in einem ruhenden Koordinatensystem zu untersuchen. Das war bis zu diesem Zeitpunkt noch nicht gemacht worden und schon deshalb eine neue Art der theoretischen Untersuchung der Laufradströmung von Turbomaschinen. Diese Forschungsarbeiten wurden von der Pumpen- und Verdichter-Industrie in der ehemaligen DDR gefördert und auch finanziert. Da bis zum Jahre 1982 gute Ergebnisse vorlagen, wurde der Entschluss gefasst, die Ergebnisse in einer Habilitationsarbeit zu veröffentlichen. Was dann geschah, soll in einzelnen Etappen geschildert werden.

1. Im Oktober 1982 wurde von BAADE die Arbeit mit dem Titel "Die Berechnung der wirbelbehafteten Laufradströmung radialer Turbomaschinen" für ein Habilitationsverfahren beim Wissenschaftlichen Rat der Technischen Hochschule Magdeburg eingereicht. Unter den Bedingungen der ehemaligen DDR war das ein „Promotionsverfahren B". Als Gutachter wurden Prof. Kosmowski (TH Magdeburg),

Prof. Wolf (IHS Zittau) und Prof. Vollheim (TU Dresden) benannt. Prof. Vollheim wurde vom Wissenschaftlichen Rat an die Stelle des von BAADE vorgeschlagenen Dr. sc. techn. Lindner benannt. Dr. Lindner galt bei allen Fachleuten als der Fachmann in der DDR auf dem Gebiet der Theorie der Turbomaschinen.

Diese Habilitationsarbeit bestand im Wesentlichen aus den Abschnitten 5.1 und 5.2 dieses Buches. Nicht enthalten waren Bemerkungen über den HELMHOLTZschen Wirbelsatz, d.h. die Ausführungen des Abschnittes 5.3 dieses Buches. Allerdings war an einer Stelle der Arbeit ein Grundgedanke von BAADE formuliert worden, wonach das Momentengleichgewicht bei Strömungsuntersuchungen auch beachtet werden sollte.

2. Im Dezember 1982 wurde BAADE von Prof. Vollheim aufgefordert, seine Auffassung zur Wirbelentstehung in reibungsfreien Strömungsmedien genauer zu begründen. Diese Forderung war, rein formal gesehen, berechtigt. Sie stellte aber eine große wissenschaftliche Herausforderung dar! In der Strömungsmechanik ist die Auffassung weit verbreitet, dass Wirbel in reibungsfreien Strömungen nicht entstehen können. Die Grundlage hierfür ist einer der HELMHOLTZschen Wirbelsätze. Das wurde im Abschnitt 5.3 dieses Buches ausführlich erläutert. Zahlreiche Wissenschaftler (sogar in Büchern ist das festzustellen) ignorieren in ihren Dissertationen aber diesen HELMHOLTZschen Wirbelsatz und berechnen Strömungsfelder, die als reibungsfrei idealisiert sind und trotzdem wirbelbehaftet sind. Der HELMHOLTZsche Wirbelsatz hat sich in der Tat als ein Hemmnis bei der Weiterentwicklung der Strömungsmechanik erwiesen. Von Prof. Vollheim war es deshalb eine Forderung, die über das normale Maß hinaus geht, die man an eine wissenschaftliche Arbeit stellen kann!

Da BAADE den entscheidenden Grund für das Entstehen von Wirbeln bereits erkannt hatte, ist es ihm in den Monaten November und Dezember 1982 tatsächlich gelungen, den noch fehlenden mathematischen Beweis zu finden. Eine wichtige Etappe in diesem Erkenntnisprozess war für BAADE die Abb. 5-9 des vorliegenden Buches. Die Krümmungsänderungen der Stromlinien beim Umströmen der Schaufel-Eintrittskanten eines Pumpenlaufrades weisen bei sorgfältigem Nachdenken auf die Lösung des Strömungsproblems hin. Nachdem BAADE sich mit der Differentialgeometrie näher beschäftigt hatte, hat er den mathematischen Beweis einem guten Mathematiker der TH Magdeburg auf dem Gebiet der Differentialgeometrie im Januar 1983 vorgelegt. Bereits nach drei Tagen hat dieser Mathematiker BAADE die Richtigkeit seiner Ableitung bestätigt! Dieser Beweis ist in diesem Buch im Abschnitt 5.3 dargelegt. Im Februar 1983 (d.h. vor Ablauf der gesetzlichen Frist für das Erstellen der Gutachten) hat BAADE an alle drei Gutachter den mathematischen Beweis geschickt und darum gebeten, diesen Beweis bei der Beurteilung der Arbeit mit zu berücksichtigen. Dadurch ist der wissenschaftliche Wert seiner Habilitationsarbeit natürlich gestiegen. Er konnte nachweisen, dass der HELMHOLTZsche Wirbelsatz nicht gilt, wenn Krümmungsänderungen der Stromlinien vorhanden sind. Es muss hier noch einmal betont werden, dass BAADE die Richtigkeit der Ableitung des HELMHOLTZschen Wirbelsatzes niemals angezweifelt hat. Wird aber neben dem NEWTONschen Impulssatz auch der Drehimpulssatz der Mechanik beachtet - was bisher in der Strömungsmechanik nicht geschehen ist - ändern sich aber die Voraussetzungen für die Ableitung des HELMHOLTZschen Wirbelsatzes. Hervorragende Wissenschaftler auf dem Gebiet der Strömungsmechanik, wie z.B. TRAUPEL [22], formulieren deshalb den HELMHOLTZschen Wirbelsatz auch vorsichtiger. Sie behaupten z.B. nicht, dass reibungsfreie Strömungsfelder immer Potentialströmungen sein müssen.

Bis zum gegenwärtigen Zeitpunkt (März 2005) hat BAADE weder von Prof. Vollheim, noch von den anderen Gutachtern eine Meinungsäußerung zu seinem Beweis über das Vorhandensein der Drehbeschleunigung b gehört! Nachdem man den Beweis für das Entstehen von Wirbeln in reibungsfreien Strömungsmedien von BAADE gefordert hat - es war das eine fast unzumutbare Forderung - hat er das Recht, von den Gutachtern einen klaren Gegenbeweis zu fordern. Wer die Beweisführung anzweifelt, muss einen mathematischen Gegenbeweis liefern. Es muss nachgewiesen werden, dass der Drehimpulssatz kein Grundgesetz der Mechanik ist und daher für die gesamte Mechanik überflüssig ist.

3. Etwa 6 Monate nach Eröffnung des Habilitationsverfahrens erhielt der Wissenschafliche Rat der TH Magdeburg von Prof. Kosmowski und von Prof. Wolf positive Gutachten. E i n Jahr nachdem BAADE seine Habilitationsarbeit eingereicht hatte, war das Gutachten von Prof. Vollheim fertig (die Promotionsordnung schreibt eine Frist von 3 Monaten vor). Prof. Vollheim lobte zunächst den Teil der Arbeit

(insbesondere die mathematischen Abhandlungen), der sich mit der eigentlichen Strömungsberechnung für die Turbomaschine befasst. Zum Schluss seines Gutachtens stellt er dann aber fest, dass er die Arbeit dem Wissenschaftlichen Rat nicht zur Annahme empfehlen kann, da BAADE einen der HELMHOLTZschen Wirbelsätze verletzt habe. Kein Wort findet man in seinem Gutachten über den mathematischen Beweis, dass der HELMHOLTZsche Wirbelsatz nicht gilt!

4. Die Prüfungskommission unter dem Vorsitz von Prof. Strümke (damaliger Dekan) erwägt zunächst eine öffentliche Verteidigung anzusetzen, was die Promotionsordnung zulässt (2 positive, 1 negatives Gutachten). Durch ein Gespräch mit dem wissenschaftlichen Sekretär des Wissenschaftlichen Rates hatte BAADE zum Ausdruck gebracht, dass er die mündliche Verteidigung fachlich nicht scheue und Prof. Vollheim wissenschaftlich fordern werde. Die Prüfungskommission entscheidet dann aber einen 4. Gutachter zu benennen. Im Februar 1984 wird Prof. Förste (Akademie der Wissenschaften der ehemaligen DDR) gebeten, ein Gutachten anzufertigen. Prof. Förste erstellte innerhalb von ca. 4 Wochen ein positives Gutachten. Obwohl nun drei positive und ein negatives Gutachten vorlagen, kommt es noch immer nicht zur öffentlichen Verteidigung.

5. Etwa zum Zeitpunkt als bekannt wurde, dass Prof. Förste sein positives Gutachten dem Wissenschaftlichen Rat zuschickte, machte Prof. Kosmowski einen groben wissenschaftlichen Fehler. Anstatt sich ernsthaft mit dem von BAADE gefundenen Beweis zur Wirbelentstehung auseinander zu setzen, glaubte er an einer ganz anderen Stelle der Arbeit einen Fehler gefunden zu haben. Beim Differenzieren einer mathematischen Formel ist ihm aber ein Fehler unterlaufen, der einem Professor für Strömungsmechanik eigentlich nicht passieren dürfte. Da jeder Mensch Fehler macht, hat BAADE ihm gesagt, diesen Vorgang keinem Dritten mitzuteilen. Unmittelbar danach hat Prof. Kosmowski unter Mitwirkung eines Kollegen seines Wissenschaftsbereichs einen zweiten Versuch gemacht, BAADE an der gleichen Stelle seiner Arbeit einen Fehler nachzuweisen. Auch dieser Versuch war wissenschaftlich falsch. Es ging hierbei um die Transformation der Strömungsgleichung in das rotierende Koordinatensystem. Es ist bezeichnend, dass im November 1989 Dr. Schütte und im Mai 1989 ein weiterer Kollege aus dem Wissenschaftsbereich von Prof. Kosmowski Dissertationen verteidigt haben, welche

die gleiche Transformation der Strömungsgleichung zur Grundlage haben, wie sie BAADE verwendet hat!

Zurück zum Jahr 1984. Erst als BAADE durch Zufall von diesem zweiten Versuch erfuhr, an der gleichen Stelle (Transformationsbeziehungen) seiner Arbeit einen Fehler nachzuweisen, hat er sich an den Rektor der TH Magdeburg gewandt. Er bat ihn, dafür zu sorgen, dass ein ordentliches, faires Promotionsverfahren durchgeführt wird. Die Beschwerde beim Rektor ist ihm wirklich sehr schwer gefallen. Es war klar, dass man sich über einen Professor nicht ungestraft beschweren darf. Eine andere Möglichkeit sich zu verteidigen hatte er aber nicht. Spätestens zu diesem Zeitpunkt war BAADE klar geworden, dass einige Mitarbeiter der TH Magdeburg mit allen Mitteln eine öffentliche Verteidigung verhindern wollten.

6. Im April 1984 fertigt Prof. Kosmowski ein zusätzliches Gutachten über die Arbeit von BAADE an. Es enthält nur Behauptungen, die nicht von großer Sachkenntnis geprägt sind und wissenschaftlich falsch sind. Auch hier liegt ein Verstoß gegen die Promotionsordnung vor. Ein Gutachter kann nicht einige Monate nachdem er ein Gutachten abgegeben hat, ein anderes Gutachten abgeben. Darüber hinaus wird ein weiteres Mitglied des Prüfungsausschusses, Dr. Iben (TH Magdeburg), aufgefordert, ein Gutachten über die Habilitationsarbeit anzufertigen. Im Wesentlichen enthält dieses Gutachten die gleichen unsinnigen Behauptungen, wie sie Prof. Kosmowski in seinem zweiten Gutachten niedergeschrieben hat. BAADE möchte betonen, dass alle unter Punkt 5. und 6. genannten Aktivitäten streng vertraulich durchgeführt wurden und mit ihm hierüber niemals vorher ein Gespräch geführt wurde. BAADE hat nur durch Kollegen, die ihm nahe standen, einiges vorher erfahren. Dr. Iben oder aber auch Prof. Kosmowski hätten durchaus mit BAADE fachlich die Dinge in Ruhe vorher besprechen können, bevor sie ihre Meinung niederschreiben. Man gehörte einem Wissenschaftsbereich an und die Arbeitszimmer lagen räumlich dicht beieinander.

7. Der Senat der TH Magdeburg entscheidet Ende Mai 1984, das Habilitationsverfahren nicht erfolgreich abzuschließen. Jetzt hatte die TH Magdeburg endlich 3 positive und 3 negative Gutachten und eine rechtliche Grundlage für diese Entscheidung. Hierbei soll noch einmal darauf hingewiesen werden, dass Prof. Kosmowski zunächst ein positives und dann ein negatives Gutachten abgegeben hat.

Für ein und dasselbe Habilitationsverfahren ein ungewöhnlicher Vorgang. Anfang Juni 1984 hatte BAADE endlich Gelegenheit, die Gutachten lesen zu können. Nach einem kurzen fachlichen Gespräch (ein Zeuge war anwesend!), das ca. 15 Minuten dauerte, konnte er Dr. Iben davon überzeugen, dass er sich geirrt hatte. Dr. Iben hat sich dann am nächsten Tag beim Dekan für sein falsches Gutachten entschuldigt! Hierüber liegt eine schriftliche Aktennotiz beim Wissenschaftlichen Rat vor.

8. Der Vorsitzende der Prüfungskommission Prof. Strümke führte im Juni 1984 ein Gespräch mit BAADE und gab folgenden Hinweis:

BAADE soll die Habilitationsarbeit bald überarbeiten und dann erneut einreichen. Hierbei soll er seinen "Angriff auf den HELMHOLTZschen Wirbelsatz" aus der Arbeit herausnehmen. In diesem Falle wären alle Gutachter bereit, erneut als Gutachter mitzuwirken.

Zunächst war BAADE hierzu nicht bereit. Keiner der Gutachter hatte bis zu diesem Zeitpunkt versucht, den von ihm vorgelegten Beweis für die Wirbelentstehung in reibungsfreien Strömungsmedien anzufechten. Die Wartezeit bis zu der erhofften, dann aber verhinderten, öffentlichen Verteidigung hatte er intensiv genutzt. Bereits zu diesem Zeitpunkt war er sicher, dass seine Auffassung über den Drehimpulssatz der Mechanik richtig ist. BAADE hatte u.a. nachträglich die wichtige wissenschaftliche Veröffentlichung des namhaften amerikanischen Wissenschaftlers TRUESDELL [1] aus dem Jahre 1964 gefunden, der das wissenschaftliche Problem bereits erkannt hatte, allerdings noch nicht ganz in seiner vollen Bedeutung. Wie in der Einleitung dieses Buches schon erwähnt wurde, hat TRUESDELL [1] auch keine Lösung des wissenschaftlichen Problems anbieten können. Nachdem der Dekan Prof. Strümke sagte, dass auch der Rektor der TH Magdeburg diesen Weg empfohlen hat, hat BAADE dem Vorschlag, wenn auch sehr widerstrebend, zugestimmt. Prof. Strümke hat ihm diesen Vorschlag so nahe gelegt, dass er den Eindruck hatte, man würde nun ein ordentliches Promotionsverfahren in der gesetzlich vorgeschriebenen Frist durchführen.

9. Die Habilitationsarbeit wird von BAADE überarbeitet und bevor er sie erneut einreicht den Gutachtern vorgelegt. Prof. Vollheim und Prof. Förste teilen BAADE mündlich mit, wieder ein Gutachten anzufertigen. Sein damaliger Chef Prof. Kosmowski weigert sich, ein Gutachten für die Arbeit anzufertigen. Da BAADE sich

über ihn beim Rektor beschwert hatte, kann man für diese Entscheidung ein gewisses Verständnis haben. Prof. Strümke teilte BAADE daraufhin mit, dass ein anderer Hochschullehrer der TH Magdeburg als Gutachter benannt werden wird und er solle seine Arbeit ruhig einreichen.

10. Im Oktober 1984 wird die überarbeitete Fassung der Habilitationsarbeit eingereicht. Zum Erstaunen von BAADE wird Prof. Kosmowski als Gutachter wieder benannt, obwohl er sich vorher hartnäckig geweigert hatte. Welche Gründe haben den Wissenschaftlichen Rat bewogen, diesen Beschluss zu fassen? Die fachliche Glaubwürdigkeit von Prof. Kosmowski war nicht mehr unzweifelhaft. War da noch mit einer objektiven Beurteilung zu rechnen?

Unmittelbar nachdem BAADE die Arbeit eingereicht hatte, erhält er von Prof. Vollheim einen Brief. Darin teilte Prof. Vollheim ihm mit, dass er einen Gedanken von ihm (Umfang: weniger als 1 Schreibmaschinenseite, keine mathematischen Formeln, nur verbaler Text) zur besseren Begründung für das Entstehen des Wirbelfeldes noch in seiner Arbeit aufnehmen sollte. Wenn BAADE hierzu bereit sei, dann hätte er keine prinzipiellen Einwände gegen die Habilitationsarbeit. In seinem Antwortbrief hat BAADE sofort seine Bereitschaft erklärt, den Gedanken von Prof. Vollheim in die Arbeit aufzunehmen.

11. Im Januar 1985 fertigt Prof. Kosmowski ein Gutachten an, das man weder als positiv, noch als negativ bezeichnen kann. Das ist wieder ein Verstoß gegen die Promotionsordnung, die eindeutig eine klare Entscheidung fordert. Prof. Förste schickt im Sommer 1985 dem Wissenschaftlichen Rat ein positives Gutachten. Von Prof. Vollheim wird im Juni 1985 trotz seiner Zusage in seinem Brief vom November 1984 wieder ein negatives Gutachten abgegeben. Der Senat beschließt daraufhin, keine öffentliche Verteidigung anzusetzen und das Promotionsverfahren nicht weiterzuführen. In diesem Zusammenhang muss noch erwähnt werden, dass BAADE erst nach vielen Monaten und einer mündlichen Mahnung einen schriftlichen Bescheid vom Wissenschaftlichen Rat zum Ausgang seines Habilitationsverfahrens bekommen hat. In dieser Mitteilung wurde keine Begründung für diese Entscheidung gegeben.

12. Einige Monate später, im Oktober 1985 hat BAADE in einem Brief Prof. Vollheim gebeten, die Behauptung, die zur Begründung seines negativen Gutachtens geführt hat, zu beweisen. So behauptet Prof. Vollheim, BAADE hätte in der zweiten Fassung seiner Arbeit wieder die Gültigkeit des HELMHOLTZschen Wirbelsatzes angezweifelt. Hätte man nach Eingang des Gutachtens von Prof. Vollheim ein Mitglied der Prüfungskommission beauftragt, die Habilitationsarbeit daraufhin genau durchzulesen, so hätte man die Unsinnigkeit der Behauptung von Prof. Vollheim erkennen müssen. Auf eine Anfrage von BAADE an Prof. Vollheim, auf welcher Seite seiner Arbeit das steht, hat er bis heute keine Antwort bekommen.

13. Unmittelbar nachdem der Senat die Einstellung des Habilitationsverfahrens beschließt (Juni 1985) erfährt BAADE von einem Kollegen, dass Prof. Kosmowski als Direktor der „Sektion Dieselmotoren, Pumpen und Verdichter" abgelöst werden soll. Die tatsächliche Ablösung erfolgte dann im Februar 1986. Die Hochschulleitung hat BAADE im Juli 1985 eine Oberassistentenstelle im neu gegründeten CAD/CAM-Zentrum der TH Magdeburg angeboten und dieses Angebot hat er dankbar angenommen. Damit arbeitete er seit diesem Zeitpunkt nicht mehr auf dem Gebiet der Strömungsmaschinen.

14. Als am 9. November 1989 eine politische Wende in der ehemaligen DDR sich abzeichnete, hat BAADE sofort die Chance genutzt, um seine Arbeit über den Drehimpulssatz zu veröffentlichen. Am 21. Nov. 1989 erhielt der VDI-Verlag das Manuskript und im Heft 4 (1990) der angesehenen Zeitschrift "Forschung im Ingenieurwesen" ist die Arbeit unter dem Titel "Zum Vorgang der Energieübertragung im Laufrad einer Strömungsmaschine" erschienen.

15. Im März 1991 hat BAADE auf eigenen Wunsch die Arbeit an der Technischen Universität in Magdeburg beendet. Wie BAADE erfahren hat, wurde im Zusammenhang mit den Umstrukturierungen nach der politischen Wende die Arbeit von Prof. Kosmowski an der Technischen Universität „Otto von Guericke" in Magdeburg beendet. Nach einer etwa einjährigen Tätigkeit in einer kleinen

Pumpenfabrik in Rinteln hat BAADE 1992 eine Tätigkeit in einem Ingenieurbüro in Lingen aufgenommen. Hier waren weiterführende Arbeiten auf dem Gebiet der Strömungsmechanik oder der Technischen Mechanik durch BAADE nicht mehr möglich.

Anschrift des Verfassers:
    Dr.-Ing. Karl-Heinz Baade
        Ligusterweg 19
49808 Lingen
    Tel. (0591) 66 4 22

Sachwortregister